心理能量

智慧人生的进阶密码

暴占光　马喜亭　编著

北京航空航天大学出版社
BEIHANG UNIVERSITY PRESS

内 容 简 介

《心理能量——智慧人生的进阶密码》打破了心理学专著内容垂直度较高的惯例，把重点放在中国文化核心之"道"，将心理学与经典文化融合，勾画一个兼具科学与人文的心灵成长框架，搭建一座中国心理学明心悟道的桥梁。

本书多学科交叉融合探索中国心理学文化力量，内容包括人格魅力、心理资本、心智成长、学习有道、认知本质、文化底蕴六个专题，围绕影响心智成熟的人生课题逐步深入，探析心理现象的本质规律和底层逻辑，在心理学科普领域贡献独特的视角与洞见。

本书适合青年学生、教育工作者以及广大学生家长阅读，尤其适合那些愿意投入时间进行深度阅读，并希望从中获得个人心理成长和认知能力提升的人群。

图书在版编目（CIP）数据

心理能量：智慧人生的进阶密码 / 暴占光，马喜亭编著. -- 北京：北京航空航天大学出版社，2025. 5.
ISBN 978-7-5124-4712-7

Ⅰ. B821-49

中国国家版本馆 CIP 数据核字第 2025V9U188 号

心理能量——智慧人生的进阶密码
暴占光　马喜亭　编著
策划编辑　冯　颖　　责任编辑　王迎腾
*
北京航空航天大学出版社出版发行
北京市海淀区学院路 37 号（邮编 100191）　http://www.buaapress.com.cn
发行部电话：(010) 82317024　　传真：(010) 82328026
读者信箱：goodtextbook@126.com　　邮购电话：(010) 82316936
北京雅图新世纪印刷科技有限公司印装　各地书店经销
*
开本：710×1 000　1/16　印张：22　字数：345 千字
2025 年 5 月第 1 版　2025 年 5 月第 1 次印刷　印数：2 000 册
ISBN 978-7-5124-4712-7　定价：79.80 元

若本书有倒页、脱页、缺页等印装质量问题，请与本社发行部联系调换。联系电话：(010) 82317024

总　序

心理学是一门颇具吸引力的学科，既实用又充满趣味。但是，它并不好学。寻觅一本内容系统又兼具专业性与趣味性，同时保持真实性的心理学科普读物，实属不易。首要原因在于心理学源于西方，常常缺乏对中国文化的深入理解和对中国人情感的深切关怀。市场上的心理学书籍大多引进自国外，理论表述晦涩难懂，且对中国文化背景考虑不足。

目前市面上的心理学著作基本专注于特定领域，专业垂直度高。在信息多元、观点纷呈、知识碎片化的今天，非专业人士和学生想要系统地掌握心理学的实用理论和经典精髓，无疑是一项巨大的挑战。

此外，我国心理学界在理论研究和实践应用之间存在着明显的脱节。学院派以实证研究为学术评价核心的导向，导致部分高校学者对心理学科普的热情不高；而从事心理学实践的一线教师由于工作任务繁重、精力有限，难以投身于既专业又系统、既有深度又贴近生活的心理学科普创作之中。

当前社会竞争激烈，人们普遍感觉精神压力较大。特别是在迎来史上最难就业季的当下，毕业生们尤为需要心理上的关怀与支持。

如何精准契合国家对大学生心理素质提升的迫切需求，为学生提供简单实用的心灵成长指南，同时也为教育工作者与学生家长提供科学的心理指导，是摆在心理学工作者面前的重大课题。

随着教育部相关文件的发布，学生心理健康工作上升为国家战略。2024 年，教育部更是以“学生身心健康促进年”为牵引，立足于“防未病”综合施策，深入推进心理科学研究和知识普及，举办“全国学生心理健康大讲堂”，营造全社会关心学生心理健康的良好生态。

2025 年，中共中央、国务院印发的《教育强国建设规划纲要（2024—2035 年）》

明确提出：普及心理健康教育，建立全国学生心理健康监测预警系统，分学段完善服务工作机制。

北京航空航天大学一直高度重视学生心理健康，持续为学生发展赋能。学校积极心理体验中心从2022年开始为学生开设“知心讲堂”系列心理学科普讲座，旨在通过专业指导与知识普及提升学生的心理素质。

我们将北京航空航天大学20年学生发展辅导工作的积淀、中国学生发展核心素养和大学生最为关切的心理讲座主题予以深化成文，编著了《心理觉醒——幸福人生的自我修炼》和《心理能量——智慧人生的进阶密码》一套两本心理学科普著作。

这两本书相互独立又相辅相成，具有系统性、深刻性、递进性、专业性、趣味性、实用性和真实性，是图书市场上鲜有的贴近社会、贴近生活、贴近实际的心理学读本。

这两本书的写作初衷就是引导读者掌握心理发展的基本特点和调节策略（术），并挖掘心理成长的本质规律和底层逻辑（道），向读者传递“术”“道”双修的理念。

这两本书的意义在于引领读者用成长礼赞生命，增强心理韧性，勇敢面对不确定的未来；用文化滋养生命，持续心力赋能，积极探索实现自我价值；在任何境遇下都保持蓬勃的生命力、丰盈的生命状态和坚强的生命意志，拥有积极向上的幸福人生和智慧人生。

这两本书均内容翔实、体例清晰，从心理学整体知识版图中抽取出精简但又系统、实用的心理学知识，并将其梳理融汇成12个专题，让读者基本了解经典心理学概貌，形成自己的心理知识结构，在成长的道路上不断认知自我、提升自我、调整自我。

本套书在兼具专业性和实用性的同时，注重经典例证的知识性和趣味性、实践策略的可操作性和真实性，诚心诚意地为广大青年学生和教育工作者、学生家长献上有益身心健康的心理学科普盛宴。

尤其在《心理觉醒——幸福人生的自我修炼》一书中作者勇敢地分享了自己

面对贫穷、艰苦和疾病时的成长经历、不懈努力和人生智慧，真实地诠释了人生是一条有波峰有低谷的曲线，只要不轻言放弃，总会有峰回路转、柳暗花明、涅槃重生的机会和惊喜。

习近平总书记强调："每一代青年都有自己的际遇和机缘，都要在自己所处的时代条件下谋划人生、创造历史。"

愿本套心理自助丛书成为你人生征途中的灯塔，引领你穿越迷雾，照亮你前行的道路。无论你身处何方，无论你面临何种挑战，都请记得，你绝非孤军奋战。让我们一起，用积极心态勇敢面对所有未知挑战，用积极行动追寻自身价值、成就梦想。

马喜亭

2025 年 1 月 9 日于北京航空航天大学

序

我和本套书作者之一暴占光相识有三十多年了。她是走过艰辛人生路程却一直保持着积极向上心态的人。

在大学时代，她要自己打工补贴生活费用，但既没影响学业也没耽误参加集体活动；在工作初期，她要帮扶家人改善生活，却仍然精力充沛、不断进取；在辞去基础教育管理职务脱产攻读博士研究生以后，她克服种种困难，选择了基于自我决定认知动机理论的外在学习动机内化研究，博士论文成果受到了后学们的高频次引用；在亲友们的困难时刻，她总是掩盖起自己的不容易，坚强地伸出援手；在自己的大病治疗过程中，她冷静而智慧地配合大夫采用最优治疗方案；在病后本该安静休养的日子里，她完成了这套心理学图书的编写，希望以自己的方式为集体做出贡献。在半百岁月里，她一直是默默地克服自己的困难，总想着为集体、家人、亲属、同事、同学、朋友们再做点什么。

这个寒假，她把这套书的样稿摆到了我的面前。让我看见，她在努力整理自己半生的心理学知识、个人生活经验和文化传承体会，想要为年轻人写出一套通往幸福、智慧人生的心灵修炼指南。

作为一门新兴学科，心理学科的知识更新速度极其迅速。每个心理学专业人士都在持续努力去发现自己认为重要的新知识，不断改造自己头脑中的心理科学知识结构，不断加深对心理学科的理解。在这个知识选择和认知结构重建的过程中，关于知识价值的判断，难免都会受到个人经验的影响。可以说，这套书的内容架构，是作者带着自己的半生经历，去对心理学学科知识价值重新审视的一个结果。因此，这套书的内容结构一点儿也不像常见的学科教材结构那样中规守矩，倒很像是作者个人知识结构的提炼和重建。所以，它打破了常规的学科边界，覆盖范围十分广泛。一方面，针对年轻读者开创个人事业格局的目标追寻需求，设置了学习能力建设、心理资本建设、人格自塑、人际沟通、婚恋指导等内容；另一方面，针对人生路上难免会遭遇到的困难、挫折和不如意，也设置了压力应对、情绪管理、自尊维护和积极心智模式等内容。简而言之，它既教人追求成功，也帮助人调整自我。每个专题的内容都翔实而丰满，由浅入深地对心理学知识进行层层剖析，引领读者进行深层次的理解和应用。

这套书的表现形式引人入胜，可见作者的用心良苦：既有新颖时尚、吸引读者目光的时代热点话题剖析，也有对流行学说和热点议题的专业化解读，使读者能把抽象的知识原理与真实的生活现象、生动的概括总结相结合，一步一步走向自我成长之路。

希望读者们在阅读这套书的过程中，也能快速搭建起自己的心理学知识结构；更希望读者们在学习完这套心理自助丛书之后，能像作者本人一样，有一颗智慧、坚韧、乐观、阳光、积极向上的心灵。

盖笑松

2025 年 2 月 8 日于东北师范大学

自　　序

在快速变化的现代社会中，人们越来越关注内心的幸福感、满足感与获得感。随着社会大众对心理问题的关注，很多人会有这样的疑问：心理学是什么？心理学有什么用？怎样通过心理学调节自己的身心状态？《心理觉醒——幸福人生的自我修炼》一书旨在回答上述问题。

但是当我完成《心理觉醒——幸福人生的自我修炼》这本书以后，我却感觉意犹未尽。我也在问自己：学了心理学就能顺心如意了吗？为什么我本、硕、博学了 10 年心理学专业却还会产生心因性疾病？为我们提供心理能量和深度滋养的底层逻辑又是什么？生活中的心理学怎样才能与中国文化这个大背景水乳交融？

2013 年的一场大病让我开始反思自己的知识结构和人生经历，静下心来系统学习中国经典文化。经典文化与心理学的碰撞，让我有了更多感悟和成长。

现代人各种心理问题和心理冲突非常普遍，包括浮躁、焦虑、孤独，甚至抑郁。当前社会竞争激烈、变化很快，压力这么大，现代中国人摆脱日益焦虑和精神压力的出路在哪里？中国人最好的心灵滋养和精神疗愈在哪里？怎么唤醒内在的力量，让心灵变得安宁与平和呢？

盖笑松教授通过查阅大量心理学文献得出结论：心理学领域目前高引用率的都是西方学者提出的概念和理论，中国学者还没到创建概念和理论又能被广泛引用的高度。可以这样说，当前的心理学忽略了中华绵延 5000 多年的文化基因，缺少对中国文化自身的敏锐洞察和深刻理解。

王阳明先生曾说过："抛却自家无尽藏，沿门持钵效贫儿。"我们自己的内在非常丰富，一个人如果只知道外求，而不是内求，就会活得像贫穷的乞丐一样，迷失自己的本心。中华经典文化让我们对"道"有更深层的认识，反省内求让我们的自性更为清净，发现本心让我们的生命更为自在逍遥。

带着这样的思考，我尝试把重点放在中国文化核心之“道”上，将心理学与经典文化融合，勾画一个兼具科学与人文的心灵成长框架，搭建一座中国心理学明心悟道的桥梁。

心理学作为研究人类行为、思维、情感的科学，讲实证、讲测量、讲策略，为广大读者提供了深入了解自我、管理情绪、提升自我效能的工具，通过认知行为疗法、正念冥想、情绪智能等理论与实践，读者可以学会如何以更加积极、理性的态度面对生活中的挑战，培养自我疗愈和抗压能力，这些可以统称为“术”。

中华经典文化包括儒、释、道等传统文化精髓，是历经千年的智慧结晶。这些文化经典强调内心修养、和谐共生、天人合一等理念，是涵养青年奋斗精神的源头活水，是启迪青年汲取力量的智慧沃土。中国文化讲和谐，讲究身心和谐，讲究与他人、与自然的和谐，而且是“和而不同”“己所不欲勿施于人”，中国文化的核心称为“道”。

心理学提供了具体的方法和工具，帮助读者从实践层面入手，解决现实生活中的困惑与问题；而经典文化则提供了深厚的思想底蕴和文化滋养，引导读者从更高层次上思考人生意义和价值追求，两者相辅相成，促进人生的全面发展。

心理学是中国文化很好的补充，在学习西方文化的同时，要反过来吸收中国优秀的传统文化，中国人的心理问题，要回到中国文化里去找到终极答案。

编写《心理觉醒——幸福人生的自我修炼》和《心理能量——智慧人生的进阶密码》这两本书的初衷，就是将中国经典文化智慧与心理学相融合，引领青年学生“术”“道”双修，实现心理觉醒，提升心理能量，追求更有意义的幸福人生和智慧人生。

从 2019 年开始构思搞专题讲座，到 2024 年 12 月《心理觉醒——幸福人生的自我修炼》和《心理能量——智慧人生的进阶密码》两本书稿成型，五年期间我和马喜亭老师做了很多艰苦的工作。我们共同讨论、共同修改、共同推进。

《心理能量——智慧人生的进阶密码》一书共经历了四个版本。第一个版本，是我给学生做专题讲座的参考讲稿；第二个版本，是整理深化后的文字稿；第三个版本，是 2024 年 5 月两本书知识点分配后的系统成稿；第四版，则是在先后听取了三位编辑老师的意见后，在 2024 年 10—12 月，用两个月的时间，进行了大幅度的结构调整，在先前的系统性、深刻性和专业性的基础上，增加了关注话题、经典案例和热点解读，让内容更具可读性、趣味性和真实性。

《心理能量——智慧人生的进阶密码》全书内容包括人格魅力、心理资本、心智成长、学习有道、认知本质、文化底蕴六个专题，融合了心理学、教育学、哲学等多学科理论，在确保经典有用的心理学理论的广度覆盖的同时，也注重心理学思想与经典文化相结合的深度递进；既为广大读者提供涵盖核心素养和成长需求的经典理论解读，也给出切实可行且系统实用的策略指导。

一位资深心理学图书编辑老师给予《心理能量——智慧人生的进阶密码》书稿的评价是："内容更高阶、更独特、更新颖，适合有一定阅历的人群阅读。"

"道"是中国哲学中的核心概念之一，它通常被视为宇宙万物生成、变化、发展的根本原理和终极源头。

《心理能量——智慧人生的进阶密码》全书以"道"为核心，将心理学理论放在中国智慧的大背景下，探析心理现象的本质规律，感悟心智成熟的文化底蕴，从为学、做人、处世等维度逐层深入，探讨心理现象背后的本质规律，了解认知发展的底层逻辑，感悟心智成熟的文化底蕴，追求智慧人生的精神境界。

心理能量是个体在心理层面上所拥有的内在动力和资源，它驱动着我们的思维、情感和行为。心理能量是完成目标、应对挑战以及维持心理健康的重要基础。

心中有道与心理能量之间存在密切的联系。心中有道可以为个体提供持续的精神养分，从而有助于提升和维护心理能量。通过实践"道"的原则，个体可以在生活中找到更多的平衡、和谐与动力。

将心理学与经典文化融合，心中有道成为个体心理能量哲学上的根基和精神上的力量，实现心理学理论模型与经典文化人文关怀的心灵互补，建构中国心理学明心悟道的六条路径：

一是，内在修养与心理能量的积累。

中国文化中的"道"强调个人修养和内在素质的提升。儒家讲究"修身齐家治国平天下"，这种内在修养的提升过程实际上是心理能量的积累。

在文化底蕴专题探讨了儒、释、道的基本要义，儒家五圣的文化贡献，三纲八目的精神灯塔，中国人追寻的理想人格与修身智慧。

通过修身养性，个体能够培养出更加稳定和强大的心理内核，以应对生活中的压力和挑战。

二是，顺应自然与心理压力的减轻。

"顺应自然"即"道法自然"，主张人们顺应自然规律和宇宙之道。当人的心理状态与"道"相契合时，便可以为个体提供一种内在的指导原则，帮助人们在面对挫折和困难时保持清晰的方向和坚定的信念。"无为而治"是说不过度干预，减少个体对外界事物的抗拒和焦虑。

在心智成长专题，我们以时为正、以变为机，关注不确定的中间地带，顺其自然不执着、不妄为，寻找抗衡不确定性的道场，从而减轻不确定性带来的焦虑和压力。

在心理层面，"无为而治"意味着减少不必要的心理干预和内耗，有助于维持和提升心理能量，保持内心的平和与稳定。

三是，哲学思想与心理韧性的增强。

中国文化的"道"包含了丰富的哲学思想，如儒家的中庸之道、道家的无为等，遵循"道"的原则可以指导人们顺应自然，接受事物的两面性。这些思想能够帮助个体建立更加灵活和坚韧的心理应对机制，减少负面情绪对心理能量的消耗，增强心理韧性。

在人格魅力专题中探索上善若水、柔弱处下的智慧；在心理资本专题中用朴素辩证法来调整认知，以人际型心理资本和事务型心理资本两个维度，作为提升青年心理资本的可操作性路径。

个体的心理能量，作为生命力的一部分，其强弱、流动与"道"的原则紧密相关，顺应道，可以使生命力得到更好的展现和提升。

四是，心灵平和与情绪调节艺术。

无论是佛教的冥想、禅修，还是道家的清静无为，都强调心灵的平和。道家提倡简朴的生活方式，减少物质欲望。这种生活方式有助于减少外在因素对心理能量的分散，使个体能够集中精力在更重要的事情上。

在心智成长专题，自我进化整合与内心重构的过程、寻找抗衡不确定性的道场，主旨就是保持心态平和，调节情绪超越自我，追求与宇宙的和谐统一。

道家思想鼓励天人合一，这种追求可以激发心理能量，因为它赋予个体更高的目标和意义，从而提升动力和激情。

五是，智慧洞察与自我实现。

在道家看来，道是生命力的体现。心中有道的人往往能够洞察事物的本质，这种智慧有助于有效地解决问题和应对挑战，通常会使人持续追求个人成长和自我完善。这种成长过程本身就是心理能量的来源，因为它带来了成就感与自我实现。

在学习有道专题，围绕学习能力、学习动力、学习毅力三个核心主题，揭示了外在动机向内在动机转化的关键，揭示了获得最优心理体验的条件。

在认知本质专题，揭示透过现象看本质，洞察事物的底层逻辑；解读认知图式的心理建构与重组，了解认知图式发展的同化、顺应、平衡过程。

这种精神层面的成长，实际上就是心理能量的增强和转化。

六是，社会和谐与心理支持。

中国文化强调社会和谐与集体主义。在这样的文化背景下，个体能够获得来自家庭和社会的支持，这种社会联系和支持是心理能量的重要来源。

在学习有道专题，特别关注到社会支持系统的重要性；在文化底蕴专题，理解中国文化的独特优势和中华文明从未断流的密码，将积极心理学的理论基础与儒家经典文化进行比较，寻求积极人生的精神本根。

通过学习和实践中国文化之“道”，个体可以在精神层面获得深刻的滋养，从而提升心理能量。而强大的心理能量，也有助于个体更深刻地体悟中国文化之“道”的真谛。

北宋著名思想家张载的“横渠四句”：“为天地立心，为生民立命，为往圣继绝学，为万世开太平”道出了天下所有读书人的至高追求。哲学家冯友兰先生曾对此表达过赞佩:“高山仰止，景行行止，虽不能至，心向往之。”

本书适合青年学生及广大教育工作者阅读，尤其适合那些愿意投入时间进行深度阅读，并希望从中获得个人心理成长和认知能力提升的人群。

本书写作过程中，参考了国内外心理学专家和同行们的相关研究成果，均在每一讲的结尾处列出了参考文献，个别之处引用网友的总结也已在文中说明，在此向原作者一并致以衷心的感谢!

由于本书内容涉猎较广，作者水平有限，难免会出现疏漏或谬误，敬请专家学者和广大读者批评指正，以便于我们及时修正。不胜感激，顺颂时宜!

暴占光

2025 年 2 月 10 日

目　　录

第一讲　人格魅力

第二讲　心理资本

第三讲　心智成长

第四讲　学习有道

第五讲　认知本质

第六讲　文化底蕴

第一讲　人格魅力

【关注话题】

脱口秀为何受欢迎?

年轻一代总是会经历巨大的焦虑、迷惘和心理压力，时常被不确定性笼罩着。职场的困惑、生活的无奈、情感的纠结……会担心自己生活中经历的事情，是否正在朝着正确的方向前进着，道路的前方又有什么在等待着我们。

脱口秀节目以幽默风趣、短小精悍的特点，结合主持人和嘉宾的个人魅力，以及贴近生活的主题和独特的表演风格，吸引了大量观众的关注。

观众为什么会喜欢脱口秀？是因为演员把我们司空见惯的生活现象单独拎出来，用幽默的方式加以放大、聚焦，让我们看到生活中的荒谬、无奈、气愤、怜悯……并感同身受。

脱口秀成为当代青年的“嘴替”。现代人的各种压力太大了，大众对脱口秀节目的需求是脱口秀爆火的主要原因。人生不如意事十之八九，每个人生活中多多少少都有些烦恼想要倾诉，当下脱口秀里的吐槽不再是简单的情绪宣泄或者轻飘的心灵鸡汤，而是和现代人的烦恼、困惑发生了共振。

用笑点暴击痛点，用幽默跟生活和解。脱口秀讲述的内容或顺应了时代思潮，或切中社会心理，或批判了某些不良现象，或只是生活中的小尴尬、小处境，但却因小见大，获得共鸣。演员们讲述生活中遇到的各种烦心事或开心事，或积极，或沮丧，或悲观，然后用幽默的方式加以解构、传达，让你在会心一笑的同时，压力也得到了缓解，情绪得到了释放。

在脱口秀受到年轻人热捧的时候，我们不禁要问，一个节目或者一个演员能让大家长久喜欢的魅力何在？真诚与坦率、幽默感和共情能力，就是他们那股子独特的人格魅力。

现在的网络常常爆出网红翻车的事件。网红越“红”，热度越大，在社会中引起的反响也就越大。一些受到热捧的网红，由于缺乏专业素养“瞎嘚嘚”、追求流量至上“编脚本”、平台放大效应“引围观”、缺乏危机意识“被套路”等状况导致翻车。

如此喧嚣热闹的自媒体时代，各种网红、各路明星走马灯似地更迭，闹哄哄你方唱罢我登场，在新鲜劲儿过后还能持续受到关注并受到欢迎的人，才是真正经得起时间考验，受到广泛认可和接纳，具有独特人格魅力的人。

今天，咱们就来聊聊那种让人欲罢不能、久处仍觉新鲜的人格魅力。

【心理探索】

当我们内心不自觉地开始发问“我到底是谁？我想要什么？未来的自己会成为怎样的人？”时，我们便踏上了寻找自我的路程。

有人说，“人与人之间差别不大，但差别一旦显现便非常显著”。这句话可以代表人格心理学家的观点。

人们希望了解，什么东西使你与坐在你身旁的人不同？为什么有人交朋友不费吹灰之力，有人却形单影只？为什么有人整天活力四射，有人却容易陷入抑郁之中？

我们能否预测出，什么人会升至公司高位，什么人事业难成？为什么有人性格内向，有人活泼开朗？

是什么东西使你与你身旁的人不同，回答是：你的人格。

让我们一起穿越人格海洋，探寻如何才能成为更受欢迎、更有影响力、富有人格魅力的人。

什么样的人最受欢迎？

如果说起大学最熟悉的人，很多人首先想到的就是自己的室友，毕竟大学四年每天朝夕相伴。

有学霸寝室全员保研让人羡慕不已的，也有室友之间恶语相向毕业之后老死不相往来的。

大学期间身边同学的个性表现和处世风格，直接影响着你对大学生活的印象。

大学宿舍最受欢迎和最不受欢迎的人

某大学调查总结了最受欢迎和最不受欢迎的人的明显行为特征。

最令人讨厌的舍友

不讲卫生型：有些不讲卫生的室友，自己邋遢也就算了，还把宿舍弄得臭烘烘、乱糟糟的。这样不仅会打扰到别人的生活和学习，看着也会让人很不舒服。

自私自利型：所谓的公主病、王子脾气，就是那种以自我为中心的人。说话总是阴阳怪气的，爱莫名其妙地乱发脾气，还要别人来讨好自己，全世界的人都要来照顾 TA 的感受。

爱占便宜型：有的室友总爱乱拿别人的物品，当作是自己的来使用，经常找人借钱借东西长期不还。无论双方的关系有多好，这样都会招人烦。

无所顾忌型：这种类型的室友大概是只沉醉于自己的世界吧，作息不规律影响别人休息、打扰到别人也不在意，其实说白了就是自私和缺乏素质的表现。

广播喇叭型：有的同学愿意背后传播隐私说坏话，把别人的信任当成自己嚼舌根的谈资，还有的人会把寝室同学的一些情况汇报给辅导员。

最受欢迎的舍友

善解人意型：不仅善解人意，还很有亲和力，能照顾到寝室里每个人的情绪，体贴、会换位思考，这样的人与人相处起来就比较融洽，大家也愿意和TA相处，有问题有心事也愿意和TA诉说，TA渐渐地就成了寝室的核心。

助人为乐型：其实如果你“细品”，每个宿舍都会有一个“老大”，也就是说话最有分量的室友。这类室友非常有责任心，宿舍里的大事小情大家也会征求TA的意见，TA在日常生活中帮助大家解决了不少问题，这类室友就是“助人为乐型”室友，在班级里也很受欢迎。

勤劳自律型：寝室是大家平时待得最多的地方，勤劳自律的室友不仅自律，把自己区域的卫生处理好，更能帮助大家整理物品打扫寝室。如果有一个这样的室友，寝室里一定非常干净整洁，这样的室友你不想拥有一个吗？

学霸考神型：学霸考神型室友，不仅自己学习好，还愿意分享一些复习资料，督促大家一起努力，如果遇到一个，那么整个寝室都会把TA当成“国宝”一样供起来，TA会带动寝室的整体学习水平上升，正所谓近朱者赤，近墨者黑！

尊重隐私型：这种类型的室友懂得尊重别人，说话做事有边界感，保护别人隐私，不乱传话……

上面的调查结果有没有引起你的回忆或者共鸣？最受年轻人欢迎的人具有什么样的品质呢？最不受年轻人欢迎的人又具有什么样的品质呢？

年轻人最喜欢和最不喜欢的品质

最受欢迎的品质

美国心理学家安德森曾做过这样一个实验：让大学生们从550个描述人的形容词中挑出最喜欢和最不喜欢的品质。

结果显示：最受欢迎的人的五个品质是：真诚、诚实、理解、忠诚、可信。

最不受欢迎的人的五个品质是：欺诈、恶意、残忍、不诚实、不真实。

安德森的实验表明，大学生最看重的他人的品质是真诚。所以，做人要多些真实，少些套路。

网上流传着一个关于毕加索与安装工的友谊的故事，充分诠释了真诚、诚实、理解、忠诚、可信是最受欢迎的品质。故事的真实性有待于进一步证实，但我们都愿意相信人间有真情。

“你才是我真正的朋友”

西班牙著名画家毕加索是一位真正的天才画家。据统计，他一生共画了3.7万多幅画，是当代西方最有创造性和影响力的艺术家之一，他和他的画在世界艺术史上占据了不朽的地位。

对于自己的作品，毕加索说：“我的每一幅画中都装有我的血，这就是我画的含义。”

全世界前10名最高拍卖价的画作里面，毕加索的作品就占据4幅。

毕加索在世时，他的画就卖出了很高的价钱，他的身边总是有许多人，渴望从他那里得到一两张画，哪怕是得到他信手涂鸦的一张画，也能卖个天价，够自己一辈子吃喝。

一次，他在一张邮票上顺手画了几笔，然后丢进了废纸篓里。这张邮票后来被一个拾荒的老妇捡到，她将这张邮票卖掉后，买了一幢别墅，从此过上了幸福的生活。从中不难看出，毕加索的画，每一笔、每一涂，泼洒的都是金子啊。

晚年的毕加索，生活得非常孤独。尽管他的身边不乏亲朋好友，但是，他很清楚，那些人都是冲着他的画来的。

为了那些画，亲人争吵不断，甚至大打出手。毕加索感到很苦恼，他想找一个人说说话，聊聊天。尽管他很有钱，但是，钱买不来亲情和友情。

考虑到自己已年逾90岁，随时都有可能离开人世，为了保护自己画作的完整性，毕加索请来了一个安装工，给自己家安装防盗门窗。就这样，安装工盖内克出现在毕加索的生活中。

盖内克每天休息的时候，都会陪毕加索聊聊天。盖内克憨厚、坦率，他没有多少文化，看不懂毕加索的画，那些画在盖内克眼里，简直是一文不值，他能看懂的只有自己手中的起子、扳手。

但他很愿意陪毕加索聊天，他觉得老人很慈祥，很温厚，就像自己的祖父。

没想到，没有多少文化的盖内克，在毕加索眼里却是一种智慧的化身。他常常将眼睛瞪得大大的看着盖内克，仿佛看到了一种豁然开朗的美好。

一天，他们像往常一样聊着天。阳光从窗外照射进来，照在盖内克的身上，盖内克像披了一层金色的羽毛。

毕加索情不自禁地拿起画笔，顺手为盖内克画了一幅肖像。画好后，他把画递给盖内克，说："朋友，我为你画了一幅画，把它收好，也许将来你会用得着。"

盖内克接过画，看了看，实在看不懂，就又递给毕加索，说道："这画我不想要，您要送，就将您家厨房里那把大扳手送给我吧，我觉得那扳手对我来说更重要。"

毕加索不可思议地说："朋友，这幅画不知能换回多少把你需要的那种扳手呢。"盖内克将信将疑地收起那幅画，可心里还想着毕加索厨房里的那把扳手。

盖内克的到来，一扫往日淤积在毕加索内心的苦闷，他找到了倾诉的对象。

在盖内克面前，毕加索彻底放下了包袱，丢掉了那层包裹在他身上的虚伪面纱，像个孩子一样与盖内克天南海北地交谈，说到高兴之处，毕加索还会手舞足蹈起来。为了能与盖内克聊天，毕加索将工期一再拖延。

这期间，毕加索又陆陆续续送给盖内克许多画，有些被他视为珍宝的画，也送给了盖内克。

他对盖内克说："虽然你不懂画，但你是最应该得到这些画的人。拿去吧，我的朋友，希望这些画今后能改变你的生活。"

就这样，盖内克在毕加索家安装防盗门窗，前前后后竟干了快两年。

不曾想，这样的生活使 90 岁高龄的毕加索更加精神矍铄，气色也好多了。那些日子，毕加索又创作出更多的绘画，迎来他创作的又一个高峰。

分别的日子终于到了，盖内克离开了毕加索，又四处寻活去了。

1973 年 4 月 8 日，93 岁的毕加索无疾而终。毕加索逝世后，他的画作价格更是扶摇直上，成为当今世界上最昂贵的画作之一。

还在四处找活、日子过得非常艰难的安装工盖内克得知毕加索逝世的消息后，悲痛万分。

他忽然想起毕加索曾经赠送给他的那些画，于是，他急匆匆赶回了家。他爬上阁楼，翻出一个旧皮箱，把里面的画拿出来，一张一张地清点下去，发现共有271张画。

盖内克惊呆了，他知道，只要拿出这里面的任何一张画，就可以彻底改变自己目前的生活。

看着这一张张画，毕加索的音容笑貌又在眼前浮现。“你才是我真正的朋友！”毕加索这句话，在他耳旁一遍遍响起，他的眼睛不觉湿润了。他将这些画又小心地放回皮箱，藏在阁楼上。

他没有对任何人说起过这些画，包括自己的家人。他拿起工具，又像平常一样外出找活去了。

2010年12月，一个石破天惊的新闻震惊了法国：年逾古稀的安装工盖内克将毕加索赠送给他的271幅画，全部捐给了法国文物部门。经鉴定，这些画作全是毕加索的真迹，价值达1亿多欧元。

人们感到非常困惑和不解，盖内克却说：“毕加索曾对我说，‘你才是我真正的朋友’。是朋友，我就不能占有，只能保管。现在，我把这些画捐出来，就是为了让它们得到更好的保管。”

老人盖内克的目光闪烁着一种令人心动的淡定和平和，给人一种无畏的力量。这种力量能抵御尘世间的一切风浪和险阻，使人活出真实的人生。

最受欢迎的人就是最优秀的人吗？最受欢迎的人就是最完美的人吗？其实不然。

不完美的真实最能打动人心

心理学家艾略特·阿伦森曾做过这样一个试验，他让大学生们分别观看四段情节相似的访谈录像。被访谈者分别是：

1号，是一位非常优秀的成功人士，他在自己所从事的领域取得了辉煌的成就，在接受主持人采访时，他的态度非常自然，谈吐不俗，表现得非常有自信，没有一点羞涩的表情，他的精彩表现，不时地赢得台下观众的阵阵掌声；

2号，也是一位非常优秀的成功人士，不过他在台上的表现略有些羞涩，在主持人向观众介绍他所取得的成就时，他表现得非常紧张，竟把桌上的咖啡杯碰倒了，咖啡还将主持人的裤子淋湿了；

3号，是一个非常普通的人，他不像上面两位成功人士那样有着不俗的成绩，整个采访过程中，他虽然不太紧张，但也没有什么吸引人的发言，一点也不出彩；

4号，也是个很普通的人，在采访的过程中，他表现得非常紧张，和第二段录像中的情景一样，他也把身边的咖啡杯弄倒了，淋湿了主持人的衣服。

当教授向他的测试对象放完这四段录像时，就让他们从上面的这四个人中选出一位他们最喜欢的，选出一位他们最不喜欢的。

结果显示，最不受欢迎的毫无意外是4号，第四段录像中那位又普通又打翻咖啡的先生，几乎所有的被测试者都选择了他；

可奇怪的是，最受欢迎的却不是1号，而是2号。测试者们最喜欢的不是第一段录像中的那位成功而且表现完美的先生，而是第二段录像中优秀但却打翻了咖啡杯的那位，有95%的测试者选择了他。

才干平庸者当然不会受人爱慕，而太完美无缺的人，也未必讨人喜爱。

最讨人喜爱的人物是精明而带有小缺点的人，这样的人反而让人感觉到他很真实，可见出点儿丑的人其实更容易拉近与他人的距离，更加容易受到他人的喜欢。

这个实验就是心理学里著名的“出丑效应”，又叫“仰巴脚效应”或“犯错效应”。

每个人都有自己独特的个性、需求和偏好，每个人都是独一无二的。心理学家对人类行为特质进行了分类研究，让我们了解自己的人格特质，从而拥有更好的人际关系。

正确了解自己人格的方式是什么？

在心理学界公认的人格测验之一是卡特尔16种人格因素测验（16PF），它是由美国伊利诺伊州立大学卡特尔教授编制的。该理论将人格特质分为16种人格因素，包括乐群性、聪慧性、稳定性、恃强性、兴奋性等。

这个工具的应用也非常广泛，包括人力资源管理、职业规划、教育辅导、心理咨询等领域。

那为什么不像MBTI测试这么“破圈”呢？因为用它描述人格的时候并不简洁。16个因素的分数有高有低，这种组合描述就太多了，它不是一个简洁的标签。

“大五”人格、“大六”人格测验在当今心理学界也应用比较广泛和高效，另外，还可以选择爱德华个人偏好问卷、艾森克人格问卷等。

为不同人格特质做心理画像分析

人格是稳定的、习惯化的思维方式和行为风格，它贯穿于人的整个心理，是人的独特性的整体写照。

心理学家擅长了解人格特质

人格，个体自身的稳定行为方式和内部过程，它是心理学家用于描述、了解人的。

人格是稳定的行为方式

人格可以定义为源于个体自身的稳定行为方式和内部过程。

定义的第一部分讲**稳定的行为方式**，人格研究者通常认为它们指的是个体差异。

在这里，重要的一点在于，人格是稳定的。我们可以跨时间、跨情境地审查这些稳定的行为方式。

我们预期，今天活泼开朗的人，明天也是活泼开朗的。在工作中喜欢竞争的人，在体育运动中很可能也喜欢竞争。

当我们说“这就像是她干的事情”“他就是他”的时候，就是在承认这种性格上的稳定性。

当然，这不等于说，一个外向的人无论在什么时间，也无论是在庄重场合还是在晚会上都兴高采烈，情绪高涨。它也不等于说人是一成不变的。

但是，只要人格是存在的，而且行为不仅是对我们所处情境的反应的话，我们就预期，在人们的行为方式中有某种稳定性。

定义的第二部分关注的是**内部过程**。内部过程和发生在人与人之间的过程不同，它是在人的内心发生的、影响着人怎样行动、怎样感觉的所有情绪、动机和认知过程。

人格流派就像盲人摸象

稳定的行为方式和内部心理过程的产生根源是什么？这是人格理论家和研究者提出的基本问题。

人格心理学家从不同角度介绍了解释人格的六个流派，它们是：精神分析流派、特质流派、生物学流派、人本主义流派、行为主义 / 社会学习流派以及认知流派。

任何一种主要的人格理论都来自这六个流派之一，尽管这种归类不一定完全恰当。

为什么人格理论如此之多？可以打个比方来回答这个问题，盲人摸象的故事大概人人皆知。

五个盲人分别摸到了大象的不同部分，然后争着向别人说大象是什么样子。

摸到象腿的说大象像个圆柱子，摸到象耳朵的说大象是个又薄又平的扁片，摸到象鼻子的说大象是个长长的东西，摸到象尾巴和身子的人，心目中也有关于大象的不同形象。

这个故事说明，每个盲人所了解到的，只是大象的一部分，由于真正的大象比他们摸到的部分更多，所以每个盲人说的都对，但是都不完整。

从某种意义上说，人格的六个流派和这几个盲人类似。

也就是说，每个流派都查明并验证了人格的一个重要方面。

例如，精神分析流派的心理学家声称：人的无意识心理对他们行为方式的差异影响很大；

特质流派的心理学家确信，人是处在各种各样的人格特征的连续体的某个位置上的；

生物学流派的心理学家用遗传素质和生理过程来解释人格的个体差异；

人本主义流派的心理学家认为，人的责任感和自我接纳感是造成人格差异的主要原因；

行为主义/社会学习流派的心理学家把稳定的行为方式说成是条件反射和期望的结果；

认知流派的心理学家则用人们加工信息的方式来解释行为的差异。

有人建议，把六个流派综合起来，我们就能获得关于人们所作所为之原因的更全面、更详细的图景。

遗憾的是，盲人摸象的比喻只是部分地适用于人研究的不同流派。

虽然对于人格的某一问题，不同流派之间往往只是在强调重点上存在不同——每个流派都做出了一种合理的、彼此相容的解释，但是在很多时候，两个或多个流派做出的解释却是完全不相容的。

因此，在这一领域从事研究的人们会根据他们接受哪种解释，而把自己划归到这一流派或那一流派。

再回到盲人摸象的故事，假如有人问大象怎样行走，摸到象鼻子的人说，大象像蛇一样在地上爬；

摸到象耳朵的人不同意，说大象肯定是像鸟一样，用大而软的翅膀在天上飞；

摸到象的人会有不同的说法，尽管在有些情况下，这些说法不一定准确（比如鸟能走又能飞）。

但是显然有些时候并不是每一种理论都是正确的，还有一种可能的情况，即这种理论在解释人格的某一部分时是恰当的，而另一种理论在解释人格的另一部分时更恰当。

人们会觉得，有些理论比另一些理论更有意义，这是毫无疑问的，但是请记住，每一个流派都是由众多值得尊敬的心理学家发展和推进的，虽然他们并非在每个问题上都正确，但是，每个流派都在帮助我们理解“我是谁”这一问题上提供了有价值的东西。

“大五”人格心灵海洋（OCEAN）

我们喜欢用各式各样的词语形容自己、形容他人，例如前面所讲的受欢迎和不受欢迎的人的类型。

在众多人格模型中，“大五”人格模型无疑是在心理学界最受认可和应用较多的人格测试，且已被证明具有跨文化适用性。

人格类型说与特质说

心理学界一直存在关于人格研究中“类型说”还是“特质说”的争论。

虽然将人分为 16 种的 MBTI 等测验仍在招聘等领域被大量使用，INTP 等 4 个字母的排列也在各种个人简介中出现，但在人格心理学方面的研究中，“类型说”已慢慢被更具科学性的“特质说”取代。

人格特质，可以简单地理解为那些不论在你生命中的何时何地都能指引你行动的“念头”。

它是一种心理结构，能使许多刺激在引发某种行为上具有同等作用，并且能创造、指引那些功能相等而一致的适应性及表现性行为。

从奥尔波特的开拓性工作，到卡特尔提出 16 种根源特质，再到“大五”人格的发现，一个基本的假设一直贯穿始终，即词汇学假设。

也就是人类生活中重要的方面会被赋予描述的词汇，不仅如此，如果某个事物真的重要而且普遍存在，那么在所有的语言中它都会被赋予更多的词汇来描述。于是，从词汇中去发现人格特质就成为了人格研究的重要途径。

奥尔波特率先开始了这项艰苦卓绝的工作，他让助手精确地选出了在英语辞典中描述人格差异的词汇，结果是 17953 个。

之后他又从中挑选出 4500 个，但这显然还是太多。后来卡特尔从这 4500 个词中选出了他认为特别重要的 35 个词，并对它们进行了因素分析。

卡特尔最终确定了 16 种基本特质，并于 1949 年发表了第一个得到广泛应用的人格测量版本：16 种人格因素测验（简称 16PF）。

卡特尔 16 人格因素的修订版至今仍然是应用广泛的人格问卷。

确定和描述人格基本维度的工作没有止步于卡特尔的最初模型。几十年来，人格结构一直是人格研究领域里一个经久不衰的主题。

在卡特尔的早期工作之后，复杂的统计检验方法、数据处理中计算机的应用以及大规模多变化的数据资料加入这一探索中。

后来，菲斯克从卡特尔的词汇表中选出了 22 个词用于分析，他对比了在这些特质上自我评定和同伴评定、心理咨询师的评定之间的关系。

他们分析发现有五个因素总是最先出现在列表上，这就是后来的“大五”人格因素。

随后多年，在更大范围的样本研究中，“大五”人格因素一直被不断地重复发现，直至美国心理学家科斯塔和麦克雷提出“大五”（big five）人格或五因素模型（Five-Factor Model，简称 FFM），它成为西方心理学界公认的人格特质模型。

“大五”人格基本维度

研究者们让数据说话，无论怎样测量人格，“大五”都无处不在，这一点使许多研究者颇感兴趣。

研究者发现哪些特质聚为一类之后，才针对这五个人格维度提出描述性的术语。

不同的研究者会使用不同的名称，但用得最多的是“求新性”、“尽责性”、“外向性”、“亲和性”和“神经质”。

影响着你的人生走向的“五大人格因素”是人格心理学中最有影响力的部分，

它用五个正态分布的维度来解读你，这五个维度描述了被广泛认同的人与人之间不同的五个方面，其首字母缩写是 OCEAN——人格的海洋。

这五类人格模型恰好代表了五种动物：大象、孔雀、猫、狗、蜜蜂。

求新性（Openness），与之相对的是不愿冒险的人；

尽责性（Conscientiousness），与之相对的是懒散随意的人；

外向性（Extraversion），与之相对的是内向的人；

亲和性（Agreeableness），与之相对的是不那么和善的人；

神经质（Neuroticism），与之相对的是情绪更加稳定平和的人。

这五大方面影响着我们的健康、人生走向、快乐及成就。

求新性也称开放性（O）

求新性也称开放性，是指对经验持开放、探求态度的程度，包括对行为的积极探索和对经验的正确评价。

开放性得分高者有活跃的想象力，自发地接受新观念，有较好的发散性思维和较强的好奇心，是不依习俗的、独立的思考者。

得分低者则比较传统，喜欢熟悉的事物胜过新事物。需要注意的是，开放性与智力并不等同。

开放性的六个子维度：想象力、审美、感受丰富、尝新、思辨、价值观。

尽责性（C）

尽责性是指人们怎样自控和自律。得分高的人做事有条理、有计划，并能持之以恒，对待工作有较高的责任感，办事牢靠。

相反，得分低的人完成任务时缺乏计划和条理，容易分心，且缺乏很好的成就意志。

尽责性的六个子维度：能力、条理性、责任感、追求成就、自律、审慎。

外向性（E）

这个维度的一端是极端外向，另一端为极端内向。外向性得分高者往往善于交际、精力充沛、乐观、友好和果断。

相反，外向性得分低者一般含蓄、自主、稳健。研究发现，与内向者相比，外向者有更多朋友，会花更多时间参加社交活动。

外向性的六个子维度：热情、乐群性、独断性、活力、寻求刺激、积极情绪。

亲和性（A）

亲和性又称宜人性。它是测量人际关系的维度，意指人际互动的特征，这种互动涉及个人的人际喜好由同情到憎恨的一个连续区。

亲和性得分高的人往往乐于助人，可信赖，富有同情心，为人亲和，注重合作而不强调竞争。

得分低者往往只顾自身的利益和信念，多表现出更多的敌意和多疑，缺乏合作精神，喜好控制他人，报复心强并且残忍。

研究者发现，亲和性维度得分高的人比得分低的人有较多愉快的社交互动，而互相争吵较少，他们也更愿意帮助那些需要帮助的人。

亲和性的六个子维度：信任、坦诚、利他、顺从、谦逊、同理心。

神经质也称情绪稳定性（N）

神经质也称情绪稳定性，是一个连续的变化。神经质水平高的人更容易产生心理压力，常感到心烦意乱，较常体验到消极情绪，且情绪容易大幅波动。

依据人们情绪的稳定性和个人调节情况而将其置于一个连续体的某处。那些经常感到忧伤，情绪大幅波动的人在神经质测验中会得高分。

在神经质维度上得分高的人比得分低的人更容易因为日常生活压力而感到心烦意乱。

消极情绪有许多不同种类，如悲伤、愤怒、焦虑和内疚等，它们都有不同的原因，需要不同的应对方式；但是研究一致表明，容易产生某一种消极情绪的人，通常也容易体验到其他消极情绪。

在神经质维度得分低者，多表现为平静，适应良好，不容易产生极端情绪反应。

神经质的六个子维度：焦虑、愤怒和敌意、抑郁、自我意识、冲动性、脆弱。

心理学家们认为，人格是在遗传与环境的交互作用下逐渐形成并发展的。

“大五”人格特质可以预测“行为倾向”，即描述个体做出某种行为的可能性，而不能解释人们为什么会表现出这样的行为。

了解人格特质，可帮助个人认识自身优势和不足，选择适合的职业；也可应用于企业招聘、人才选拔等。

“大五”人格的心理画像

假设你自己拥有一家公司，急需做出一个录用员工的决策。摆在你办公桌上的五个应聘者的申请材料几乎相同。

你注意到每个应聘者的文档里都有一些人格测验分数。特别是，你有这五个人在“大五”人格每个维度上的得分。

你迅速浏览一遍申请材料，发现每个人都在某个维度上与其他人得分不同。

第一个应聘者的“外向性”得分甚高，第二个应聘者的“神经质”得分很低，第三个应聘者的“求新性”得分显著高于其他人，第四个应聘者的“亲和性”得分特别高，最后一个应聘者的“尽责性”分数较高。

假如你不得不尽快根据这些有限的信息做出决定的话，你或许就会借鉴那些日益发展的研究，它们会给你提供最佳答案。

喜爱现实还是喜欢想象

开放性指的是对经验持开放、探求的态度，而不仅仅是一种人际意义上的开放。构成这一维度的特征包括活跃的想象力、对事物的洞察力、对新观念的自发接受、好奇心等。

开放性高 VS 开放性低，决定了个体可能是天马行空的艺术家和思想者，还是脚踏实地本分的实干家。

开放性高的人兴趣广泛，对世界的种种充满好奇，并渴望学习新事物和享受新体验，往往更具有冒险精神和创造力。在开放性维度得分高的人更适合在科学艺术等需要创新的领域内工作。

开放性特质得分较低的人通常更为传统，可能会陷入不喜欢变化、不喜欢新事物、缺乏想象力、不相信抽象思维的困境。在开放性维度得分较低的人则比较适合成为公务员、司法人员等。

谨慎尽责与内心的平和

尽责性显示胜任、公正、条理、尽职、成就、自律、谨慎、克制等特质。责任心的定义为：高度的沉思性、良好的冲动控制，以及目标导向的行为。

尽责性高VS尽责性低，万事体贴周到的大班长和放任自由的散漫者，可能就是尽责性高和尽责性低的代表。

尽责维度得分高的人表现出更有条理的处世方式，他们喜欢提前计划并注意细节，考虑自己的行为如何影响他人，非常注重时间期限并且能够持之以恒。

尽责性得分较低的人，组织结构性较差，马虎大意，容易见异思迁，不可靠，工作中的任务会经常拖延，把事情弄得一团糟，甚至完全错过时间期限。

外向性与内向性的差异

外向性表现出热情、善于社交、果断、活跃、冒险、乐观等特质。外向性的特征是兴奋、善于交际、健谈、自信，以及大量的情感表达。

外向性得分高的人，喜欢结识新朋友，拥有广泛的朋友和熟人社交圈，而且往往在社交场合获得能量。与他人在一起可以使他们感到精力充沛和兴奋。

外向性人格特质分数低的人往往性格内向，喜欢独处，通常慢热，说话前仔细思考，不喜欢成为关注的中心，在社交场合中会感到疲惫，需要一段独处和安静的时间才能“恢复活力”。

外向性得分低的人，也有自己的优势——更冷静、内敛，有更多的空间与自己相处；内向者含蓄而非不友好，自主而非追随他人，稳健而非迟缓。

内向与外向不是对与错。我们可以发挥自己的人格优势选择职业，比如外向性高的人多尝试一些人际交往类的工作，例如顾问、销售等；内向性高的人可以做一些财务类、科研类的工作，发挥所长。

宜人性越高，亲和力越强

宜人性特质具有信任、利他、依从、谦虚、移情、善良、感性等亲社会行为属性。

宜人性高的人在任务中注重合作而不强调竞争，对他人有极大的兴趣，关心别人、同情他人和关注他人；为了他人的幸福，乐于帮助和贡献，协助需要帮助的人。

宜人性低的人更具有竞争性，喜欢为了自己的利益和信念而奋斗。对别人的问题不感兴趣，不在乎别人的感受，侮辱和贬低他人，操纵他人以获得自己想要的东西。

神经质与情绪稳定性

神经质是难以平衡焦虑、敌对、压抑、自我意识、冲动、脆弱等情绪的特质，即不具有保持情绪稳定的能力。

神经质是一种悲伤、喜怒无常，以及情绪不稳定的人格特征。神经质不是“神经病”，更不是“精神病”，可以用“情绪性”来描述这一维度。

神经质得分高的人确实可能会经历更多的情绪波动、紧张焦虑、敏感易怒等过激表现，他们更容易变得心烦意乱、产生消极情绪，甚至畏惧未来或将发生的一切。

但神经质并不完全是无用的，在很多情况下，比如长跑运动、竞技比赛等，我们需要适当的情绪唤起，甚至应该适当地焦虑，这样才能激发我们的潜质从而更专注地投入到任务中，极度平静反而是没有益处的。

因而，可以说我们每个人都需要一定的“神经质”。

神经质得分低的人往往情绪更稳定，很少感到难过或沮丧，情绪的适应性更强。

【热点解读】

谁会成为最佳雇员?

回顾前面对“大五”因素的描述，你会雇用这五个人中的哪一个？五个申请者中谁可能成为最佳雇员呢？

时间紧迫，你不得不只根据这些信息尽快做出决策。当然，对这一问题的回答还要看工作类型和其他一些重要变量。

虽然他们中的每个人都可能成为一个好员工，但是大量研究表明，在“大五”人格因素中，尽责性是工作绩效的最佳预测指标。

我们只要看看组成这一人格维度的那些特征，就能明白其中的原因了。

尽责性得分高的人认真、严谨、值得信任，也就是说，他们对工作不会敷衍了事，而是肯花时间，准确、彻底地完成任务。

高度尽责的人善于组织，会在开始一个大项目之前做好计划。这些人工作努力，持之以恒，希望取得成就。

但这并不是说“尽责性”是“大五”中唯一与工作绩效相关的维度。在“亲和性”上得高分的员工也是有实力的。

这些人可信、善于合作、乐于助人。他们在办公室颇有人缘，在要求团队合作的工作中表现格外出色。

另一些研究表明，在商界，外向的人往往比内向的人更有优势；而求新性在某些工作背景下有好处。

一句话，了解一个应聘者在“大五”人格中所处的维度，对做出录用决定是有用的。但是要注意，测验分数对于录用和晋升只能起到参考作用。

如上所述，不同的人有不同的人格特征组合。了解自己的人格特征有助于更好地了解自己的独特优势，并帮助你在未来的生活中更好地走向理想的自己。

人格测评工具只是了解自己的参考，世界上没有绝对的优势人格，每一个人的人格特征都是独一无二的，它会在人生的每个阶段发光发热。

在你接触过的人中，有的你会用佛系来形容 TA，不骄不躁，不追名逐利；有的你会用外向来形容 TA，精力充沛，总是乐观、自信；有的你会用让人舒服来形容 TA，处事圆融、细致周到，分寸得当……

有人生怕别人舒服，尽量让别人不舒服，而只要自己舒服就行；还有一类人生怕别人不舒服，尽量让别人舒服，哪怕委屈自己；高情商的人，其实就是能把让别人舒服这件事做得润物细无声、做得低调完美的一类人。

让人舒服，不是世故，而是本事；让人舒服，是最顶级的人格魅力。

人格魅力的核心特质

何谓人格魅力？人格魅力是指一个人在性格、气质、能力、道德品质等方面都具有的吸引人的力量。

在当今的社会中，如果一个人能够受到别人的欢迎和接纳，那么他实际上就具备了一定的人格魅力。

人格魅力是一种内在的、无形的力量，它能够让一个人在社交场合中自然而然地散发自信和诚实的气质，让人深受吸引。

一个拥有人格魅力的人，也会在发展个人特质的过程中不断提升自己，成为一个更加成熟、平衡和愉悦的人。

奥利维亚·福克斯·卡巴恩教授提炼出**人格魅力的三个核心元素：专注当下、影响力、亲和力。**

人格魅力的三个元素主要通过肢体语言、交谈用词和行为举止呈现出来。而专注当下则是其他两个元素的基础。

专注当下：全然沉浸于此时此刻

全然投入保持觉知

专注当下的意思是指将心理状态完全投入到当前正在进行的活动中，无论是静态的还是动态的，感兴趣的或是枯燥的，对人的或是对物的。

这种状态要求个体全然沉浸于此时此刻，不进行思维的二元过滤和定义，也不被过去的回忆或对未来的担忧所干扰。

专注当下被视为一种沉浸式体验，它让人清晰地感知到每一个动作、每一个感觉，如走路时的步伐、写字时的笔触等，而不落入思维上的执着对立之间。

专注当下也被理解为一种生活态度，它要求个体在每个当下都保持觉知，全然投入并主动回应生命中发生的一切。

作家史铁生曾说过这样一段话：

当我的腿刚不能走路的时候，我坐在轮椅上天天怀念奔跑打篮球的时候，每天都非常痛苦。

又隔几年，我在轮椅上生了褥疮，天天难受，那个时候天天怀念什么都不痒什么都不疼，安静地坐在轮椅上的时光。

又隔了一些年，我得了尿毒症，我总要去透析，那个时候我就怀念刚刚有褥疮坐在轮椅上的时光。

所以，请善待你的每一个今天，活在当下，两年后再看你的今天，它可谓是最美好的一天。

此外，专注当下也被视为一种对话的双方或多方都在专注的状态，这种状态不仅仅是尊重，而且是彼此间能有真正的连接。

专注当下要求个体全神贯注地聆听、感受并回应对方，从而建立更深层次的联系。

专注与对话者情感连接

假装专注破坏氛围

你是否曾经遇到过这样的场景：当你的朋友正在兴奋地讲述他们的旅行经历时，你却在心里想着今晚要做的晚餐食谱？或者在工作中，同事正在详细解释项目计划，而你却在心里盘算着周末的休闲活动。你是否意识到，对方可能已经注意到你“开小差”？

你的眼神不定，像是在寻找房间中的某个不存在的物品，而不是与对方保持眼神交流。

面部表情变得僵硬，就像是一张没有表情的面具，无法反映出对话内容的变化。

反应迟钝，对方问了一个问题，你却迟了几秒才回应，甚至需要对方重复一遍。

人类具有在 17 毫秒内捕捉到这些细微表情变化的能力，所以你的交谈对象有可能会注意到你已经心不在焉了。

我们的肢体语言和面部表情会给对方清晰的信号，证明我们并没在专心聆听。

想象一下，如果你的朋友在告诉你他们最近的成就时，你却因为想起未完成的报告而眼神闪烁，他们可能会感到失望或被忽视。

再比如，当你的同事在讨论一个紧急问题时，你却因为担心个人问题而面部表情僵硬，他们可能会认为你对团队不够投入。

在交谈时走神，不仅会被对方察觉，而且会让对方觉得你不可靠，这是一个更严重的后果。

当你被别人认为不可靠时，信任、融洽、忠诚的关系就很难建立，这不是有人格魅力的行为。

对话状态要保持专注当下

专注当下是指将心理状态完全投入到当前正在进行的活动中。不过，保持短暂的专注容易，要保持长时间的专注则是一个很大的挑战。

不专注的原因：如果你对要谈的主题不感兴趣，或对和你对话的这个人及其态度难以忍受，或是时间紧迫，接下来还有其他的安排等，那么这些势必会使你想赶快结束对话，而一旦如此，人便已经不在当下。

对话不在当下，其原因可能不在对方、不在时机、不在场景，而是在自己。

不专注的状态：如果在对话的时候，你发现和你对话的人头不抬、眼睛也不看着你，仍在处理他手边的事，却告诉你："你说你的，没关系，我听着呢！"那么你一定会觉得自己很不受尊重。

这和现在的很多在线会议一样，参加者不开摄像头，或者把手机调成静音，但其可能在做其他事情（如开车、吃东西、与他人通话等），也是一心多用，似乎都在，但传递出的同样像是"你说你的，没关系，我听着呢！"的声音。

专注当下有意义：人们会在有意或无意的肢体语言中，不自觉地流露出各种信号，而对方会从这些信号中捕捉到信息。

所以，专注当下其实就是对话的双方或是多方都在专注的状态，这种专注不仅仅是尊重，而且是彼此能有真正的连接。

专注当下一定是你对对方很感兴趣，你将对方放在第一位，你会全神贯注地聆听、感受以及回应。

营造专注当下对话空间的方法

移除会分散注意力的不必要事物，不要做任何小动作，包括转笔，或是看手机等，将手机设置为静音或关机。

不要想你接下来还有什么会议或是要见什么人，你的所有心思要放在现在。

表现真实的情感。用大脑来了解所听到的信息，用心来感受这些信息的意义，等等。

这种状态需要强大的心力、定力和觉知力来维持，是一种持续的、有意识的专注。

通过冥想、反思和专注力训练，个体可以学会不分散注意力，不浪费时间和精力在思考可能发生的事情上，而是专注于此刻发生的事情。

专注当下正念训练

这里有一些改编自正念训练的练习，可以用来训练专注当下。你需要找到一个安静的环境，闭上双眼（站或坐都可以）持续 1 分钟，感受时间的流逝。

请把计时器设定在 1 分钟，闭上眼睛，集中注意力感受以下 3 个方面：周围的声音、自己的呼吸以及脚趾的感觉。

声音：集中注意力去倾听周围的声音。一位冥想老师曾告诉我："把自己想象成卫星天线，被动、主动接收周围的声音。"

呼吸：集中注意力感受自己的呼吸，尝试着感觉气息进入鼻腔和腹部的感受。将所有的注意力都集中在你的一呼一吸上，用心去体会，把它当成你需要投入全部精力的事情。

脚趾：集中注意力感受脚趾的感觉。这能让你的注意力流遍全身，感受到身体的存在。

影响力：极具说服力和启发力

政治家运用影响力来赢得选举，商人运用影响力来兜售商品，推销员运用影响力诱导你购买商品。

即使你的朋友和家人，在不知不觉之间，也会把影响力用到你的身上。但到底是什么原因，当一个要求用不同的方式提出来时，你的反应就会从负面抵抗变成积极合作呢？

美国著名社会心理学家罗伯特·西奥迪尼为我们解释了为什么有些人具有说服力，而我们总是容易上当受骗。

隐藏在冲动地顺从他人行为背后的七大心理武器，正是这一切的根源。那些劝说高手们，总是熟练地运用它们，极具说服力地让我们就范。

影响力的两个核心

什么是影响力？

影响力，一般指的是用一种为别人所乐于接受的方式，改变他人的思想和行动的能力。

影响力又被解释为战略影响、印象管理、善于表现的能力、目标的说服力以及合作的影响力等。

心理学家哈利·奥维斯特认为："所有影响力的本质都在于让别人参与其中。"你不可能强迫组织的成员参加活动。如果领导者没有影响力，那么人们自然就不会追随。

影响力的核心是什么？

简单来说，**喜爱和尊重是一个人影响他人的核心**。人们越喜欢他，被他影响的程度也就越大，我们尊重他的程度，就决定了人们允许这个人影响我们的程度。

喜爱　在遇见一个陌生人的时候，如果你十分邋遢，不修边幅，那么这个陌生人对你的印象会是什么样的呢？

我想最好的结果是不在意，根本谈不上喜欢。受人喜爱的第一步是什么？当然是第一印象。

一个好的印象会让人更容易接受你，给你打上好的标签。要想提高一个人的影响力，首先就要被人喜爱，其次才是受人尊敬。

尊重 当你尊敬一个人的时候，他对你的影响就会变得很大。例如，一个你十分尊敬的老师，他每天都会很严肃地上课，他将知识由浅入深地讲解给你听，你认为他上课非常有深度。

也许他夸你一句就让你开心一整天，相反惩罚会让你沮丧一整天，这就是这个老师对你的影响。

说服的途径有哪些?

产生影响力的两条途径是什么？每条途径都涉及哪种类型的认知加工过程，它们会起到什么作用?

佩蒂和卡乔波研究认为，说服可能通过以下两种途径之一发生作用。

中心途径

当人们在某种动机的引导下，并且有能力全面系统地对某个问题进行思考的时候，他们更多地使用说服的中心途径，也就是关注论据。

如果论据有力且令人信服，那么人们就很可能被说服。如果信息包含无力的论据，那么思维缜密的人会很快注意到这一点并且进行反驳。

中心途径过程能引起个体更持久的行为改变。当人们对论点进行仔细思考的时候，他们依赖的不仅仅是信息自身所具备的说服力，同时也依赖自己对信息做出回应时的想法。

当某个论据引人深思的时候，它才最具说服力。那些经过人们深层而不是肤浅的思考之后所产生的态度变化会更加持久，更能对抗反击，并且更能影响行为。

外周途径

如果我们忙于其他的事情而没有专注于信息，那我们就不会花太多的时间去仔细推敲信息所包含的内容。

此时我们会使用说服的外周途径，也就是关注那些可能令人不假思索就接受的外部线索，而不考虑论据是否令人信服。

当人们转移了注意力或者没有足够的动机去思考的时候，熟悉易懂的表达比新异的表达更具有说服力。

比如，对一个外行人或者注意力不集中的人说："不要把你所有的鸡蛋都放在同一个篮子里"要比"不要在一次冒险行为中压上你所有的赌注"更有影响力。

亲和力：感情先于理智

我们第一眼会对什么样的人有好感？充满亲和力的人。这样的人拥有见了第一面就想亲近的力量。

亲和力，简单来说就是待人友善。一个人有亲和力意味着，他愿意用他的力量帮助我们。

有亲和力的人总是呈现出以下特质：仁慈、利他、善良或者愿意积极地去改变这个世界。

有亲和力的人比有影响力的人更容易辨认，因为那些特质几乎都是通过肢体语言和行为举止表现出来的。

建立亲和力：用心连接

在人际互动中，建立亲和力是一种深层次的心灵连接，它能够在不同的情境下展现出强大的影响力。

想象一位企业高管，在公司的困难时期，不是选择坐在办公室里指挥，而是亲自走到一线员工中间。她倾听员工们的担忧，与他们共同探讨解决方案，并在团队会议上分享自己的感受和决心。她的这种亲民态度，让员工们感到被重视和理解，从而增强了团队的凝聚力。

三步迈向亲和力

亲和力是个人魅力的关键要素，它能够吸引他人，建立信任，并激发他们愿意提供帮助。

以下是培养亲和力的三个步骤：

第一步，全身心投入生活。

对生活中的每时每刻都保持热情，这包括对你的工作、爱好和人际关系。这种积极的生活态度是感恩的体现，它能够让你在不需要直接与他人互动的情况下，就能散发出亲和力。

第二步，传递正能量。

主动向他人展示关怀和善意。这涉及展现友好、无私、同情和同理心，这些行为能够帮助你与他人建立更深层次的联系。

第三步，自我关爱。

学会对自己温柔以待。对于很多人来说，这可能是一个挑战，但自我关爱是建立健康自我形象和亲密感的基础。

这些策略都能有效提升你的人格魅力。因此，即使一开始感到不适应，也应当努力同时实践这些方法，以培养出真正的亲和力。记住，领导他人不仅仅是依靠智慧，更是依靠心灵的连接。在寻求他人的支持之前，要先建立起心灵的桥梁。

亲和力法则：攻心为上

约翰·麦克斯韦尔著名的关于领导力的研究，涉及几条亲和力法则。

得人之前必先得其心

亲和力源于人对人的认同和尊重，很多时候，亲和力所表达的不是人与人之间的物理距离的远近，而是心灵上的通达与投合，是一种基于平等待人的相互利益转换的基础。

真实的亲和力，以善良的情怀和博爱的心胸为依托，是一种发自内心的特殊禀赋和素养。

领导者深知，得人之前必先得其心。感情先于理智，别人不会在乎你知道多少，除非他们知道你多么在乎他。

攻心为上

在与人交往方面，感情要先于理智。无论你是给满满一个运动场的人做演讲，还是召开一个小组会议，或是试图与你的配偶进行沟通，这句话都没错。

想一想你是如何与人交往的。如果你是在听一个演讲者或者老师讲话，那么你是想听到一连串枯燥的数字呢，还是一系列的事实？或者，你是否更希望演讲者的讲话更具人情味——也许讲个故事或者笑话？

如果你曾经参加过任何一个成功的团队，无论是商业的、体育的还是服务方面的，你就会知道，领导者不会简单地给你一个指示，然后就让你去执行。不会，他（她）会从感情上与你建立亲善关系。

领导者要提高效率，就必须发挥亲和力的作用。为什么呢？因为在你请求得到别人帮助前，首先必须打动他们的心。这就是亲和力法则。

所有杰出的领导者和交际者都懂得这个道理，并且几乎是本能地实践着这个法则。除非被你打动，否则人们不会行动。

与人亲善

与人亲善的一个要素就是，即使是在团队中，你也必须把他们当作个人来看待。

施瓦茨科普夫曾经说过："能干的领导者站在一排士兵前面，他们所看到的就是一排士兵。但伟大的领袖站在一排士兵前面，看到的就是 44 个个体。他们每一个人都有自己的梦想，每个人都想好好活下去，每个人都想有所作为。"

亲和力效果：紧紧追随

这是领导者的职责

有些领导者对亲和力法则不以为然，因为他们认为建立亲善关系是追随者的事。那些位居高位的领导者尤其有这种想法。

他们总是想："我是老板，我有职权。你们是我的雇员，你们来接近我吧。"

但是遵守亲和力法则的成功领导者总会采取主动。他们会与别人一起走出第一步，然后继续努力协调关系。

这并非易事，但是对于一个组织的成功来说非常重要。领导者必须这么做，无论前方有多少艰难险阻。

挑战越艰巨亲和力越重要

在要求别人追随你之前，不要低估建立亲善关系、发挥亲和力的作用。如果你读过著名军事将领的传记，你或许会注意到，最优秀的军事将领都遵循亲和力法则。

在第一次世界大战期间，在法国，麦克阿瑟将军在一个司令员即将带领一次危险进攻前对他说："少校，当冲锋号响起时，我希望你能够第一个冲上去，冲在士兵前面。如果你做到了，他们就会跟在你后面。"

然后，麦克阿瑟将功勋奖章从自己的制服上摘下来，别在少校的制服上。事实上，他在要求少校英勇表现之前已经对他进行了奖励。

当然，这个少校真的冲在了士兵前面，他们跟着他越过了山顶，取得了胜利。

别人不会在乎你知道多少，除非他们知道你多么在乎他们。作为领导，找一些机会与自己的部下接触，记住他们的姓名，告诉他们你有多么欣赏他们，看他们做得怎么样。

最重要的是，要倾听。如果一个领导者与自己的部下关系紧密，真正与之心灵相系，那么部下会死心塌地地追随他们。

【热点解读】

"亲和性"高的人是最适合结婚的人

清华大学彭凯平教授说，心理学研究发现，与婚姻关系、幸福感有密切联系的特质就是"亲和性"。

"亲和性"高的人，通常善解人意、热情周到、友好大方、乐于助人，他们对人性有比较乐观的看法，并且相信人是诚实、正直、值得信赖的，也就是他们是持有积极心态的人。

具备"亲和性"的人，非常可贵的是，往往喜欢用积极的眼光看待他人，并且对别人的需求和看法比较敏感，所以他们通常会讨人喜欢，容易被社会接受。

具备"亲和性"的男人更愿意关心、照顾自己的妻子，也更愿意做出自我牺牲，更敏感体贴，这与少女们追求的相貌、成功、财富、彪悍、勇敢等所谓的“男性魅力”并没有多大的关系。

“亲和性”高的男人，也许不够富有、不够有魅力，但他们通常是踏实稳重、厚道实在、体贴顾家的好伴侣；同样，娶到“亲和性”高的妻子也是男人一辈子的福气。

所以，彭凯平教授建议，在现实的婚姻关系中，这项特质才是你在择偶上应该首先考虑的因素，一个“亲和性”高的人，才是你最应该结婚的人。

其实，这里所说的“亲和性”，就是平时老母亲们常叮嘱我们的，要找个“性格好”的人结婚。

虽然听起来有点老生常谈，却是在择偶中的至理名言，蕴含着深奥的人生哲理。

【心中有道】

人格魅力的风格与本质

正如存在不同的领导力风格和个性风格，魅力风格也有不同的种类。

奥利维亚·福克斯·卡巴恩概括了日常生活中最实用的、最容易接触的四种截然不同的魅力风格，即焦点魅力、愿景魅力、友善魅力和权威魅力。

四种魅力风格的行为表现及心理学原理

焦点魅力：专注当下和信心

这种风格体现在对当前情境的全神贯注。根据心理学中的“正念”原理，当一个人完全投入当下时，他们能够更有效地沟通和连接。这种感觉是，你完全与对方同在，倾听并理解他们所说的一切。正念的魅力在于它的直接性和真实性，它能够建立起强烈的信任感。

愿景魅力：信念与信心

这种风格激发人们的热情和信念，与心理学中的“自我实现预言”原理相关。当领导者展现出对未来清晰的愿景时，追随者往往会不自觉地开始朝着这个愿景努力，从而使其成为现实。史蒂夫·乔布斯的演讲能力就是一个例子，他通过传递信念和激情，激发了人们的内在动力。

友善魅力：亲和力和信心

这种风格建立在亲切感之上，与心理学中的“亲和动机”原理相呼应。亲和动机是指个体寻求与他人建立积极关系的内在驱动力。亲和魅力能够让人感到被接纳和珍视，这是基于人类的基本需求之一——归属感。通过展现亲和魅力，领导者能够建立强烈的团队凝聚力和忠诚度。

权威魅力：影响力与信心

这种风格与心理学中的“权威服从”原理紧密相关。研究表明，人们倾向于服从权威人物，这是在长期的进化和社会化过程中形成的。权威魅力不仅基于个人的地位和权力，还在于他们展现出的自信和决断力。这种魅力能够有效地指导行为，尤其是在需要快速决策和行动的紧急情况下。

在展现这些魅力风格时，领导者应考虑以下心理学原理：

自我一致性原理：人们倾向于保持行为与自我形象的一致性。领导者应确保他们的魅力风格与他们的价值观和品牌形象相符。

社会认同原理：人们会观察他人的行为来指导自己的行为。领导者的魅力风格可以成为他人模仿的榜样。

反应性原理：人们对他人的反应会影响他们的行为。领导者通过展现魅力风格，可以激发积极的反应，从而增强团队的动力和合作。

总之，领导者应该理解并运用这些心理学原理来提升自己的魅力风格，更有效地影响和激励他人。同时，他们应该保持真实，避免违背自己的价值观，以确保魅力风格的可持续性和有效性。

【热点解读】

周恩来总理的人格魅力

谈到人格魅力，首先想到的是周恩来总理。周恩来总理的人格魅力是一个说不尽、道不完的话题。

人格魅力是什么？就是人的信仰、气质、品德、才智等汇聚而成的感召力量，哲学学者称之为一呼百应的号召力、凝心聚力的吸引力、潜移默化的感染力。

中国人民从未淡忘对周恩来总理的思念

周总理的一生，是为党和人民无私奉献的光辉一生，是矢志不渝追求革命真理、为党和人民事业鞠躬尽瘁死而后已的一生。

50 多年革命生涯，26 年总理任期，他日理万机，把全部的精力都奉献给了祖国和人民，直到生命的最后一刻。他成为中国共产党人永远的政治楷模。

梁衡先生的散文《大无大有周恩来》：写了周总理一生中六个方面的“惊人之无”：死不留灰、生而无后、官而不显、党而不私、劳而无怨和去不留言。

而正是从这“大无”之中，作者又发现了他的主人公所拥有的“大有”：大智、大勇、大才、大貌，还有大爱和大德。

作者从这鲜见的人生范例中，看到了一种崇高的生命的哲学：“当人格的力量达到一定强度时，它就会迅如光速而追附万物；穹庐空间而护佑生灵。”

2018 年 3 月周恩来同志诞辰 120 周年纪念日，中央文献研究室副主任陈晋概括，周恩来一生做了六件大事。

正是因为有这六件事，周恩来成为中国共产党人永远的政治楷模，一张闪亮的精神名片，一种感人的文化现象；正是因为有这六件事，我们才能够不断地在研究和宣传当中发掘周恩来的价值，重温他作为榜样的内涵。

这六件大事，就是建党、建军、建国、建设，“四个建”再加上一个思想、一个精神。思想就是为毛泽东思想形成发展做出巨大贡献，精神就是树立了周恩来精神。

什么是周恩来精神？可以从不同角度去概括，但基本上是指他在实践当中体现出来的做人做事的立场、情怀和品格。在这方面周恩来确实是中国共产党人的楷模。

外国政要眼中周恩来的人格魅力

1954 年 4 月，周恩来总理步入日内瓦会议会场，代表新中国第一次出现在国际舞台，他的步履坚定，神情沉稳，形象英俊，让西方世界为之震动。

尼克松在《领导人》一书中这样写道："我与周恩来除了一起吃饭、参加宴会和其他公开活动以外，正式进行单独会谈也有 15 个小时以上。我留下了 4 点不可磨灭的印象：他有旺盛的精力、周密的准备、高明的谈判技巧和遇事不慌的镇定态度。"

尼克松总统由衷地感叹："周恩来没有架子，但却很沉着坚强。他通过他优雅的举止和挺立而又轻松的姿态显示出巨大的魅力和稳健。"

美国前国务卿基辛格为周恩来的魅力所折服，甚至感到"狂欢"，基辛格在多次描述周恩来的时候所使用的言辞都充满了感情色彩。

在《白宫岁月》中回忆："周总理是一个极具智慧的人，非常有魅力，极其了解人类。周总理总是非常坦白、非常诚实地向我解释，中国的高级领导是如何想的。周恩来理解中国如果要和某个人、某个国家达成某项协议，就必须做到互相间非常理解，非常诚实，以诚相待。所以他在和我们交往的过程当中，从来不隐瞒自己的态度。"

基辛格在他撰写的《论中国》一书中这样评价周恩来："他是我在 60 年来的公职生涯中遇到过的最有魅力的人。他个子不高，风度翩翩，目光炯炯，表情丰富。他能以他超人的智慧和能力压倒谈判对手，能凭直觉猜到对方的心理活动。"

谈到周恩来的外交风格时，基辛格说那是"非常典雅"的。他说，"我和周恩来的会谈通常都是从下午 3 时开始一直谈到晚上，甚至半夜，只在吃饭时才停下来。在这么长的会谈时间里，从来没有人进来请他去接电话或送文件要他批示。他总是显得那么从容不迫。这不仅说明他能力非凡，而且也是对客人的尊重和礼貌。”

基辛格说，他曾开玩笑地对周恩来说：“如果你到华盛顿来，我会感到难堪的，因为那里的高级官员做不到这样。”他还感慨地说：“周恩来对人谦虚礼貌是处处都体现出来的。尽管我们之间级别不同，但周恩来却不拘礼仪，坚持会谈要在我住的宾馆和人民大会堂轮流举行。这样，他来拜访我和我去拜访他的机会就会一样多。我当时只是总统国家安全事务助理，而不是国务卿。”

人格魅力的五个层次

人格魅力是一个多层次的概念，通常可以有以下四个层次：

基础层次：自信自爱

人格魅力的第一层是自信自爱。自信自爱是构建健康人格的基础。如果你不能自信自爱，就很难让别人对你产生好感。

自信不是自大，而是对自己能力和价值的正确认识；自爱不是自私，而是对自己持有积极的情感态度，关心并尊重自己的需求。只有拥有自信自爱的心态，才能够在别人面前显得魅力十足。

上升层次：心胸开阔

人格魅力的第二层是心胸开阔。心胸开阔意味着能够容纳不同的意见和想法，理解和尊重他人的需求和感受。

他们不会过于执着于自己的观点，而是会用开放的心态去尝试接纳并理解别人的观点。这种开放的心态有助于建立良好的人际关系，并增强个人魅力。

深化层次：思维深邃

人格魅力的第三层是思维深邃。思维深邃体现在对事物的深刻洞察和理解上。

思维深邃的人充满智慧和创意，能够从多个角度看待问题，提出富有创意和建设性的观点。这种智慧与创意能够吸引他人的注意，并带来启示。

核心层次：人品高尚

人格魅力的第四层是人品高尚。人品高尚是人格魅力的核心所在。它涵盖了诚实、正直、责任感等道德品质。

他们尊重人权，不伤害他人，有耐心、宽容和善良的心灵。一个品德高尚的人能够赢得他人的信任和尊重，成为他人学习的榜样。

外显层次：仪容与举止

人格魅力的第五层是仪容与举止。这五个层次共同构成了人格魅力的完整画面。

虽然仪容与举止并非人格魅力的内在本质，但它们是人格魅力的外在表现。良好的仪容和得体的举止能够反映出一个人的教养和修养，从而增强整体的人格魅力。

在提升人格魅力的过程中，我们需要从内在到外在进行全面培养，不仅要注重内在品质的修养，也要关注外在形象的塑造。

同时，这些层次并不是孤立的，它们相互关联、相互影响，共同塑造了一个人的独特魅力。

【热点解读】

我们为什么喜欢李白？

“天生我材必有用，千金散尽还复来”的洒脱自信；“仰天大笑出门去，我辈岂是蓬蒿人”的狂傲不羁；“长风破浪会有时，直挂云帆济沧海”的昂扬大气……这些经典的诗句，仍然在我们心中闪耀着独特的光芒，成为难以超越的文化经典和光辉灿烂的文化符号，塑造了中国人的文化DNA，常驻于我们灵魂的深处。

善良、真诚，是李白人格的底色。高适被李白的气度折服；长安的歌姬唱着李白的诗；小迷弟杜甫一路跟随；远在边关的郭子仪说：李白，你的诗，我喜欢；贺知章说：李白不是凡尘中人，是天上谪仙；汝阳王乃李白平交……

千百年来，李白脍炙人口的诗句、顽强不屈的生命力量，曾经安抚过无数怀才不遇、焦灼不安的心灵，鼓舞过众多困顿迷惘、颓唐失意的人奋起前进。

在李白故里安陆的乡镇、景区、大街小巷，李白纪念馆、李白塑像、李白诗词长廊，俯拾皆是。当地人说：

我们热爱李白，爱的是他御风而行的飘逸，爱的是他说走就走的洒脱，爱的是他在颠沛流离中，享受“诗和远方”的自在不羁。但我们更爱的是他把所有那些“我们敢想却不敢做”的美梦，化作真真切切、一往无前的现实。

我们热爱李白，爱他的俯视人间，飘然若仙；也爱他的天真幼稚、失意落寞、悲喜交集。我们爱他是不食人间烟火的“谪仙人”，可我们更爱他是像我们一样有血有肉，在人世间奋力拼搏的普通人。

我们热爱李白，爱他的极致浪漫，爱他神游天际的无边想象；更爱他尽管遭遇坎坷，但心灵和诗意的光辉却从未被磨损。即使人至暮年，垂垂老矣，依旧一往无前。

我们无法见到盛唐的明月，但李白的诗，却成为中国人心中的明月和故乡。这就是李白，他是一千多年来，人人喜爱、独一无二的“诗仙”，永远是青春的歌唱，永远是少年般的豪迈自信。

为什么李白能够永葆一颗少年心呢？老年李白配音演员宣晓鸣做出了自己的解读：“因为李白最重要的思想武器来源于中国精神。即使被打到谷底，爬起来后依然满脸微笑地说：未来可期！”

近些年来，李白更是频频火出圈。李白的“频频出圈”与当下人们的情绪和社会心理紧密契合。他的诗歌作品中，充满着豪情壮志和自由奔放的气息，正是当代人们渴望表达自我的心声。

作家六神磊磊曾经在《如果没有李白》中饱含深情地说：

如果没有李白，似乎没有什么太大的影响，不过千年前少了一个文学家，《全唐诗》会变薄一点点，但程度相当有限。

如果没有李白，几乎所有唐代大诗人的地位都会提升一档，李商隐不用再叫小李，王昌龄会是唐代绝句首席，杜甫会成为最伟大的诗人，没有之一。

如果没有李白，我们应该会少背很多唐诗，少用很多成语。

说童年：没有青梅竹马；说爱情：没有刻骨铭心；说享受：没有天伦之乐；说豪气：没有一掷千金。

浮生若梦、扬眉吐气、仙风道骨，这些词都不存在；蚍蜉撼树、妙笔生花、惊天动地，也都不见了踪迹！

如果没有李白，我们的生活应该会失去不少鼓励。犯了难：说不了长风破浪会有时；想辞职：说不了我辈岂是蓬蒿人；处逆境：说不了天生我材必有用；赔了钱：说不了千金散尽还复来；更不要说：大鹏一日同风起，扶摇直上九万里；安能摧眉折腰事权贵，使我不得开心颜！

如果没有李白，我们熟知的神州大地也会模糊起来：我们不再知道黄河之水哪里来、庐山瀑布有多高、燕山雪花有多大、桃花潭水有多深、蜀道究竟有多难；白帝城、黄鹤楼、洞庭湖的名气都要略降一格；黄山、天台山、峨眉山的风景也会失色几许。

如果没有李白，历朝历代的文豪词帝，也会少了很多名句：没有“举杯邀明月”，苏东坡未必会有“把酒问青天”；没有“请君试问东流水”，李后主不会让“一江春水向东流”；没有“事了拂衣去，深藏身与名”，金庸的武侠江湖，将会天缺一角《侠客行》。

千百年来蜀人以李白为蜀产，陇西人以为陇西产，山东人以为山东产。一个李白，生时无所容入，死后千百年，慕而争者无数。

是故，无处不是其生之地，无时不是其生之年，他是天上星，亦是地上英，亦是巴西人，亦是陇西人，亦是山东人，亦是会稽人，亦是浔阳人，亦是夜郎人。

死之处亦荣，生之处亦荣，流之处亦荣，囚之处亦荣，不游、不囚、不流、不到之处，读其书、见其人、亦荣亦荣！

幸甚至哉！我们的历史有一个李白。幸甚至哉！我们的心中有一个李白。

你是谪仙人，你是明月魂！

人格魅力的五个本质特征

“人格魅力”是“人格独立和健全”后自发的一种魅力。

我们人人艳羡的人格魅力，只不过是一个附属品，我们终其一生所追求的就是成为一个人格独立和人格健全的人。

任何一个普通人，只要人格独立和人格健全了，就都能拥有无与伦比的人格魅力。那些名人和伟人所具有的人格魅力，无一不是因为人格独立和人格健全而来的。

我们从文化基因和底层逻辑来探寻人格魅力的五个本质特征：真诚、智慧、不争、利他、谦逊。

真诚是人格魅力的基石

当你与某人初次相遇时，你可能会问自己：“这个人可靠吗？”这种疑问源自我们内心深处对真诚的渴望。毕竟，在这个快节奏的社会里，真诚是一种珍贵的品质，能为我们带来真正的情感联结。

真诚是人格魅力的基石。真诚意味着一个人能够坦诚地面对自己和他人，不伪装、不做作。真诚的人往往能够赢得他人的信任和尊重，因为他们展现出的真实性和可靠性让人们感到安心。

一方面真诚被认为是构建信任的基石。在心理学研究中，信任是任何健康人际关系的核心要素，不仅仅是朋友关系，还包括家庭、工作伙伴等。我们通常会通过观察他人的行为与言辞之间的一致性，来判断他们的真诚度。如果我们发现一个人总是言行一致，我们会更愿意与他们建立深厚的关系。

另一方面真诚也是人际交往中的一种心理契约。这种理论指出，在任何关系中，我们都会无形中与他人建立一种心理上的契约，即期待对方也以同样的真诚对待我们。当这种心理契约被打破时（比如当我们发现对方在欺骗我们时），我们的信任感和安全感会受到极大冲击，这种失望可能是关系破裂的前兆。因此坦诚沟通、行为一致、理解与宽容成为我们维系所有情感纽带的关键。

智慧是心智成熟的表现

对于那些充满不确定性的人生选择，如择业、择偶、跳槽、制定重大工作决策等，一个有智慧的人能够在线索信息不充分的情况下做出最适当的考虑和判断，给出最有价值的建议。

德国人类学家保罗·巴尔特斯教授于2000年提出“智慧理论”：智慧是对于生活中那些基本的、重要的、实际的问题，具备着专家一般的知识系统；对于复杂的、充满不确定性的人类生活情境，有着杰出的洞察力、判断力，能够提出富有价值的建议。

巴尔特斯通过实验编码发现，在面对生活中复杂的、充满不确定性的难题时，评价“智慧”有五个标准：

一是表现出丰富的事实性知识，也就是对于此主题有很多知识经验；

二是表现出丰富的理性知识，也就是掌握很多关于完成某项任务的行为或操作步骤的知识，是关于“如何做”的知识；

三是表现出开放的态度，也就是具有从多视角考虑问题的习惯，而不是从刻板、封闭、单一的视角出发；

四是考虑纵向的发展和横向的背景，也就是是否能考虑问题的来龙去脉和问题所处的复杂环境；

五是了解自己判断力的局限，也就是是否有自知之明，不过于武断自负，对未知领域和不确定性有敬畏之心，是否能够了解人类认识能力的局限和自己的弱点。

发展智慧的三个条件

什么样的人可能变得更有智慧呢？巴尔特斯认为，智慧发展的条件分为三类：

一是一般个体因素，主要指人的人格特质，例如，良好的心理状态、富有创造力、对经验持开放态度等；

二是具备与生活中重要且实用的专家知识系统相关的经验背景，例如，具有丰富的阅历和生活事件的经验，受过系统的训练并且有导师的引导；

三是与智慧经验相关的大环境，例如，年龄、教育背景以及所处的社会环境等。

当这些条件都已经具备后，并不意味着人就拥有了智慧，因为这些都还只是一颗颗珠子，需要用绳子串起来，即需要一系列的过程来组织和调节智慧的发展，这些过程包括生活计划、自我管理与反思的习惯等。

人只有零散的知识是不够的，还需要善于在设定目标、优化资源、补偿损失等环节实现自主发展和自觉成长，把零碎的知识整合起来，并广泛地、灵活地、有效地加以应用。所以，智慧启发式是一种在更高水平上组织知识的元启发式模型。

为了提升个人智慧，我们需要扩展自己的直接经验和间接经验。扩展直接经验，就需要经常远离熟悉的环境和工作，有意寻找机会去陌生的环境，通过实践增长才能，积累丰富的生活经验来丰富自己。

扩展间接经验，就需要我们变得好奇心重一点，饱有浓厚的求知欲，对各种事情的来龙去脉刨根问底。

能够动态地看待问题，善于把握时机，分析事情的发展趋势，等待时机成熟，自然对待；同时具有自知之明，知道自己对待事物的局限。

不争是柔弱处下的哲学

世界的纷乱，起于人类的相争——争功、争名、争利，无一处不在伸展私己的意欲，无一处不在竞逐争夺。

“争”有争夺、争辩、竞争之意，而“不争”则有谦让、放弃的含义。老子提出的“不争之争”，是一种哲学范畴内的“争”。

“不争”的辩证法

“不争”一词在字字珠玑的《道德经》中共出现过八次，寓意“不争夺”“不相争”，皆紧扣全书主旨“道”和“德”的特点，无为不争、用弱处下才是大道规律。

如第八章“夫唯不争，故无尤”，第二十二章“夫唯不争，故天下莫能与之争”，第六十六章最后一句“以其不争，故天下莫能与之争”，第七十三章

“不争而善胜”，第八十一章封笔之处“圣人之道，为而不争”等表述。

老子用“争”与“不争”的辩证法告诉我们，正是因为有道的圣人不与他人相争，所以天下才没有人与他去争。

正是因为圣人具有水一样的不争美德，所以他们不会因追逐名利而带来烦恼和灾祸；正是因为天道从来不争高下，所以能够不争而善胜。

正是因为圣人只会为天下奉献而不会去索取，所以他们才是最大的赢家。

这样的圣人虽然不去争当领袖但百姓偏偏选择他们，所以普天之下没有人能与他相争。

老子眼中的“不争”实则是顺应自然的“争”。“争”与“不争”对立而统一。正如林语堂所说：“不争，乃大争。不争，则天下人与之不争。”

在我们现在的社会中，又可以如何“不争”？领导不与下属争功劳，争利益，争私欲，却能建设一个所向披靡的团队，取得更大的成功。

不争是一种内心的宁静与坚强，它教会我们保持冷静，远离情绪的起伏，获得更广泛的支持。

不争是一种善意的给予，让我们能够倾听他人的声音，理解他们的需求，在竞争激烈内卷的时代，把心安顿好。

守柔处下的智慧

老子一向的主张是：退、守、弱、柔。“守柔处下”强调的是一种内敛、低调、顺应自然的态度。

守柔，意味着保持一种柔和、不张扬的状态，不轻易展现自己的力量和锋芒；处下，则是指将自己置于一种低下的位置，不与人争高，不与人比强。

“守柔处下”的思想体现了道家对“道”的深刻理解，即“道”是柔弱而顺应自然的，它不强求、不妄为，却能在无形中影响万物，柔弱胜刚强，实现自己的目的。

柔弱并不是软弱无力，而是一种内在的力量和智慧。在面对复杂多变的世界时，应该学会以柔克刚、以弱胜强。

顺应自然：柔弱之所以能胜刚强，是因为它顺应了自然的规律。自然之道是柔弱而顺应的，它不强求、不妄为，却能在无形中影响万物。

同样，人在面对困难和挑战时，也应该顺应自然之道，以柔弱的姿态去应对，而不是硬碰硬、以刚克刚。这样做不仅能够减少阻力，还能够借助自然的力量，实现自己的目标。

蓄势待发：柔弱并不是消极放弃，而是一种蓄势待发的状态。它告诉我们，在力量不足或时机不成熟时，应该保持低调、内敛，不断积累自己的力量和资源。

这样做不仅能够避免过早暴露自己的弱点，还能够为自己创造更多的机会和可能性。一旦时机成熟，就可以迅速出击，实现自己的目标。

灵活变通：柔弱之所以能够胜刚强，还因为它具有灵活变通的能力。在复杂多变的世界中，刚强之物往往因为过于坚硬而难以适应变化；而柔弱之物则能够随机应变、灵活调整自己的策略和方向。

这种灵活变通的能力使得柔弱之物能够在不断变化的环境中生存下来并发展壮大。

功成不居的法则

建功立业是众多志向高远的人所向往并为之奋斗的事情。那么，功成之后呢？不外乎这么一些情景：居功自傲，功成不居，贪得无厌。

《道德经》第九章中说："持而盈之，不如其已。揣而锐之，不可长保。金玉满堂，莫之能守。富贵而骄，自遗其咎。功成名遂身退，天之道。"

老子的话告诫我们：一定要效法天地育万物的法则，衍化万物却始终默默无闻，从不居功，所以天道往复，经久不衰。人由道而生，也只有顺应天道、功成身退，才能自在长久。

无论领导者还是管理者，为人处世的大智慧：做人不可居功自傲，不要自我夸耀目中无人，要把功名让他人。

不争名不争功，要有一颗感恩的心；取得成绩后，不骄不躁，将成就与荣耀分享给同事和领导，这样方能得到大家的拥戴，得到领导的重用。

功成不居，不仅是一种使自己立于不败之地的策略，也是一种体现了人生境界的德行。

利他是对人性的共情

从古至今，大公无私、公私分明、先公后私、公而忘私、无私奉献，一直是至高无上的精神境界；心中有他人，眼里有世界，总能设身处地地为他人着想，并有爱的奉献，那么得到的将是内心的充实、高尚的人格和爱心的照耀。

利他的本质

利他之心，就是我们做事的时候先考虑的是他人。利他之心并不是毫无私心，只是把私心放在最后，我们可以把它当作一种做事的理念。

心理学角度上，利他行为的本质是出于人类的共情和同理心。许多研究表明，当我们看到他人受到伤害或遭遇不幸的时候，自己的大脑也会被激活，产生与他人相同的情感体验。这种神经机制被称为“共情”，也被认为是利他行为的心理基础。共情可以促使个体产生关注、同情和帮助他人的行为，从而推动社会互助和合作的精神持续发展。

道德角度上，利他行为源自于对他人的尊重、关注和同情。这种关注和同情本身是一种基本的社会感情和人际交往能力。人类社会的生存和发展都依赖于这种互助和合作的精神。

利他文化是刻在中国人骨子里的善良。古语说“修身、齐家、治国、平天下”修身是第一位的，我们要修的就是一颗心，一颗博大无私的心。

传承的文化自觉

孔子向往“大同”世界，“大道之行也，天下为公”“己欲立而立人，己欲达而达人”。孟子有“乐以天下，忧以天下”的情怀。

北宋范仲淹《岳阳楼记》中的千古传诵“先天下之忧而忧，后天下之乐而乐。”孙中山先生时代烙印的“天下为公”的思想。

利他主义的核心理念是：把自己内心想要的，让他人也能得到；把自己的全部努力转化为他人所求且毫不费力的；始终存在一种自觉性痛苦，为的是让他人更幸福。

真正的道德从来都是在“利他”中实现精神的“利己”，在“立人”中完成真正的“自立”，是“利己”与“利他”的和谐统一。

如果我们能对“他人”的困境“设身处地”“将心比心”，那么我们的“利他”行为，就会变得格外自然而幸福，利他就是最好的利己。

是非善恶的最高标准

周恩来总理“为中华之崛起而读书”；毛泽东同志提出“全心全意为人民服务”作为党的执政理念初心和使命；雷锋“人的生命是有限的，可是为人民服务是无限的，我要把有限的生命，投入到无限的为人民服务中去”。

为人民服务的时代精神与老子的利他思维异曲同工，体现了社会主义道德的根本要求，是社会主义经济基础的客观需要，是建立和发展社会主义市场经济的要求，是履行职业职责的精神动力和衡量职业行为、是非善恶的最高标准。

谦虚是修养的高阶追求

《尚书》有云“满招损，谦受益”，这种价值理念在现代社会依然焕发着智慧的光芒。大智者必谦和，大善者必宽容。谦虚是一种为人处世的方式，是源于内心的品德，是一定修养阶段所能到达的高层次。

从《易经》提出的“谦谦君子”到当代学者对谦虚内涵的层级解析，这种精神品格经历了数千年的传承发展，形成了完整的修养体系。

下面我们初步了解一下谦卑、谦恭、谦逊、谦和品格的层次化建构。

谦卑：自我认知的哲学

《周易》曰：谦谦君子，卑以自牧。何为谦卑？谦卑是从心底生起自然的尊崇与敬爱，自谦而不自高自傲。

“卑以自牧”的训诫强调内在修为。谦卑的人有自知之明，懂得尊重别人，更懂得对他人恭敬其实是在庄严自己。

谦卑之人真诚朴实不妄自尊大，不会将盛气凌驾于人，更不会傲慢无礼于他人。

曾国藩说：“谦卑含容是贵相。”君子，贵在谦卑，这是一种自我尊重，更是为人修养之道。

谦恭：人际交往的智慧

何为谦恭？与谦卑相比，它有恭敬、赞美他人之意。它是一种积极的态度，更是一个人的高尚情操和修养深厚的表现。

超越单纯的自谦，谦恭包含主动发现他人优点的能力。具备此修养者既能理性对待赞誉，又能从容接受批评。

当得到他人赞美时，不虚荣，而是把事情继续做好；当被他人批评时，不怒言，而是能够做到虚心求教。

谦恭做人是智慧，更是修养。放低姿态，学会尊重他人，也会得到他人的认可和尊重。

王阳明“知行合一”理论中，谦恭正是连接认知与实践的重要桥梁。

谦逊：求知精神的具象化

孔子“知之为知之”的治学态度为谦逊注入学术内涵。谦逊是一种“看得见”的修养，以谦逊之心待人，更是一种上善品德。

这种品格在苏格拉底“自知无知”的哲学思辨中得到跨文化印证，展现知识精英特有的认知境界——学识愈渊博，愈能体会认知疆域的无限性。

谦和：精神修养的至高境界

融合道家“上善若水”与儒家“致中和”思想，谦和代表着修养的完形状态。这种境界包含三重维度：待人和善的处世准则、社会关系的和谐构建，以及面对荣辱的平和心态。张载“民胞物与”的哲学观，正是这种境界的生动注脚。

在个体层面，谦虚品格培养有助于缓解现代性焦虑；在社会层面，可为构建和谐社会提供文化资源；在文明层面，谦虚品格的演变轨迹印证着中华文化的强大生命力，这种传统智慧的创造性转化，为应对全球伦理困境提供东方力量。

【热点解读】

说实话会让身体变得健康

美国圣母大学心理学教授阿尼达·凯利主持的一项名为“诚实科学”的研究，证明了“只说实话”可以带来：更良好的身体指标，更坦然淡定的心态，更通透高频的能量。

科学研究发现：说实话会让你身体变得健康。真诚、老实是促进健康的关键。

真的吗？是千真万确的，而且是被科学证实的！

在这项研究中，研究人员把 72 个成年人随机分为两组——诚实组与对照组，并且记录下来目前他们身体所有的病症和不舒服感觉。

对照组的 36 人，研究人员不给任何指令，只告诉他们接下去的五个星期他们正参与一项不知名的研究。

对诚实组的人员，研究人员给予特别的规定："往后五个星期，每天都必须老实、真实、真诚地说话——不仅大事如此，连为何迟到这种小事也不例外。除了开玩笑或者有意夸张之外，凡是在认真的场合中都必须说实话。虽然你也可以选择不回答，但只要话一出口，就得是真话。"

而对照组的人，则只是知道自己参与一项科研活动，其他信息浑然不知，也没人对他们的行为提出任何要求。

在这期间，两组都要定期回到实验室来做测谎以及身体检验，研究人员详细记录下他们身体出现的病状。

到了最后一星期，凯利教授表示实验结果真令人难以相信："诚实组的 36 人，试验前和试验后的健康情况差别很大，很多初期检测出的病症，状况均减轻。而对照组的身体状况没有改变，有的人的病情症状还加重了。"

两组的对比更是不可忽视的，五周后诚实组比对照组的改变大很多，诚实组检测出的病症比对照组的少很多，尤其是喉痛、头痛和恶心等症状差别更大；还有像抱怨、紧张等心理状态也相对减少。

这组对比试验是有科学依据的，当人在说谎的时候，整个身体生理会发生很大变化，血压会升高，影响全身机能；心理上比较大的压力，也会导致免疫系统出现问题，久而久之就会对健康有所影响。

阿尼达·凯利教授对自己进行同样的实验，实验结果是完全一样的。于是，她在博客里公开了对自己的实验结果："从今年秋天，我一直遵循着说实话的原则。以往，我通常每天要睡 8 小时，一个冬天下来会感冒 5 至 7 次；而现在只要睡 3 小时，并且没生过病。”

诚实坦荡，减少了心里的顾虑和压力，身体也会更健康。

“说实话”成了灵丹妙药，太不可思议了。

其实也没有什么不可思议的：以测谎仪为例，就可以说明为何“说实话”会使人健康。

诚实原本是人类的正常生存状态，但是当社会竞争越来越激烈时，有时人会选择说谎而获得竞争优势，就会认为说实话的人很傻。

测谎专家罗伯特·斐德曼的研究显示：撒谎会造成持续的身心压力。

撒谎使得人们身心不断承受压力，可能造成消化系统紊乱、免疫系统失调，影响身体健康。

撒谎的人，体内的皮质醇也会增多。皮质醇就是“压力激素”，它一多了，就会增加身体发炎、失眠、焦虑和忧郁的风险。而长期压力增大，也会引起免疫力下降、后背痛、紧张性头痛、月经紊乱等问题。

同时，撒谎使得人的肠胃、胸肺、心脏和肝脏都需要额外承受内分泌的毒素压力，人长期处于这样的压力下，疾病就产生了。

大量的科学研究表明，人会以攻击身体的方式来消化有毒的情绪，最终酝酿成意想不到的大病。

身体是最诚实的，说谎、做事与愿违的事情，会让身体排斥，这其实是在折磨它。

不要说谎，对自己真实一点，看到自己内心真实的感受，重视身体发出的信号，真诚地表达自我，才能帮助身体“排毒”。

从今天开始，只说真话！

①每天都必须老实、真实、真诚地说话——不仅大事如此，连为何迟到这种小事，也不例外！

②除了开玩笑或有意夸张之外，凡是在认真的场合中都必须说实话。

③不想说的话，你可以选择不回答，但只要话一出口，就得是真话。

人格魅力提升的基本要义

人格魅力的根基在于对自我的清醒认知，只有先端正心态找到平衡点，才能为后续的成长铺设稳固的轨道。

魅力本质是主体性与共情力的共振，既要守住稳定的内在秩序，也要让情绪的波长与他人的频率微妙共鸣。

魅力，从正“心”开始

每一分钟，我们的身体都会下意识地发出成千上万的信号。

相由心生，境随心转

《孟子》说：有诸内必形诸外。精神分析理论有个核心概念：潜意识虽然不会说话，但你的每个毛孔都在表达它。

所以人内隐的部分都会表现在外表上：你现在的相都和过去的因果、你的内在的真实想法、你的念头、你的价值观、你的情绪息息相关。

首先，我们无法有意识地控制所有的肢体语言，所以也不能有意识地让自己所有的行为变得有魅力；如果想要这样做，你就不得不去控制成千上万的因素，包括语音语调、眼神变化、手势动作等，这几乎是不可能完成的任务。

但是，因为大多数肢体语言都是由潜意识来控制的，所以只要我们成功引导自己的潜意识，就能成功地控制肢体语言了。

其次，不管我们是否愿意，都会通过肢体语言表达出自己的心理状态。我们的面部表情、声音、姿势以及其他肢体语言，都无时无刻不在表达着我们的心理和情绪状态。

我们无法控制这些流动着的潜意识，所以脑子里想着什么都会被肢体语言忠实地表达出来。

即使我们通过努力，控制住了主要的面部表情和四肢动作，但如果我们内心的想法与这些动作的目标不一致，我们的微表情迟早都会把我们真实的心理活动暴露出来。

这些微表情可能在我们的脸上转瞬即逝，但它们一定会被对方注意到，因为人具有在 17 毫秒的时间里阅读表情的能力。

如果我们装出来的主要表情与微表情不一致，对方就会在潜意识中感到不对劲。

微表情透露真实信息

如果一个人出现了特殊的精神状态，就需要通过表情和行为表达出来。这种细微的变化被人们概括称为微表情，而经过长时间的发展，现代人已经可以熟练运用这种技能，并且通过神情的细微变化，判断出对方的心理状态。

你能区别一个真诚的微笑和一个装出来的微笑吗？真诚的微笑和出于礼节的微笑是不同的，真诚的微笑需要调动面部的两大肌肉群：嘴角的肌肉和眼角的肌肉。

嘴角的肌肉微微向上提起，而眼角的肌肉则会放松，并略微向下弯曲。而假装出来的微笑只有嘴角的肌肉会动，眼部的肌肉几乎不动。人们能够轻易区别出两者的不同。

因为我们的心理活动能够被肢体语言和微表情真实地反映出来，所以如果想要展现魅力，就必须从我们的内心开始。

如果你的内心充盈着魅力，那么恰当的肢体语言就会不自觉地流露出来。所以我们要先了解什么是魅力心境、怎样培养它们，以及怎样将其内化从而灵活运用它们。

只有在培养好自己的心境后，我们才能开始学习外在的魅力行为。

如果我们反过来，先学习那些魅力技巧，就会弄巧成拙，如果不先学会调整自己的心境就开始学习外在的魅力技巧，就像是还没有打好地基就开始盖房子，这样盖房子速度可能很快，但只要碰上轻微的地震，房子就会坍塌。

所以，如果内心还没有修炼到位，就很难记住和使用那些魅力技巧，从而改变自己外在的形象。

磨炼个人心理品质

真诚和善意

在与他人交往时，我们应该让别人感觉到自己是真诚和善良的人，而这需要我们本着真实的态度去对待每一个人。

通过倾听、理解和支持他人，我们可以建立起信任和友谊，这样就更加容易地让我们在社交场合中获得尊重和认可，提高自己的人格魅力。

自信和自尊

自信和自尊是人格魅力的基石，它们可以让我们显得更加坚定、清晰和自信。

我们应该在任何时候都要相信自己，没有人可以否定我们的价值和存在；同时也要学会爱自己，在自我尊重和自我照顾的过程中提高自己的人格魅力。

自我管理和情绪控制

在与他人交往时，我们必须学会管理自己的情绪，避免出现过度情绪化的行为和言行。

我们可以通过一些冷静思考和自我掌控的技巧来帮助自己控制情绪，从而保持自己的镇静，这样，我们才能够在社交场合中更加机智、聪明和有魅力。

学习和反思

学习和反思是至关重要的环节。我们应该学习新的技能、认知和思维方式，这有助于提高我们的思考能力、对事物的洞察力和在社交场合的敏感度，并帮助我们不断提升自己的人格魅力。

【热点解读】

肢体语言胜过千言万语

在人类漫长的进化史中，口头语言是最近的产物。而在此之前，人类的祖先已经通过各种非口头语言顺利地交流了数万年。所以解读肢体语言已经深深地刻入人类的基因，这比解读口头语言和语意更直接、更有效。

在提升个人魅力上，你的肢体语言比口头语言更加重要。不管你的演讲技巧有多么好、语言多么犀利，如果使用了错误的肢体语言，那么你的魅力就会大打折扣。

换句话说，如果使用了正确的肢体语言，即使你不说一句话也能使自己充满魅力。所以，提升魅力指数很简单，就是通过肢体语言让对方感受到你专注当下，有影响力和亲和力。

麻省理工学院的媒体实验室经过多次研究发现，只要分析参与者的肢体语言就能够预测商业谈判的结果，而不用听他们在说些什么，无论当时的场景是电话销售还是各种商业计划推广会，这种预测的准确率高达87%。

这听上去简直不可思议。在人与人的交流中，肢体语言怎么会比口头语言还重要？仔细想想，这其实说得通。

1955年，玛丽莲·梦露想要证明一件事。

盛夏的纽约，玛丽莲·梦露在杂志编辑和摄影师的陪伴下，走进纽约中央火车站。

此时正值上班高峰期，站台上挤满了人，没有人注意到玛丽莲·梦露也在一旁等地铁。

她上了地铁后，安静地站在车厢的角落里，没有人认出她来，摄影师用镜头把这一切记录了下来。

梦露想要证明：只要愿意，她既可以是光彩夺目的玛丽莲·梦露，也可以是平平凡凡的诺尔玛·琼·贝克。

地铁上的她，就是诺尔玛·琼·贝克；回到热闹的纽约街道的她，就是玛丽莲·梦露。

环顾四周后，她打趣地问摄影师："你想不想看到她？"没有夸张的动作，仅仅只是"摆弄一下头发，摆了个姿势"。就这一个小小的转变，梦露瞬间魅力四射。她的身上似乎散发出一股神奇的魔力，一切为之静止。时间凝固了，周围的人也惊呆了。他们突然发现大明星就在自己的身边，每个人都瞪大眼睛望着她。

很快，影迷们就把梦露团团围住，摄影师“千辛万苦”才把她从人群中解救出来。

魅力不是天生的，魅力是一种技能，你可以通过学习和练习掌握它，让它展现惊人的力量。

人格魅力是每个人都想要拥有的特质之一，它可以让我们在社交场合中更加自信、吸引人，并赢得尊重。

并非每个人都天生具备强大的人格魅力，或许我们成不了第二个任正非、雷军，但我们可以不断提高自己。

成为一个尊重别人并被别人尊重的人，让你在社交场合中表现得更加自信和迷人。这也是一种难得的实力。

【拓展阅读】

[1] [美] 丹尼尔 · 戈尔曼 . 情商 [M]. 杨春晓，译 . 北京：中信出版社，2018.

[2] [美] 杰瑞 · 伯格 . 人格心理学 [M]. 陈会昌，译 . 北京：中国轻工业出版社，2021.

[3] [美] 戴维 · 迈尔斯 . 社会心理学 [M]. 张智勇，乐国安，侯玉波，译 . 北京：人民邮电出版社，2006.

[4] [法] 奥利维亚 · 福克斯 · 卡巴恩 . 精英的人格魅力课 [M]. 徐言，译 . 杭州：浙江人民出版社，2018.

[5] [美] 罗伯特 · 西奥迪尼 . 影响力 [M]. 闾佳，译 . 北京：中国人民大学出版社，2021.

[6] [美] 约翰 · 麦克斯韦尔 . 领导力 21 法则 [M]. 路卫军，译 . 北京：中国青年出版社，2012.

[7] 傅佩荣 . 傅佩荣讲老子 [M]. 北京：东方出版社，2023.

[8] 彭凯平 . 吾心可鉴：澎湃的福流 [M]. 北京：清华大学出版社，2018.

[9] 盖笑松 . 积极心理学 [M]. 上海：上海教育出版社，2020.

第二讲　心理资本

【关注话题】

心理资本决定你是谁

“心理资本”作为一个全新的概念，影响越来越大，新浪教育的一篇科普文章更是受到关注。所谓心理资本，说的是“你是谁”“你想成为什么样的人”，也就是指一个人的心理状态、心理素质。

心理资本被卢桑斯称为是“继经济、人力、社会三大资本以外的第四大资本”，盘点职场中的四大资本分别是：经济资本、人力资本、社会资本和心理资本。

经济资本：指的是你所拥有的金融有形资产，当然也包含负债。“有钱才能买买买”“财大气粗”，这里的“钱”与“财”以及一个企业或者一个人所拥有的一切物质财富，都属于“经济资本”，强调的是“你有什么（东西）”，诸如各种硬件，但都不属于心理资本。

人力资本：指的是你知道些什么，包含所受教育、经验、能力、技能、思想。一个企业人才济济，一个人学富五车、名校文凭、海归博士等，指的是人力资本，强调的是“你知道什么”，诸如知识与技能，这也不是心理资本。

社会资本：指的是你目前认识谁，以及你所拥有的人脉。朋友多，人脉广，指的是社会资本，强调的是“你认识谁”，诸如各种圈子，这也不是心理资本。

心理资本：指的是你是谁，这不仅包含你对自己的认识，更包含你的心理状态。心理资本是一个人在成长与发展过程中所展示出来的“积极心理状态”，比如乐观、自信、希望、坚韧以及情商、幽默、创造力、感恩、宽恕、智慧、勇气等，这些积极的心理特质或心理能力，也就决定了一个人的心理资本到底有多少。

拥有多少心理资本决定了你在心理上是穷人还是富人。就像物质财富（比如金钱）可以衡量一个人在物质层面的穷与富一样，心理资本同样可以衡量一个人在心理层面的穷与富。因此，心理资本不仅在择业的时候有用，在择友、求学、比赛、炒股、投资、减压、个人成长乃至终身幸福等几乎人生的所有方面都离不开我们所拥有的心理资本。

现代社会高度发达的物质基础并没有守护我们内心的平和与安宁，恰恰相反，现代社会快节奏的生活背后，给人们内心带来的更多是焦虑和不安。

青年群体面临着回不去的田园生活和达不到的“诗与远方”，现实的各种压力比较大。迷茫、彷徨、焦虑是我们在生活中经常遇到的状态，我们会纠结、会难过、会失落，我们想奋力摆脱这些令我们痛苦的情绪，但却找不到发自内心的力量。

今天，无论个人还是组织都在激烈的竞争中求得生存和发展。世界是平的，体力、财力、技术已逐渐不再成为障碍，大家都要追求优秀和卓越，那么优势从何而来？

英国体育心理学家皮帕·格兰奇表示，“我们对竞争的理解过于狭隘，过于倾向于优越感、胜利，而不是其他目标。这些目标中的每一个都只服务于自我，引发了对胜负的极大恐惧，忽视了竞争的真正内涵——是一个让人不断走向完善的过程”。

人的潜能是无限的，而其根源在于人的积极心理能力。本讲关注心理资本到底是什么？心理资本具有哪些特质？怎样成为高心理资本的“HERO”？

【心理探索】

心理资本是积极心理学的硕果

当心理学从修复创伤转向培育优势的旷野时，心理资本便作为积极心理学的金色果实应运而生。

21 世纪的心灵地图上，心理资本正成为比智商更重要的导航仪：它既承载着积极心理学对“人为何能蓬勃生长”的终极追问，也以可测量的要素为每个普通人提供了改写命运剧本的工具箱。

积极心理学的使命回归

科学心理学建立之初有三个使命，第一是帮助人们解决心理上的痛苦；第二是帮助更多人获得幸福；第三是发现和鉴别超常的人才，并培养这个超常人才。

但心理学发展到今天，我们仍面临一个困境，就是很多人自动把心理学等同为问题学，大家会觉得一接触心理学，就会被别人误以为是有精神问题或精神疾病；如果看到朋友去约心理咨询师，就会想：他肯定有什么问题，不然怎么会去做心理咨询？

外面的人一听说我是学心理学的，要么对我加强了戒备，生怕我看穿她的内心，要么就把我当成算命的，让我给说说她本命年应该注意什么？

更可笑的是有一次邻居大姐听我妈说我是学心理学的，有一天做好长谈哭诉的准备带着一条毛巾敲门来找我。

大家对心理学和心理咨询有着很深的误解，基本停留在心理学的第一使命认知上，只有遇到痛苦了才想到要找心理学。

但实际上，拿心理咨询来说，它包括问题性咨询和发展性咨询，发展性咨询就是解决如何更好发展的问题，一个年轻优秀的职场人或者一个优秀的学生，他想在某个领域有更好的成长，就可以寻求发展性咨询帮助，但这是被大家回避的。

积极心理学的诞生其实就源于要打破这种困局。

1998年，新当选的美国心理学会主席塞利格曼先生，首次提出积极心理学，倡导积极心理学运动，并将此作为他任职最重要的使命之一。

积极心理学是心理学的一个新分支，塞利格曼先生号召心理学爱好者关注积极心理品质，帮助更多人变得更加有勇气、更加有智慧、更加健康、更加幸福、更加有责任感等。

塞利格曼先生带领心理学走上一条能够服务大众的道路，从此积极心理学开始正式受到世人的关注。心理资本概念的提出与积极心理学的发展背景密不可分。

高心理资本的“HERO”

费雷德·卢桑斯是美国尼勃拉斯加大学的教授，是著名的管理学家，曾任美国管理学会主席，获得过美国管理学会与泛太平洋协会终生成就奖。

心理资本具有超越性

卢桑斯教授在长期的人力资源研究中发现，一个人即使有很高的人力资本，但如果是一个比较消极、悲观，同时又缺少韧性和自信的人，那么他的高人力资本可能就会被制约，从而没办法很好地发挥出来。

反之，如果这个人是一个比较乐观、积极，比较有韧性，又敢于去挑战，并对未来充满希望的人，那么他就会不断地去实践其人力资本，甚至不断地去重新开发、提升人力资本，最终使得人力资本越来越强大。卢桑斯在管理领域、组织领域有非常深厚的积累及相关研究，并基于此提出心理资本概念。

心理资本是个体在成长和发展过程中表现出来的一种积极心理状态，是超越人力资本和社会资本的一种核心心理要素，是最稀缺、最有价值、最无法替代和复制的核心资源。

心理资本的四个特质

卢桑斯等人在2007年进一步对心理资本进行了操作性定义，心理资本在个人的成长与发展过程中具体表现为四个关键要素：

希望（Hope）：有锲而不舍的精神和及时变通的能力，对目标锲而不舍，为取得成功在必要时能调整实现目标的途径。

自我效能感（Efficacy）：有超强的自信心，在面对充满挑战性的工作时，有信心（自我效能）并能付出必要的努力来获得成功。

韧性（Resilience）：有快速复原的能力，当身处逆境和被问题困扰时，能够持之以恒，迅速复原并超越，以取得成功。

乐观（Optimism）：有积极的归因方式，对现在与未来的成功有积极的归因。

卢桑斯教授提出心理资本的未来应该还要包括：感恩、情绪管理和宽容等。人的潜能是无限的，而其根源在于人的心理资本。

在卢桑斯看来，**高心理资本象征一个人是内心强大的、勇敢的、智慧的英雄——"HERO"**。

高心理资本的四个核心特质是：希望、自我效能感、韧性、乐观，有趣的是刚巧这四个单词的首字母组合就是"HERO"。这四个特质决定了你如何去应对压力、焦虑，以及生活中的挫折和失败，也在很大程度上影响了人的幸福感、健康及工作等。

所以，卢桑斯就是提倡我们每个人努力去打造自己内在的积极心理品质，最终成为一个高心理资本的"HERO"。

你想成为心理资本家吗?

心理资本是个体在成长和发展过程中表现出来的一种积极心理状态，是超越人力资本和社会资本的一种核心心理要素，是促进个人成长和绩效提升的心理资源。它借用一个商业名词寓意人的心理状况。

如同人的物质资本存在盈利和亏损的问题，人的心理资本同样存在盈亏，即正面情绪是收入，负面情绪是支出，如果正面情绪多于负面情绪便是盈利，反之则是亏损。

人的所谓幸福，实际上就是其心理资本足够支撑他产生幸福的主观感受。

心理资本强调的是"你是谁"（"你是什么样的人"）"你会成为什么样的人"等。"你是谁"，这不仅是一个传统的哲学命题，实际上也是心理学一直在研究的核心内容。

你的心理资本在很大程度上也就决定了你是什么样的人，你相信自己能做什么，你会去做什么，你能成为什么样的人。

“你是谁”，这既是一个静态的问题，更是一个动态的、充满变数的、发展的问题，你所拥有的潜在的心理特质会让你“成为一个什么样的人”，或许，这对你本人以及与你关系紧密的人，甚至你所服务的机构而言更为重要。

即便现在你在物质上不富有或者你目前事业也不是很顺利，但你所拥有的心理资本会让你有能力改变现状，只要你拥有足够的心理资本，你就一定会走出暂时的困境，迎来灿烂的明天。

心理资本家指的就是这样的人：

他们对自我有清晰的认识，知道自己是谁，知道自己将要成为谁，有自信去完成自己需要完成的任务；

他们对于自己的目标有着清晰的部署，计划性明确，且善于管理时间，有毅力；

他们能够正确地看待自己的情绪，懂得体会幸福，懂得如何处理自己的负性情绪；

他们有很高的情商和逆商，遇到挫折会冷静分析。

心理资本可以带来决定性的竞争优势。拥有过人的心理资本的个人，能承受挑战和变革，可以从逆境走向顺境，从顺境走向更广阔的天地，获得更大的成就。

心理资本的价值追求

对于个人来说：

心理资本是一种积极的心理资源。它不仅有助于个体建立自信，应对挑战，解决问题，而且还能够促进个体的成长和发展。

心理资本具有可塑性。与其他形式的资本不同，心理资本是可以通过培养和训练来提升的，可以促进个人幸福，促进个人和他人的关系变得和谐。

心理资本是一种储备资源。它并不会因为使用而减少，相反，使用得越多，心理资本的价值就越大。充分挖掘个人的潜能，可以提升自己的心理资本水平。

心理资本具有时效性。个体的心理资本在不同的时期和情境下会产生不同的效应。心理资本具有投资和收益性特点，可以转化为竞争优势。

对于组织来说：

心理资本培育可以增强企业的凝聚力，提高士气，包括维持工作的满意度，促进员工的心理健康，帮助维持企业的忠诚感。

心理资本培育可以激发员工的主动性和创造性，能够有效地引导员工运用其才能、优势和心理能力，发挥组织成员的全部潜力。

心理资本培育可以降低生产成本和管理成本，使组织实现更有价值的、合乎伦理的可持续发展目标，且最终形成竞争优势。

【热点解读】

世界冠军郭晶晶的高心理资本

郭晶晶 11 岁进入国家队，14 岁成为世界冠军。她在职业生涯中，共获得了 77 枚金牌和 4 块奥运金牌，更是唯一一个世锦赛五连冠得主。

通过回顾她的成长经历和职业生涯，我们可以看到，她从小在严格的训练环境中成长，多年如一日地艰苦训练，经历了无数失败与成功的洗礼。

她的每一次起跳和入水，都是经过反复训练和心理建设的结果。她的成功不仅来源于天赋和勤奋，更源于坚韧的心理素质和内在稳定性。

很少有人知道，在这些耀眼的成绩背后，她曾无数次在艰难时刻独自承受压力和孤独，甚至在深夜独自哭泣。这些磨难，都是命运送给她的礼物。

郭晶晶的启蒙教练李芳曾经说过："郭晶晶的职业生涯非常辉煌。作为她的教练，我感觉很自豪。但是，这一切得来并不容易，从遇到挫折，到勇敢站起来，再到胜利，是坎坎坷坷走过来的。"

新浪体育评论："郭晶晶凭借高难度的动作、成熟稳健的心态以及丰富的大赛经验，只要是她参加的比赛，冠军基本上就不会旁落。"

郭晶晶和霍启刚恋爱时，被质疑为门不当户不对。面对外界的舆论，郭

晶晶霸气地说道:“他是豪门，我是冠军，豪门有很多，冠军却只有一个。”

俗套的豪门爱情故事，总是会出现男高女低的情况，女方通常要为了男方舍弃自己的一切，但是郭晶晶从来没有放弃过自己拥有的事业。

恋爱时她曾约法三章:第一不能耽误训练;第二不能来训练场地;第三退役之后再谈结婚。霍启刚非常尊重她，丝毫没有犹豫就答应了这三点要求。

都以为郭晶晶会被夫家嫌弃，但没想到的是，**公公霍震霆在婚礼上给新人致辞时，非常谦逊地表示:“感谢晶晶下嫁霍家，是我们霍家全家的福气。”**

郭晶晶在婚后始终保持内心的淡定，依然保持着低调朴实的生活方式，不讲究奢华，而是注重实用和节约，这种生活方式也为她在公众面前树立了正面的形象。

她会亲自去超市买菜，戴5毛钱的发圈，提300元的包，有了小孩，也会给孩子买20元的衣服。港媒说:作为香港“千亿儿媳”一列，郭晶晶简直是一股清流。

对郭晶晶来说，如今的这些幸福，不仅是靠着身为冠军的优秀，更是因为她对生活有着自己独到的智慧与见解。

转型成为奥运裁判并非易事，这背后凝聚了郭晶晶无数的心血与努力。自退役以来，她从未停止过对跳水运动的热爱与追求。从运动员到裁判长，她付出的艰辛，一定是常人难以体会的。

郭晶晶，一个非典型的豪门太太。她没有抛弃事业在家相夫教子，而是不断学习，不断进修深造，一步步为自己的事业铺路。生完孩子后，她每天熬夜备考，终于通过了国际泳联裁判资格考试。

她深知作为裁判，需要拥有更加敏锐的洞察力、更加公正的判断力和更加深厚的专业知识，以确保比赛的公平性和公正性。要成为一名优秀的裁判，必须不断学习、不断进步。她的勤奋与执着，让她在裁判领域迅速成长，并逐渐获得了业界的认可与尊重。

精神独立、内心富足的郭晶晶，无论是她职业生涯的辉煌，还是她在豪

门生活中的低调与独立，都让人为之动容。

从胆小怕水的小女孩，到成为奥运冠军，再到如今成为裁判长，继续展现出她那独有的优雅与坚韧，郭晶晶一直在走出舒适圈挑战自己。

她在人生的每个阶段都把握了不同的重点，平衡好生活的每一面，在自己热爱的事业中发光发亮，在人生的跳板上继续勇往直前，创造非凡。

心理资本四个关键要素的解析

心理资本在个人的成长与发展过程中具体表现为四个关键要素：希望、自我效能感、韧性以及乐观。这里将逐一探讨心理资本四个核心要素的内涵和力量。

希望：意志和途径

我们可能都听过吃葡萄的故事：

一串葡萄个数很多，大小不一，甜酸不均。有的人不分大小，一口气吃完。不过多数小孩往往采取以下两种吃法：一种是先吃小的、酸的，再吃大的、甜的，即先从差的吃起，越吃越有味；另一种是先吃大的、甜的，再吃小的、酸的，也就是从好的吃起，再吃差的。

如果你的孩子或者幼小的弟弟选择第一种吃法，那么你的心里往往会涌上一股快意：这孩子不错！反之，如果他或她选择后一种吃法，那么你或许感到很不舒服，说不定要骂上几句。

其实，从优选学上说，从好的依次吃到差的，实际上每次吃的，都是剩下的葡萄中最好的一个。例如一串葡萄三十个，从好的吃起，第一个是三十个中最好的一个；第二个是剩下的二十九个中最好的一个……依次类推，直到最后一个，自然也可以算是最好的一个。

另一种从差的依次吃到好的，实际上每一次吃的，都是剩下来的葡萄中最差的一个。因此，这种吃法常有沮丧之感，而前一种吃法则伴喜悦之情。

不过这只是一厢情愿的想法，事实证明，先吃好的再吃差的，往往是越吃越乏味，没吃完就不想吃了；而先吃差的再吃好的，除了胃口欠佳或者外加的原因，一般很少有半途而废的。

这是什么道理呢？从心理学的角度说，第一种吃法总是伴有希望感，第二种吃法总是伴随着一种失望感。在第一种吃法中，虽然目前吃的是差的，但相信越来越好，随着这种希望逐步实现，内心的满足感越来越强烈。这种吃法的孩子越吃到后来越高兴。

这就是希望效应。

随着积极心理学的兴起，越来越多的心理学家，开始研究希望感：什么是希望感？如何测量？它有哪些相关因素？会导致哪些结果？如何干预？

1991 年，在查尔斯·斯奈德教授的带领下，美国堪萨斯大学心理系的“希望实验室”成立，希望概念和希望理论诞生，并得到学术界多数学者的认可。

斯奈德等人认为，“希望”是经由后天学习而形成的，也就是可以被训练和习得的一种个人思维和行为倾向。

希望是一种个体对目标达成的认知思考过程，在这一思考过程中，个体将设定有意义且明确的目标，并根据先前所设定的目标产生动机与相关的策略，最终促使目标得以实现。

希望理论——梦想的力量

希望是“一种积极的动机性状态，这种状态是以达成目标的路径（指向目标的计划、方法）和动力（指向目标的动机和信念）交互作用为基础的”。

在动力的持续推动下，个体为了达成渴望的目标，通常会建立一套内在认知评估机制，在追求目标的同时，会评估内外在条件，寻找各种可行的方法。

希望理论包括五个部分：目标、路径思维、动力思维、障碍及情绪。

第一，目标是希望理论的基石。人们的行为都具有目标导向性。行动的具体表现取决于所设立的目标。

目标提供的认知成分可以用来锚定希望，目标反映了个体预想的所期望达到的终点。

它不是百分之百能够达到的易得之地，也不是完全没有可能达到的非分之想，它介于必然与不可能之间，即目标的达成在一定程度上具有某些不确定性。

第二，路径思维是指一系列有效地达成个人所渴望的目标的方法、策略和计划、组织的认知操作，是一种心理层面的计划和路径图。

为了达到目标，人们需要拟定相对合理的途径：当达成目标的某一途径有障碍时，人们能创建替代的途径达成目标。

在面对阻碍时，高希望水平的人会寻求更多可供选择的路径。也就是说，高希望水平的人往往具有多路径思维的特征。

第三，动力思维是指人们对自己运用路径和策略以达成目标的能力的知觉。它是希望理论中的动机成分，能够引发人们的行动，并推动人们朝向目标，沿着他们所设想的路径前进。

动力思维直接反映了个体有能力启动并且维持目标导向行为的认知。

高希望水平的人通常有足够的毅力去战胜挫折，并且将这种挫折作为成长的契机；而低希望水平的人在面对困难时可能唯唯诺诺，止步不前。

第四，实现目标的过程中，障碍在很多时候是不请自来的。

面对障碍，个体在动力思维的推动下，会调动自己的能量，考虑多种到达目标的可行路径，并改变当下朝向目标的路径，通过其他路径趋向其渴望的目标。

第五，情绪情感是人们对目标认知的附属产物，在目标达成的过程中对行为起反馈与调节作用。

积极情绪源于人们对目标可能实现的认知，消极情绪源于人们对目标实现可能失败的认知。

高希望水平的人遇到障碍时会倾向于产生相对积极的情绪，他们会知觉到有更多可供选择的路径。

希望感的三角形支柱

生活中，我们爱的人比如我们的孩子、爱人、父母、朋友，都会有希望感低落的时候，我们很想帮助他们，但往往感到仅仅是情感支持或是安慰鼓励还很不够。

这是因为，希望感不是一个单独的元素，而是一个建构，它是由几个支柱组成的，每一个支柱都能提升希望感，但是没有一种是可以单独定义希望感的。

如果我们想要拥有更高的希望感，不能直接去对它做什么，而是要找到构成希望感的几根支柱，去增强这几根支柱，当这些支柱都处于最佳状态的时候，希望感自然就提升了。那么，希望感的几根“支柱”是什么呢?

斯奈德认为，一个人的希望感是以目标为基础，并包括路径和动力，我们把它叫作“希望感三角形”。

希望感三角形的三根支柱：目标、路径、动力

目标：那些思考未来时，能聚焦到具体的目标的人更具有希望感。

路径：那些能在头脑中想象出或者能够计划出路径，去一步步实现目标的人，更有希望感。

动力：那些相信自己有能力去追求目标的人，更有希望感。

如果你回溯自己人生中一个希望感高涨的时刻，那时的你一定有清晰的、挑战适中的目标，已知的达成目标的路径（可能还不止一条），以及充足的动力或信心。

而当你感到低落消沉时，你也可以审视一下这三个方面：你可能是没有目标（或目标过于宏大模糊），或者有了目标不知道怎么去达成，也或者是有目标也知道方法，但是不相信自己，所以迟迟迈不出第一步，越拖越沮丧。

希望是创造价值的首要条件。在生活中，人们常常认为：只要给我希望，我就会努力；但是，有希望的努力谁不会呢?

真正的心理资本，用努力去发现希望，再让希望促进努力，然后走向成功。

希望可以拯救生命

电影《肖申克的救赎》，传递一种积极的人生态度，有持久震撼人心的力量。

《肖申克的救赎》里面讲道：“不要忘了，这个世界穿透一切高墙的东西，它就在我们的内心深处，他们无法达到，也接触不到，那就是希望。”

如果主人公对自己没有那种坚定的信念，那种对生命的希望，他就无法做到救赎。

心理学家从大量的观察事实中发现：在危险的情境中，经常是那些性格乐观、富于自信的人存活下来，因为他们总是没有泯灭自己的希望。人只要对自己不失望，自己充满信心，精神就不会崩溃，就可能战胜困难而存活下来，并取得成功。

在1976年我国发生的唐山大地震中，有许多死者并非死于饥渴、垮塌，而是死于绝望。

据观察，他们的身上并无致命的伤痕，他们是在极端绝望中结束生命的。

而有一对夫妇被压在地下三天，仍然活了下来。在被压在地下的日子里，伤痛和饥渴也几乎使他们丧生。

丈夫找了一把菜刀努力想挖出一条生路，但四周都是水泥地板，菜刀只能砍下一点灰尘……但是菜刀砍在水泥地板上的声音使妻子感到了振奋，她不停地问丈夫："快了吗？快挖开了吗？"丈夫也满怀希望地说："快了，快了。"

聪明的丈夫用"希望"拯救了妻子，也拯救了自己。

抑郁的原因——无望理论

威斯康星大学麦迪逊分校心理学院的琳·伊冯娜·艾布拉姆森教授、得克萨斯大学奥斯汀校区的杰拉尔德·梅塔尔斯基教授和西北大学的劳伦·洛伊教授对习得性无助和抑郁理论进行了重新修订，并将其命名为无望抑郁理论。

抑郁的无望理论，认为某些个体具有抑郁的认知易感性，当负性事件发生时，它能增大个体致患抑郁的可能。

该理论将抑郁的认知易感性定义为个体在遭遇负性事件时：

一是将负性事件的发生归因为普遍和持久原因的倾向。

二是推断负性事件将引发其他不好结果的倾向。

三是将负性事件解释为个体自身的无能或缺陷的倾向。这些负性的认知倾向将使个体陷入绝望，而绝望则被该理论假定为个体产生抑郁的最接近和最直接的原因。

我们每个人都会面临生活或学业上的困难，恋爱挫折、考试失利或者各种不顺利。心中有高希望感的人，知道自己能战胜种种困难，终有一天会变好的。

但是生活中我们会观察到很多丧失希望的案例，他们当前面临的困境足以压垮他们，为什么？因为丧失了人生希望。

你有哪些希望？

对于希望效应，心理学家进行了一次广泛的调查，他们要求许多人回答题为“你有哪些希望？”的问卷。

问卷分析的结果表明，抱有希望的种类（不论大小）越多的人，往往充满了自信并注意生活的乐趣，精神焕发，精力旺盛。而那些没有明显的或者较少希望的人则往往表现出漠然、悲观、消沉。

一位富翁在试卷上只填了一句话：“我没有希望，所有的希望都已经满足了——除了长生不老之外，而这能算是希望吗？”经过调查，这位富翁患了严重的抑郁症。

心理学家与他进行了接触，劝告他从事一些具体的活动，并列出分阶段的计划表，如对外孙的培养、对某个足球俱乐部的支持等。经过指导，经过不断的、各种各样的希望的“煎熬”，这位富翁在精神上已判若两人。

希望感是人类能够生存的根本欲望。一些刚刚步入社会及人生之路的青年，却过早地结束了自己的生命，多数是由于对生活感到失望，失望累积成绝望。

而对生活充满希望的人，即使环境再艰难、恶劣，都会激发与环境抗衡的能力，在改造环境中改善自己的生存条件。

【热点解读】

来自大西洋的心理实验

1900 年 7 月，在浩渺无边的大西洋上，海风怒吼，巨浪滔天，暴风雨中，一叶小舟一会儿冲上浪尖，一会儿跌入波谷，恶劣的天气和狂风巨浪似乎要将其撕个粉碎。

驾驶这叶小舟的这位金发碧眼的年轻人是一位德国医学博士，名叫林德曼。大海无情，曾经吞噬过无数鲜活的生命。

为什么他要孤身一人进行这危险的航行呢？为什么还要选择这样恶劣的天气呢？

德国从事精神病学研究的林德曼博士在医疗实践中发现，许多人之所以成为精神病患者，主要是因为他们感情脆弱，缺乏坚强的意志，心理承受能力差，经受不住失败和困难的考验，关键时刻失去了对自己的信心。

有些看上去体格非常健壮的人，后来却因为承受不住心理的压力而精神崩溃。

由此，林德曼提出一个理论，不管任何人，只要对自己保持自信心，身体和精神就能保持健康。

这种理论在今天看来不稀奇，强大的意志的确有利于身心健康，可是明显不能包治百病。在一百年前，林德曼这样说，更被舆论视作荒诞。

当时，德国正在掀起一场独舟横渡大西洋的探险热潮，全国先后有100多位勇士驾舟横渡大西洋，但结果均遭失败，无一生还。

消息传来，舆论界一片哗然，认为这项活动纯属冒险，它超过了人体承受能力的极限，是极其残酷的“自杀”行为。

林德曼却不这么认为。经过对这些勇士遇难情况的认真分析，他认为这些遇难的人首先不是从肉体上败下阵来的，而主要是死于精神上的崩溃，死于恐怖和绝望。

林德曼的观点遭到了舆论的质疑：探险勇士难道还不够自信？为了验证自己的观点，林德曼不顾亲人和朋友的坚决反对，决定亲自做一次横渡大西洋的试验。

出于对这份职业的执着，他正在以自己的生命为代价，进行着一项亘古未有的心理学实验。

碧蓝的大西洋上，林德曼和他的孤舟显得无比渺小。林德曼很快就遇到了坏天气，狂风大作，一叶孤舟被惊涛骇浪抛起又落下，险象环生。

没过几天，在又一场风暴中，小舟的桅杆折断了，船舷裂开，海水灌入了船舱。小舟随时可能沉没。林德曼把船舵紧紧系在身上，腾出一只手往外舀水。

在航行中，林德曼遇到了许多难以想象的困难。在漫漫的航程中，孤独、寂寞、疾病，体力的消耗，精力的消耗，都在消磨着他的意志。特别是在和滔天巨浪搏斗的整整三天三夜中，他没有吃一点东西，没有合一下眼。那场面真是惊心动魄，九死一生。

有几次，林德曼身心俱疲，几近彻底绝望。他体会到了之前的勇士为何要放弃生存。

每到这时，他就大声对自己说："你也是个懦夫吗？就这么葬身海底多轻易！想都别想，给我继续前进！"

"我一定会成功！"林德曼的心中反复地呼喊着这几个字。生的希望支持着林德曼，最后他终于成功了。

几个月后，林德曼驾着那艘残破的小船活着回来了。他成为有史以来世界上第一个完成孤舟横渡大西洋的人。

林德曼的心理实验取得圆满而又惊人的成功，无数人被他的精神感动。

"100 多人都失败了，我为什么能成功呢？"

他告诉人们说："我能活着回来，是因为我的内心深处坚信，我一定会成功，信念的力量充满了我的每一个细胞。"

林德曼的故事告诉我们——不论在什么样的困境中，唯一能拯救你的是你自己，你自己的信心；唯一能打垮你的也是你自己，你自己的灰心。

自我效能感：成功的信心

心理资本的第二个要素是自我效能感。

你有信心实现自己的目标吗？或者，还在怀疑自己的能力？你觉得自己有能力完成自己想做的事吗？或者，你觉得这些事情太难了？

其中的不同之处在于你的自我效能感。

班杜拉的自我效能理论

自我效能感是指相信自己有能力应对各种情况。自我效能的重要作用不仅体现在你如何感知自己的能力，而且体现在你的态度上，以及成功实现人生目标的可能性上。班杜拉强调观察学习、社会经验和交互决定论在人格发展中的作用。

1977 年，班杜拉出版了《社会变迁中的自我效能》一书。从那时起，这门学科就成为心理学研究最多的学科之一。这是因为自我效能感可以影响一切，从心理状态到行为，再到动机。

这一理论表明，你的态度、能力和认知能力有助于你理解你的自我系统。自我效能是自我系统的重要组成部分，当你在感知情况，以及如何应对不同的可能性的时候，这个系统发挥着重要作用。

自我效能感强弱的差异

班杜拉等人的研究指出，自我效能感具有下述功能：

一是决定人们对活动的选择及对该活动的坚持性；

二是影响人们在困难面前的态度；

三是影响新行为的获得和习得行为的表现；

四是影响活动时的情绪。

自我效能感影响或决定人们对行为的选择，以及对该行为的坚持性和努力程度；影响人们的思维模式和情感反应模式，进而影响新行为的习得和习得行为的表现。

自我效能感强的人是什么样的?

相信自己的能力。自我效能感理论上来说是指个体对自己组织、执行某特定行为并达到预期结果的能力的主观判断。通俗来说就是一个人知道，我可以利用我的努力把事情做好，用咱们通常的大白话说就是："我能行！"

有较强的自信心。具有强烈自我效能感的人，也就是平时我们生活中见到的自信心强的人，能够把困难问题视为需要完成的任务。

有较强的心理韧性。他们想要做成一件事，就会坚持不懈地整合一切资源，努力地向着目标前行，遇事理智处理，乐于迎接应急情况的挑战，并很快从挫折和失望中恢复过来，对这个世界展现出极大的自信与热情。

李白"天生我材必有用，千金散尽还复来""仰天大笑出门去，我辈岂是蓬蒿人""安能摧眉折腰事权贵，使我不得开心颜""我本楚狂人，凤歌笑孔丘"……从这些诗句可以看到李白狂傲洒脱的真性情。

如果用心理学术语来评价，那就是李白对自己的自我肯定，自我效能感强，不在意他人的评价与自我认同之间的矛盾，能够正视并自由表达自身成长的渴望、自我实现的冲动和发挥潜能的愿望。

自我效能感弱的人是什么样的?

不敢接受挑战。自我效能感弱的人没有自信，尽可能避免有挑战性的任务。他们会认为，任务的困难情况超出了自己的能力范围，自己没有足够的能力，自然也就不敢接受有挑战性的、有难度的任务。

消极颓废缺乏自信。自我效能感弱的人由于消极颓废缺乏自信所以导致任务经常失败，久而久之会产生习得性无助，态度变得越来越消极，逐渐沉沦。一旦遇到一点小小的挫折，第一时间想到的不是去解决问题，而是很快就对自己的能力失去信心，认定“我不行”，把注意力集中在个人失败和负面结果上。

没有目标。自我效能感很弱的人已经没有了目标，没有了努力的方向、前进的动力，因为他们根本不相信自己能够成功，反正是失败，所以目标“定了也是白定”。选择以退缩的姿态面对整个世界，在压力面前束手无策，易受惧怕、恐慌和羞涩的干扰。

自我效能感弱的人，会经常性怀疑自己，觉得自己不行。带着这种失败的自我预期去做事情，真的会降低他们成功的概率。

电视剧《我是余欢水》中，主角余欢水自卑懦弱，遇事不断忍让，每天得过且过。

结果人到中年却无立足之地，在公司被领导训斥，被同事羞辱；在家里被妻子指责，被岳父母看不起。

人生过了一半，却没一件事能干成。本以为人生已经差到了底，结果检查身体竟查出了癌症……

塞翁失马焉知非福。

反正没有多少日子能活了，余欢水决定破罐子破摔。性情大变，一改往日自卑懦弱的形象，跟领导斗智斗勇，得到自己应得的尊重；手撕老赖朋友，要回属于自己的金钱；更是路见不平一声吼，面对持刀歹徒勇救遇险小伙。

余欢水变成了一个自信勇敢、连说话都透着底气的人。随着余欢水的改变，别人对他的态度也发生了变化，他之前所不敢想的金钱、名誉、成功全都不期而来。

爱默生说，自信是成功的第一秘诀。想要突破自己，成就自己的一番事业，就必定得自己相信自己能成功。

瑞士心理学家卡尔·荣格曾说："你没有觉察到的事情，就会变成你的命运。"

影响自我效能感的四种方式

《哈利·波特》中邓布利多对哈利说："并非我们的能力决定了我们是谁，而是我们的选择决定了这一点。"

自我效能感是会随着人的经验而改变的，我们完全有能力选择成为什么样的人。

当你在童年期开始处理各种各样的体验、任务和情况时，自我效能的信念就开始形成了。

然而，当你获得新的技能、经验和知识时，自我效能感的增长并没有就此结束，而是在你的一生中不断发展。

成败经验

这个效能信息源对自我效能感的影响最大，班杜拉称，"培养强烈效能感的最有效方式是掌握经验"。

一般来说，成功地完成一项任务会增强你的自我效能感，而未能充分应对任务/挑战会削弱你的自我效能感。

将一个大目标分解成若干子目标非常重要。这样，你就可以通过完成一个个小目标，实现最终的目标。当你实现这些小目标时，你的自我效能感会不断地累积并得到增强。

例如，20公斤的瘦身目标看似一件不太可能的事情，但是当你细化每一步任务的时候，就能够掌控整个过程。

设定的目标必须切实可行，给自己留出必要的时间，制订最佳的行动计划。如果以前减肥成功过，那么这次就会更加相信一定能瘦身成功，对应的自我效能感就会高一些，反之亦然。

替代经验或模仿他人经验

人的许多效能期望是来源于观察他人的替代经验。见证他人成功地完成任务，是自我效能感的另一个重要来源。

班杜拉说，看到相似的人在同样的努力中取得成功，有助于你相信自己也有能力掌握类似的情况并取得成功。

比如，我学开车就有这样的经历和体会。我感觉自己操作能力很差，对于开车一直缺乏自我效能感，觉得自己永远不可能学会。

暑假同学聚会时两个大学舍友讲她们开车的糗事，感觉她俩平时“笨手笨脚”的，竟然已经能熟练地单独驾驶了。这让我一下子增强了自我效能感，对自己能学会开车也更有信心，于是经过练习我很快地拿到驾照，上路行驶了。

言语劝说或支持系统

言语劝说的价值取决于它是否切合实际，缺乏事实基础的言语劝说对自我效能感的影响不大，在直接经验或替代性经验基础上进行劝说的效果会更好。

班杜拉表示，我们可以被说服——相信我们拥有取得成功所必需的技能和能力。

因此，从别人那里得到口头鼓励能够帮助你克服自我怀疑。一旦说服自己，给自己打气，就能够尽最大的努力，专注地完成手头的任务。

言语劝说比较好理解，这里讲一个社会支持系统提升自我效能感的例子。

心理学中的罗森塔尔效应也被称为“期望效应”或“自我实现预言”。

美国心理学家罗森塔尔从一个班级中随机挑选部分学生，告诉教师这些学生拥有过人的智力水平，极具发展潜能，但要对其他人保密。

一段时间后发现这些被随机选中的学生成绩进步很大，且变得十分自信积极。

分析认为，因为教师对这部分学生抱有较高期望，会有更多提问、辅导、赞许等行为方式，或者用更和善的态度、表情等给予学生积极关注，将隐含的期望传递给这些学生。

学生感受到教师的关爱和鼓励，则会给老师以积极的行为态度反馈，学生会变得更加自信、阳光，激发出一种积极向上的动力，这些学生常常会取得老师所期望的进步。

当一个人获得另一个人的信任、赞美时，他便感觉获得了社会支持，从而增强了自我价值，变得自信、自尊，获得一种积极向上的动力，并尽力达到对方的期待，以避免对方失望，从而维持这种社会支持的连续性。

情绪唤醒和心理状态

情绪唤醒，是说生理或心理被吵醒或是对外界刺激重新产生反应。唤醒性情绪包括：悲伤、愤怒和被逗乐。

班杜拉认为情绪和生理状态也影响自我效能的形成。在充满紧张、危险的场合或负荷较大的情况下，情绪易于唤起，高度的情绪唤起和紧张的生理状态会妨碍行为操作，也就是高的唤醒水平，可能会降低自己的实际表现水平，从而使成绩降低。

研究表明，焦虑水平高的人往往低估自己的能力，烦恼、疲劳则会使人感到难以胜任所承担的任务。

当人处于过度焦虑或恐惧状态下时，会产生恶性循环，无能感会不断得到加强，也就是影响到了自我效能感。

怎样提升自我效能感呢？简而言之，提升自我效能感是循序渐进的过程，无法一蹴而就，需要逐渐进步和日常积累。

在尝试解决问题和能力提升的过程中，记住自己的成功经验，相信自己能掌控任务并取得成功；多了解和自己经历相仿人的经验；学会控制情绪保持良好的身心状态，接受积极的强化和挑战；有意识地勇敢面对困难的任务，并能够心怀谦虚勇于接受正面和负面的反馈。

韧性：复原与超越

每个人的人生都会有所起伏，创造理想生活的关键是如何面对你遇到的事情。一个人要想活得明白、通透，需要的是强大的心理韧性。

在人生的沉浮里，无论你面临什么样的生活，面对什么样的挑战，只要心理足够坚韧，就可以从容淡定地面对成败，勇敢地做出选择、走出低谷，不断去创造快乐幸福的生活。

心理韧性是内心强大的秘密

心理韧性，是一种从失败、逆境、冲突甚至是成功事件和更重要的责任中恢复过来的能力，"恢复"能力涉及对变化和风险的处理、调节、适应以及持续的回应。

它与积极心理学、心理恢复、人格特质、勇气、心态等目前流行的心理学概念有着密切的关系。

居里夫人在做科学研究的时候，曾经历过5000次失败，有人说："你都失败5000次了，为什么还要继续？"

居里夫人的回答却是："我怎么会是失败了5000次呢？我明明是成功了5000次啊！我排除了5000种可能，就离成功更加近了！"这就是真正的韧性。

韧性强的人冷静接受眼前的事实；在艰难时期能找到生活的意义；灵活地适应外界多变的环境；善于运用手中的资源。

韧性是一种动态的、有延展性的、可开发的心理能力。成功其实都是磨炼出来的。这些成功者的共同特性，就是拥有一种坚韧不拔的精神。

心理学的实证研究证明了这一点。2004年，美国宾夕法尼亚大学心理学系副教授安杰拉·达克沃思通过在西点军校的研究指出，一个人成功的核心要素，不是智商，不是情商，不是家境，更不是所谓的考试成绩，而是这个人坚韧不拔的心理韧性。

为什么西点军校培养出来的优秀企业家超过沃顿商学院？因为西点军校预备役的军官，常常要经过魔鬼训练营的考验，能够挺得过来的，通常在面对其他压力的时候，也能够展现出超乎常人的应对能力。

心理韧性的三层含义

清华大学彭凯平教授对"心理韧性"进行了总结，归纳出三个核心层面：

一是复原力。复原的能力，是在经历挫折、打击、磨难、失败、痛苦和压力的挑战之下，能够走出来恢复到正常状态的能力。

所以也有心理学家把它翻译成“反弹力”，或者叫作心理弹性。这样的一种复原力其实是人类进化而来的特别重要的保护机制。

曼德拉曾经说过，“生命中最大的荣耀，不是我们从来没有失败过，而是在每次失败后还能够不断爬起来继续前行”，所以说能够从痛苦、失败、打击中恢复到正常状态，擦干眼泪继续前行，这就是一种复原的力量。

二是抗逆力。抗逆力，也称抗压力，是面对长远目标时体现出的努力和耐力，在压力、打击之下能够扛得住、受得了、不断地前行的能力。

安杰拉·李·达克沃思将抗逆力称之为耐磨力，通俗的说法是意志力、自控力等。

意思是一个人像小沙粒一样，无论怎么碾压，都不变形、不走样。她发现，成功其实不是因为智商超群、家境优越、刻苦奋斗，而是因为百折不挠。

这种能力就是我们中国人经常说的“天行健，君子以自强不息”。

达尔文曾经说过，进化选择的不一定是最强大的生物，也不一定是最聪明的生物，而是能够不断适应变化的生物。

这是什么意思？恐龙比谁都强大，它首先就被淘汰掉了；尼安德特人曾经比我们人类聪明，但是他们也被淘汰掉了。

那剩下的是谁呢？就是我们这些能够不断适应外在环境的变化，不断地生存繁衍下来的人类。

所以这种耐磨、抗压、扛得住的能力，就是心理韧性的特别重要表现。

三是成长力。成长力，创伤后的成长，是指由于逆境和其他挑战而经历的积极心理变化和心理功能的提升。

临床心理学家理查德·特勒斯奇首次将成长力称为 PTG（创伤后的成长），以区别于 PTSD（创伤后应激障碍）。

PTSD 是创伤给人留下难以抹杀的心理阴影。特勒斯奇发现，面对同样的创伤，真正产生 PTSD 的人不超过 30%，一些人会产生创伤后的成长。

特勒斯奇研究发现，被性伤害过的少女并不总是生活在阴影中，大部分人最后还是活出了灿烂的人生，不是因为侵害无害，而是人心坚强。

人可以利用挫折、打击、磨难让自己变得更坚强、更积极向上。这种把逆境、痛苦、挫折变成成长的机遇和条件的人，一定有一种坚强的心理韧性。

彭凯平教授把创伤后的成长与发展称为 PTGD（Post-Traumatic Growth and Development），不仅包括恢复“正常”，还包括将逆境作为通向成长和获益的途径或者机遇。

正如哲学家尼采的名言：“任何不能杀死我的，都会使我更强大。”

作为社会人，无论是从小到大的成长经历，还是步入社会后的独立承担，随时都会有受伤的可能。

有的人遇到挫折一蹶不振，有的人遇到挫折可以做到百折不挠。因此，拥有迅速复原的抗挫能力，在关键时刻能够反败为胜，甚至起死回生。

心理韧性的重要特质

研究还发现有六个特别重要的特质能够反映出一个人心理韧性的高低。

高心理韧性的人有如下特质：

有特别积极的认知风格

文森特·诺曼在《积极思维的力量》中指出，大部分时候，决定我们生活是否幸福的不是这件事情本身，而是我们怎么去看待这件事情。

比如，当我们看到一个杯子里面装了半杯水，不同人的反应是不一样的，是“只有半杯水”还是“还有半杯水”，决定了你对它的态度、行动和计划。

乐观的情绪调节

情绪的起伏波动是很正常的，如果没有消极情绪反应，那肯定是有问题的。关键是，当我们遇到消极情绪的时候，如何快速复原，这才是重要的。

健康的身心状态

看起来朝气蓬勃，走路虎虎生风的人，一般心理韧性都很强。如果一个人总是躺着睡着，那么相对来说心理韧性可能较弱。

自我效能感

觉得自己有用、能成事，这是非常重要的。心理学家发现，已婚男性比未婚男性的寿命长，一个重要的原因在于，婚后男性的自我效能感会有所提高。

解决问题的行动精神

有了想法之后能否付诸行动，也是心理韧性的重要指标。

良好的人际关系

如果一个人的人际关系很好，多半是因为这个人的容忍度非常高，遇到挫折和打击的时候，不会迁怒于他人。这样的人一般来说，也更容易讨人喜欢，更容易得到别人的支持、理解和欣赏。

与之相对应的，低心理韧性的人有什么特点?

第一，负面思维：极端化、受害者心态、灾难化、扭曲事实、阴谋论；

第二，躺平习惯：无所事事、不爱动；

第三，成瘾习惯：酗酒、赌博、吸毒；

第四，对他人的伤害：嫉妒、谩骂、攻击、造谣；

第五，对自我的伤害：自责、自卑、自罪感、自残。

【热点解读】

让人意难平的悲情英雄——项羽

中国五千年历史，波澜壮阔，英雄辈出，但其中有不少人让人扼腕叹息、意难平。最让我意难平的历史人物是项羽。

短短七年间，他从一个默默无闻的贵族子弟，一跃成为叱咤风云的西楚霸王，又从巅峰跌落至谷底，乌江自刎悲壮落幕。项羽的一生，宛如一部跌宕起伏的传奇史诗。

项羽未曾称帝，为何能被司马迁写入《史记》中的“帝王本纪”？

秦末的两大赢家，分别是项羽和刘邦，两人如同两个极端。项羽力大无穷、神勇无敌，刘邦畏畏缩缩、毫无英雄气概。然而，为什么最终成功的却

是刘邦？

在《项羽本纪》中，司马迁为我们还原了西楚霸王项羽的一生，他24岁举兵反秦，27岁就成为分封十八路诸侯的西楚霸王，31岁在乌江自刎。

他的胜利有多么辉煌，他的失败就有多么惨烈。然而，虽然项羽失败了，但司马迁却对项羽的历史地位给予了高度肯定，将没有称帝的西楚霸王，纳入了只有帝王才有资格入选的《本纪》中。

《项羽本纪》主要讲了三个事件：巨鹿之战、鸿门宴、垓下之围。

巨鹿之战 项羽率五万楚军与秦将章邯和王离的四十万大军在巨鹿展开决战。项羽亲自率军渡过漳水，采用“破釜沉舟”的策略，也就是渡河后，下令砸掉行军锅，凿沉渡船，只带三天的干粮，表示不胜利不回，从而激发起士兵的斗志，最终全歼王离军，后来章邯也投降。

此时，项羽才25岁，就让诸侯将领没有一个敢轻视他。项羽的大无畏和骁勇善战，为灭秦铸就不朽的历史功勋。

这场战役是中国历史上著名的以少胜多的战役之一，从此确立了项羽在各路起义军中的领导地位。

鸿门宴 鸿门宴发生在秦朝灭亡后，项羽和刘邦在咸阳郊外举行的一次宴会。当时，项羽和刘邦都是抗秦军队的领袖，项羽邀请刘邦赴宴，意图通过宴会除掉刘邦以消除潜在的威胁。

鸿门宴以曹无伤告密、项羽决定进攻开始，以项羽受璧、曹无伤被诛告终，按项羽是否发动进攻、刘邦能否安然逃席两个问题逐层展开故事。

宴会上，刘邦通过巧妙的言辞和谦卑的态度，成功化解了危机，并最终逃脱。这一事件在《史记·项羽本纪》中有详细记载，司马迁通过这一事件展现了项羽优柔寡断的性格特点和刘邦的机智。

垓下之围 垓下之围是楚汉战争的最后决战。刘邦联合彭越和韩信的军队，对项羽进行了最后的合围。项羽虽然英勇抵抗，但最终因粮草耗尽和孤立无援而失败。垓下之战标志着项羽的最终失败和楚汉战争的结束。

项羽自以为稳操胜券，为图虚名坐失良机，让刘邦钻了许多空子，使刘邦变弱势为强势，结果被韩信“十面埋伏”，围困于垓下。

项羽率残部突围，但楚军已然大势已去败局已定，在关键时刻，这个曾经“不可一世”的“霸王”却禁不住张良的“四面楚歌”心理战，被彻底打崩溃了，完全失去信心，精神状态从巅峰一下跌到低谷，只落得“虞姬虞姬，奈若何”自刎乌江的下场。这就是心理素质决定了他的命运。

乌江岸边，一代霸王项羽面对着滚滚江水，心中五味杂陈。最让人困惑的是：如果说项羽不准备过乌江，为何要突围？既然已经突围成功，为什么又不过乌江？

这个问题要从项羽的深层心理去把握。刘邦最害怕的事情，就是项羽逃到江东，战争不能结束。所以，项羽就要努力向江东突围，证明他没有败给刘邦。

但是，最后当他真到了乌江渡口，项羽又说他不过乌江。理由是当年他率领八千江东子弟，北上灭秦，现在只剩二十几个人回去，就算江东父老可怜他，还尊他为王，他也没脸回去。

项羽一生亲自指挥了70多场大战，除了死前的垓下之围，其余没有一次失败，堪称常胜将军。他接受不了自己的失败，无颜见江东父老。

对这位力拔山兮气盖世的超级英雄，历来褒贬不一，宋朝女词人李清照赞扬他为“生当作人杰，死亦为鬼雄。至今思项羽，不肯过江东”的大英雄。

毛泽东却评论这位骄傲自大的霸王不值得效仿，“宜将剩勇追穷寇，不可沽名学霸王”。评论得很贴切。

项羽的性格让他把自己逼到了绝境。

项羽如果能够多一些政治智慧，少一些刚愎自用；多一些谦虚隐忍，少一些骄狂自负，楚汉之争的结局，是否会有所不同？这些问题，恐怕永远无法得到答案了。

韩兆琦在《史记博议》里这样评价项羽，说他“是一个顶天立地的英雄，却同时也是一个鼠目寸光的庸人；有时有龙飞凤舞之雄姿，有时又愚蠢昏庸得像一头驴子；有时宽厚仁慈，有时又暴戾凶残得令人发指”。

韩兆琦从不同角度、不同侧面给我们总结了一个矛盾重重又鲜活立体的项羽形象，他生得轰轰烈烈，死得慷慨悲壮，成就了自己的英雄本色。性格决定命运，细节决定成败，项羽的悲剧结局，不仅仅是他个人的悲剧，也是那个时代的悲剧。

乐观：现实又灵活

在前面我们系统介绍过美国心理学家塞利格曼的“习得性无助”“习得性乐观”“乐观解释风格”等相关内容。

最新的研究表明，某些形式的悲观可能对我们有好处。让我们一起来探讨怎样看待习得性乐观与悲观，学会辩证地看问题。

从“习得性无助”到“习得性乐观”

在经历了很多失败之后，人们很容易陷入“不管我做什么，都没有用”的心理状态中。在生活的不同方面累积了太多的无助感，人就容易变得消极悲观。心理学把它叫作“习得性无助”。

但是没有谁生下来就是悲观的，也不会有谁会觉得自己天生就是没用的。这样的心理和情绪状态是后天逐渐形成的。这种无助感会拖垮我们的生活，让我们在面对一切的时候都会感到恐慌和想要退缩，进而可能会把生活过得一团糟。

我们都知道，在这种时候，需要积极乐观的心态将我们带出阴霾。应对这种无助感所需要的乐观心态是可以学习的，心理学上称之为“习得性乐观”，也就是我们可以通过学习和不断练习，让自己成为积极乐观的人。

两种解释风格

心理学家把乐观定义为一种倾向于做积极结果预期和积极因果归因的认知特性。塞利格曼等人认为乐观是一种归因风格，归因风格是指个体对成功或失败进行解释时表现出来的一种稳定倾向，分为乐观和悲观两种归因风格。

一个人可以从外控的－内控的、持久的－暂时的、普遍的－特定的三个维度评价生活中的积极或消极事件。

乐观的归因风格是指把消极事件、消极体验以及个体面临的挫折或失败归因于外在的、暂时的、特定的因素，而这些特定的因素不具有普遍的价值意义；而把积极结果看作是内在的、稳定的和普遍的（和自我有关）。

如果用归因控制理论来解释，乐观的人常把挫折或失败归因于自己可以控制的因素（用功或努力程度等）而不是不可控因素（命运、运气等），而悲观解释风格的人则常把挫折或失败归因于自己不可控因素，并认为这些因素会长期存在。

有研究表明，面对同样可控制的压力事件时，乐观者通常采取注重问题的应对方式，积极地寻求解决问题的信息和可能性，以最终解决问题；悲观者则通常压抑关于事件的想法，想从认知上避免或者从事件中逃避，放弃努力。

面对同样不可控制的压力事件时，乐观者通常对事件进行积极的重新建构，努力从事件中寻求收获和成长，使用幽默感等策略来接纳现实；而悲观者可能只是一味地沉迷于消极情绪中不能自拔，想放弃或者彻底地否定自我。

许多研究表明，乐观主义者在生活中往往比他们的悲观朋友做得更好——至少在生理和心理健康、恢复力、人际关系、事业、疼痛管理，甚至长寿方面。

但是，乐观总能适应所有情境吗？做一个悲观主义者真的没有什么好处吗？

韦尔斯利学院心理学家朱莉·诺瑞姆的研究表明情况并非如此。

近四十年来，诺瑞姆博士一直在研究防御性悲观主义现象：一种设定较低期望并考虑未来事件最坏情况的认知策略。

事实证明，不抱太大希望的习惯有助于管理焦虑和获得控制感。

居安思危，警惕盲目乐观

乐观和盲目乐观虽然都表示对未来的积极态度，但两者之间有着明显的区别。

乐观主张对未来持有积极态度，但同时也认识到未来的不确定性和可能出现的困难。

而盲目乐观则是一种对未来抱有过于理想化和不切实际的信念，它会让人们对危险和隐患避而不见，从而带来一系列负面的影响。

人们对自己的认知有时候会出现盲目乐观的倾向。斯皮尔德指出：人们对未来的生活事件盲目乐观，部分是因为他们对别人命运的相对悲观。

例如，在罗格斯大学进行的一项研究就发现，学生们往往认为自己远比其他同学更可能找到好工作、领高额薪水和拥有更好的房子。而那些悲惨的事情，如酗酒、突发心脏病或遇劫等更可能发生在别人身上。

盲目乐观的人由于总相信自己能逢凶化吉，对一些可能的失败，往往不采取明智的预防措施。

盲目乐观的人也更有可能选择那些低年费和高利率的信用卡，对一般的借款人来说这是一种很差的选择，他们的利息费用远远超过了年费。

那些开车不系安全带，不肯承认吸烟会危害身体健康，或者不仔细经营夫妻关系的人，都在提醒我们，盲目乐观如同傲慢一样，是失败的先兆。

亚当·斯密就预见人类将高估自己盈利的可能性。他认为这种对自己好运的荒谬的推断，来源于绝大多数人对自身能力的一种自负的幻想。

怎样才能克服盲目乐观呢？朱莉·诺瑞姆提出的防御性悲观主义可以把我们从盲目乐观的危险中拯救出来。防御性的悲观主义者会预见问题的出现，并且促使自己进行有效的应对，即“居安思危”。

从“战略性乐观”到“防御性悲观”

我们通常认为只有积极乐观，才能过上更健康、更充实的生活，似乎“傻乐”天然更靠近幸福。

防御性悲观是一种认知策略

20 世纪 80 年代，著名心理学家南希·康托尔的一项研究，打破了这个看似“真理”的观点。她发现，虽然“悲观”通常被视为一种消极的特质，但是，有一种积极的悲观主义，却可以成为人们应对焦虑、恐惧和担忧的认知策略。

南希·康托尔将这种策略命名为防御性悲观，而擅长使用这种策略的人则被称作“防御性悲观者”。

防御性悲观指的是人们会在事件发生前，将期待降到比较低的水平，想象出可能的最坏的情境。通俗来讲就是“凡事都往坏处想”“未雨绸缪”。

当一个人处于防御性悲观情绪里时，他的情绪是冷静的，他知道这只是数种可能性中最坏的一种而已，并不是唯一和注定的结局。

这种防御性悲观的目的是减少最坏可能发生的概率，以及假如真的发生了最坏的情况，也能更好地面对和有条不紊地处理。

“毫无疑问，防御性悲观主义者比乐观的悲观主义者更焦虑”，诺瑞姆博士解释说，“但他们也积极地付出更多努力来管理风险，防御性悲观是一种非常有用的降低焦虑的认知策略”。

为什么防御性悲观是一种非常有用的降低焦虑的认知策略?

第一，这些人准备迎接失败的方式之一，就是提前设定一个较低的预期。对于防御性悲观者来说，如果一直预期失败，失败的刺激就会减轻。经过这样的低预期，当成功到来时所体验的可能全是甜蜜。

第二，真正失败的可能性会使防御性悲观者更努力。成功的喜悦似乎不足以激励这些人，并不是防御性悲观者想要失败；相反，正是对自己可能会做得很糟的恐惧却会给他们提供动力。

是不是总有学霸考完后说自己要挂科了？你以为他在装？不，人家只是习惯防御性悲观而已。

哪种认知策略更有效?

朱莉·诺瑞姆在研究防御性悲观的过程中发现，有一部分人习惯利用“悲观”，而另外一部分人习惯利用“乐观”。

乐观指的是：在事情发生之前对自己的表现产生乐观期待，甚至乐观幻想，以激励自己更好地完成任务，这种策略被称作“战略性乐观”。

为了研究这两种类型的人，朱莉·诺瑞姆做了一项实验：

简单来说，防御性悲观和战略性乐观的有效性取决于我们当下的真实情绪状态，换言之就是取决于我们受益于哪种模式。

没有哪一种策略适用于每个人，重要的是明确自己是哪种类型。

以前我们常常认为，“乐观”是有益的，“悲观”是有害的。而朱莉·诺瑞姆的研究也向我们传达出了一条重要的讯息：

悲观和乐观只是我们在面对生活的未知时，所采取的不同的认知策略，它们没有好坏之分。

因为无论是降低期待或提高期待，都是可以提升行动力的。关键在于，维持自己的内心秩序，找到自己与这个世界相处的方式。

打破墨菲定律，心态决定运势

苏珊娜·C·塞格斯特伦以大量的科学研究和数据为基础，为我们介绍了乐观主义者和悲观主义者的各种性格特点和思维方式。

1949 年，空军工程师爱德华·墨菲对自己的一位运气不太好的同事开了句玩笑：“如果一件事有可能被做坏，让他去做就一定会更坏。”

没想到这句话经过传播扩散后，被演绎成了如今的墨菲定律：如果事情有变坏的可能，不管这种可能性有多小，它总会发生。

墨菲定律又被称为魔咒“不幸的事情总是在最不该发生的时候发生”“怕什么就来什么”是我们经常遇到的一种人生体验，是一种相当令人沮丧的感受。

我们应该都曾遇到过这样的情况：穿上新鞋的时候遇上下雨；需要准时的时候偏偏堵车。墨菲定律在我们的生活中被一再验证，“坏事一定会发生”的悲观预期似乎是无法摆脱的诅咒。

乐观者总是相信事情会按照自己期待的方式发展，但很多时候这种积极信念会让自己误入歧途，比如说相信自己是个好司机，会让你把车开得更快；相信自己不可能生病，可能会让你不注意饮食和锻炼。

正如美国作家利萨·克莱佩说：“我喜欢悲观主义者，他们是那些带着救生衣上船的人。”

善用防御性悲观策略减少焦虑

有些人虽然口头上悲观，但实际上能更积极地面对生活或工作中复杂多变的局面。

实验研究也表明，随着时间的推移，防御性悲观者的自尊和满足感也会显著增加，在学业上表现更好。

同时，防御性悲观策略对解决问题也有很大的好处：

减少焦虑与提高控制感

心理学教授朱莉·诺瑞姆发现，防御性悲观是一种非常有用的降低焦虑的认知策略。

防御性悲观的策略会将“焦虑”分解成一个个具体的“问题”。再根据这些具体“问题”做好充足的准备，以避免坏结果的发生。

也就是说，如果你不自己亲身体验并进入焦虑，就很难洞察在其中让你感到无助的究竟是什么。

帮助接纳自己的真实感受

事实上当我们内心感到恐惧和焦虑时，假装乐观或者迫使自己往好的方面想只会让情绪更加糟糕。

因为我们可能会感知到自己的大脑在欺骗自己，而这种认知失调会极大增加焦虑感。

防御性悲观的策略会使你进入到焦虑的深处，我们实际上承认了自己的真实感受：我是害怕的，我是焦虑的。

你不需要向它们屈服，让它们阻止你的努力；相反，你可以识别它们并使用它们。

这也正是所谓的“当你正视焦虑和恐惧时，它就开始失去压制你的力量”。

把消极的自我对话变成一种优势

也许有人认为，防御性悲观是一种“消极的自我设限”。事实上，它们有着本质的区别。

和防御性悲观一样，自我设限也包括告诉自己事情最坏的方面，不过它会涉及“自我破坏”和“缺乏准备”。

而防御性悲观涉及的则是“过度准备”，较少依靠直觉，想问题更深刻，更具有分析能力，特别是能够在困难时期保持清醒头脑。它把消极的自言自语变成了一种准备上的优势。

虽然它和自我设限看起来是相似的过程，但实际上会产生完全相反的效果。

【热点解读】

企业家任正非的防御性悲观

《中国企业家》记者何伊凡老师的一篇采访报道，让人深受启发。

任正非是悲观主义者还是乐观主义者？

读他在 8 月底刷屏的内部演讲，“把活下来作为最主要纲领，边缘业务全线收缩和关闭，把寒气传递给每个人”。

寒气逼人，看似自然像“悲观主义者”，但如果对他和华为足够了解，就会明白他才是真正的乐观主义者，或者说，卓越的企业家都是“悲观的乐观主义者”。

对企业家而言，最大的乐观正是在任何环境下都要“活下去”，都能“活下去”。

……

能历经周期而生存下来的企业家，都有一个共同特点，就是常怀战战兢兢之心，永远居安思危，永远拒绝惰怠，在春夏中预料到秋冬总会来，才会熬过秋冬迎来春夏。

已经退休的海尔前董事局主席张瑞敏，曾在不同场合谈到，“每天的心情都是如履薄冰，如临深渊”。“自以为非，不断自我否定”就是海尔的文化。

腾讯创始人马化腾曾说过，“腾讯离倒闭只剩 6 个月，有危机感才会有胜算”。

百度创始人李彦宏定的“时限”是一个月，他数次谈到，“百度离破产只有 30 天”。2006 年百度上市一周年，他谈到“别看我们现在是第一，如果你

30 天停止工作，这个公司就完了”。

微软创始人比尔·盖茨则有“十八个月原则”：微软离破产永远只有 18 个月。

不管是“每天”“一个月”“六个月”“十八个月”还是“每年”，都只是一个概数，用来形容紧迫感。

任正非则更进一步，几乎从创业第一天就将危机挂在嘴边，不夸张地说，他的每篇内部发言都令人感觉华为马上就要倒闭了。

……

类似的例子可谓不胜枚举，活在危机感之中，简直是任正非的精神特质，他反复强调将危险消灭于“风起于青萍之末”的重要性。读完他的讲话，难免会对这位中国企业家的标志性人物心生同情：活得好累啊。

虽然几乎所有企业家、创业者都会把“危机”挂在嘴边，但极少有人像任正非这样感性上深入骨髓，理性上一以贯之。那么问题来了，天天喊“狼来了”，为什么华为内部没有因此而倦怠？

因为任正非从来没有将“狼来了”视为一种对外展示高瞻远瞩，对内时常敲敲边鼓的话术，而是与华为的战略战术高度统一，是华为对抗“熵增”，创造“负熵增”的催化剂。

华为有一套严密运转的“狼来了机制”，每一次喊“狼来了”背后，必然跟着可拆解的行为动作，以及组织架构或产品策略的具体调整，来“防狼”或“打狼”。

1990 年的员工持股计划；1996 年起草《华为公司基本法》；1998 年拜师 IBM，启动管理变革；2004 年成立芯片子公司海思；2011 年启动轮值 CEO 制；2020 年成立云计算与人工智能业务集团；2021 年启动军团化改革……每一个关键节点的“自我折腾”，背后都是这一套“狼来了机制”在推动。

你或许会说这一次不一样，但没有哪次是一样的。生是乐观的，死是悲观的，可孟子说“生于忧患，死于安乐”，孙子说置之死地而后生，其中就隐藏着乐观与悲观的辩证法。

【心中有道】

探寻心理韧性的自然规律

心理韧性并非天生的奇迹，而是人类心灵遵循着自然法则的呈现，犹如大风中的竹子弯而不折。

心理韧性不是硬扛，而是像竹子一样培养弹性思维：先顺着压力调整认知角度，再借势复原，反而能长得更结实。

做人如水：了解水的七种特性

我们常常听说“做人如水”，对应我们前面的心理韧性，感受一下水的柔软、柔弱、柔韧……

老子《道德经》第八章讲“上善若水”：“水善利万物而不争，处众人之所恶，故几于道。居善地，心善渊，与善仁，言善信，正善治，事善能，动善时。夫唯不争，故无尤。”

最善的人好像水一样。水善于滋润万物而不与万物相争，停留在众人都不喜欢的低洼之地，所以最接近于“道”。最善的人，居处最善于选择地方，心胸善于保持沉静而深不可测，待人善于真诚、友爱和无私，说话善于恪守信用，为政善于精简处理，能把国家治理好，处事能够善于发挥所长，行动善于把握时机。最善的人所作所为正因为有不争的美德，所以没有过失，也就没有怨咎。

水有七种特质

老子说水“善利万物而不争，处众人之所恶”，这是最高的善行，是“道”的一个特性。

接下来，老子列举了水的七种优点，认为那是我们应该向水学习的为人处世之道。但因为太过言简意赅，让人有点摸不着头绪，还好北宋文学家、“唐宋八大家”之一的苏辙著有《老子解》一书，对老子所说水的七种特质做了很精辟的解说：

第一，水“避高趋下，未尝有所逆，善地也”：我们不仅要像水往低处流一样，保持谦下；还要提醒自己“剧怜高处多风雨，莫到琼楼最上层”，凡事不可强出头。能坚守这个原则（未尝有所逆），那就是善于居处了（居善地）。

第二，水“空虚静默，深而不可测，善渊也”：这里的空虚静默并非现代人所说的孤独、无聊、渴望热闹，而是我们的心境要像渊潭一般沉稳平静、空灵通透，不受外界干扰，也不会随便表露自己的情绪，让人一览无余（心善渊）。

第三，水“利泽万物，施而不求报，善仁也”：水供养万物但却不求回报，我们与人交往，也应该如水一般，具备“仁民爱物”之心，尽量帮助别人，却不觉有恩于人，希望对方回报（与善仁）。

第四，水“圆必旋，方必折，塞必止，决必流，善信也”：水遇到圆的地方就会旋转，碰到方直之壁一定折返，被塞住就会静止，决堤则必然奔流，这些表现都信如铁律，像水一样做个信实可靠的人，正是我们要努力的目标（言善信）。

第五，水“洗涤群秽，平准高下，善治也”：水能够清洗、沉淀各种肮脏的东西，让污秽转为洁净；又可以均匀分布于高低不平之处，让它们取得平衡。我们在治理一个国家、公司或家庭时，也应该把握好这样的原则（政善治）。

第六，水“遇物赋形，而不流于一，善能也”：水不仅随遇而安，而且在方形的容器中就成方形，在圆形的容器中就成圆形，不拘一格，自在无碍。我们不管在什么环境中，如果能像水这样打破框框，充分发挥、灵活运用自己的各种潜能，那就非常理想（事善能）。

第七，水“冬凝春泮，涸溢不失节，善时也”：水在冬天就结冰，春天就溶化，随着节气而干涸或满溢，在不同的时候就会有不同的表现。我们做人做事也应该如此合乎时宜，在对的时候出现在对的地方，做对的事（动善时）。

苏辙在最后说：“有善而不免于人非者，以其争也。”一个人即使拥有这七种优点，但若与他人相争，那还是会受人非议。所以，“不争”才是最高的修为，不要看那浪花争先恐后，波涛汹涌，它们其实都是在往低处跑，把低处坑洼处填满了才会继续向前。

用朴素辩证法来调整认知

老子在人类文明最初发端的时候，就极老成地使用了简易而稳定的“朴素辩证法”，深刻呈现出了道。

《道德经》全书中有无、易难、高下、长短、前后、实虚、强弱、宠辱、开阖、得失、清浊、新敝、直枉、多少、大小、重轻、雄雌、白黑、吉凶、兴废、刚柔、厚薄、贵贱、进退、阳阴、益损、热寒、生死、亲疏、利害、福祸、正奇、善夭、智愚、牡牝等阴阳相对而生、相倾相比的概念遍布其间。

朴素辩证法思想是老子哲学的精髓，老子认为天地万物都是相反相成的。有阳必有阴，有正必有反，有黑必有白，有表现的一面，必有隐藏的一面。正所谓“一阴一阳之谓道”。

《道德经》第二章内容：“天下皆知美之为美，斯恶已。皆知善之为善，斯不善已。故有无相生，难易相成，长短相形，高下相倾，音声相和，前后相随。”

有无相生是老子哲学思想中最深刻的东西，其他如难易相成、长短相形、高下相倾、音声相和、前后相随，都不过是有无辩证法的延伸表现。

这里讲事物都是相比较而存在，相对立而发展。天下人都知道美好的事物为什么美好，这就会显露出丑了；都知道善的东西是什么，这就是不善的征兆。要解释这个原因，就在于理解“有无相生”。

比如楚王好细腰，宫娥多饿死，这就不是美而是恶了；比如有人以善之名，做的却是伪善坑人的勾当。

老子说：“大道，真是深奥玄妙难以言表啊！”那么，什么是洞悉一切奥妙变化的门径呢？那就是“无”和“有”。老子讲有名无名、有形无形、有用无用、有为无为……

有，指的是母，不变的，静的；无，指的是始，动态的，开端的。动中生静，静中生动，也就是有无相生，成就了万物生生不已的局面。明白了这一点，就打开了洞悉一切奥妙变化的门径。

老子的所谓朴素辩证理论，就是任何事物都包含着它的否定。用西方哲学家的话，那就是“一切肯定即否定”。

通俗地讲，比较或者判断一个价值概念时，要站在发展的立场上去比较或判断，不能只是静态地看待。

事物在展现某一方面的特点时，必然包含这一面的对立面。只看到表现出来的一面，看不到暗含的另一面，就不能完整地看清事物的特征。

提升心理资本的可操作性路径

国内外研究都得出较一致的结论：心理资本极大地影响着员工绩效、组织绩效、工作满意度、工作投入等，关注员工心理资本具有重要的意义。

最终目标是使得员工潜力得以发挥，在实现个人成长和获得幸福感的同时，通过员工的积极行为产生高绩效，增强组织的竞争优势。心理资本的研究从理论走向了科学的实践。

企业员工心理资本的累积路径

第一，在如何提升自我效能感方面，可以运用如下策略：

①给个体提供有关任务特征、任务复杂程度、任务环境等信息，并指导其如何更好地控制这些因素；

②提供培训以直接提高个体工作能力或指导个体如何恰当地运用能力去完成工作；

③帮助个体了解完成任务所需的行为分析和心理策略，如运用咨询和指导等形式，帮助个体理解行为策略、分析策略、心理策略的优势与不足，并学会适时加以综合运用；

④通过培训改变个体错误的归因，提高其动机水平；

⑤设置合理的阶段性目标，以获取成功的经验；

⑥运用积极的反馈方式，使个体感觉到组织的积极支持等。

第二，有关希望方面，卢桑斯等人认为，可以通过以下方式进行发展：

①确定具体的、富有挑战性的、可衡量的组织目标和个人目标；

②通过员工参与和授权提升希望实现的动力；

③形成多条可供选择的实现目标的路径与目标相对应的行动计划；

④提高意志力以及鼓励享受目标实现过程中所获得的乐趣。

第三，乐观的提升方面，克里斯托弗·彼得森指出，个体的现实主义乐观可以通过三条途径得到开发与训练：

①宽容过去：管理者和员工应学会反思和接受自己过去的失败和挫折，原谅自己的那些已无法逆转的过失；

②正确评价现在：感激和满足于自己当前生活的积极方面，包括那些可控的和不可控的事物；

③为未来寻求机会：未来的不确定性可以被视为成长和进步的机会，因而个体应以一种积极、自信的态度去面对。同时，在寻求过程中还要注意“适度”，即寻求现实与灵活的最佳乐观类型。

第四，在心理韧性的提升方面，穆尔提出了三种增强心理弹性的策略：

①风险聚焦策略，即致力于削减那些可能导致增加负面结果的风险和应激源，如人际冲突、职业倦怠等；

②资源聚焦策略，强调和增加那些能增加积极结果可能性的资源，如企业文化、合理的薪酬制度；

③过程聚焦策略，即为了利用现有资源管理已出现的风险因素而调动自身适应系统的能量，如自尊心、娱乐、朋友的支持等。

此外，西蒙也提出了一套心理韧性开发的基本策略：

①当事态向坏的方向发展时，尽量避免负面的思维和行动引导；

②重新检验目标的精确性和可行性，尽量寻找解决问题的办法；

③当发现负面情绪无法抵抗，并且感受到压力的时候，学会保持平静。

年轻人心理资本的稀缺性与可塑性

面对竞争与发展，青年群体需要积累多元化的资本。其中，心理资本就是一种能为其带来竞争优势的重要资源。

年轻人心理资本开发的思路

回答“你想成为什么样的人”，为年轻人心理资本培育开发思路提供了参考。

青年个体的心理资本开发可以从**自我认知、环境认知、目标设定**几个角度切入。

第一，每位年轻人需要认识自我。自我认知指的是对自己的观察和理解，包括自我观察和自我评价。

目前，年轻人出现了认同危机，他们不能清晰地认识自己，不确定自己喜欢什么，想达到怎样的目标，不了解自己适合做什么。

因此，为了开发年轻人的心理资本，首先要从年轻人的自我认知开始。自我认知是对自己的一种诊断，让我们能够识别自己的优势和劣势，对自己有个基本认识和评价。

自我认知是事务型心理资本的开发基础。拥有了准确的自我认知之后，还需要进一步深化对环境的认知。

第二，年轻人需要深刻的环境认知。

环境认知首先包括对整个社会环境的认知和对自身所处环境的认知两部分。

对社会大环境的认知包括对整个社会当前社会政治、经济发展趋势的认知，也就是说，建立起宏观的视野。

对自身所处环境的认知是指对自己的学校、专业、家庭、地域有一定的了解，并基于这些背景知识和自我认知的结果进行匹配。

自我认知与环境认知同年轻人的心理资本相互促进，能够帮助个人总结出自身的优势和劣势。

第三，年轻人需要进行目标设定。

心理资本是指个体内在的、具有心理学特征的资源，包括自信心、自我效能感、乐观情绪和抗挫折能力等。这些心理特质在个体面对挑战和困难时能够发挥积极作用，帮助个体应对压力，提升工作绩效和职业发展。

在做事方面，心理资本有利于年轻人建立自信，积极地参与各种活动，勇敢地展现自我，能够让年轻人更加明白在成长过程中需要奋发进取、不断进步，遇到困难时不轻易退缩和放弃。

在做人方面，心理资本能够让年轻人更加注重与他人交往过程中自身的表现，因为年轻人所处的环境要求他们与同学、师长多加交流，学习他人的优点。

年轻人心理资本培育的基本元素

柯江林教授的研究表明，大学生心理资本是指处在人生转型期的大学生个体在为人处世过程中所拥有的一种可测量、可开发和对学业绩效有促进作用的积极心理能力。

职场是大学生人生发展阶段的下一个驿站，以中国员工心理资本量表为基础，柯江林等编制了大学生心理资本量表。

考虑到东西方文化差异等因素，柯江林等编制的心理资本量表包含两个维度，共计 40 个条目。

事务型心理资本：包括自信勇敢、乐观希望、奋发进取以及坚韧顽强。

人际型心理资本：包括谦虚诚稳、包容宽恕、尊敬礼让以及感恩奉献。

对这些可操作性因子的描述，正是我们提升心理资本的重要实践参考。

这也是回答大学生朋友们“你是什么样的人？”或“你将要成为什么样的人？”的问题的关键。

年轻人心理资本提升的具体操作路径

下面是柯江林等开发的大学生心理资本他评量表的主要内容，以事务型心理资本和人际型心理资本两个维度，描述大学生心理资本的可操作性建构。对照一下可发现，这既是自评也是努力方向。

年轻人心理资本提升的操作性解读

事务型心理资本（做事）

自信勇敢　在公众场合敢于表现自己的才艺，在陌生的环境中敢于主动和他人交流，在群体讨论中敢于提出不同观点；勇于挑战权威人士的观点，给人充满自信的感觉，愿意承担团队中的重要任务。

乐观希望　很少说消极的话，很少唉声叹气，对未来充满希望，总能很快摆脱不愉快的情绪；对不确定的事总会往好的结果想，不会因为某次考试不理想就灰心丧气，很少被别人负面的情绪影响。

奋发进取　大学期间对自己的目标定位很高，争分夺秒、力求完美地完成各项任务，总是努力去争取各种荣誉，做任何事情都力求做到最好；空闲时间经常去图书馆或自习室看书学习，善于制订计划以提高自己各方面的能力。

坚韧顽强　抗压能力很强，面对困难时不逃避，遇到挫折时能坚持不懈，经常能排除万难实现既定目标；面对挑战时很少慌乱，是一个愈挫愈勇、屡败屡战的人。

人际型心理资本（做人）

包容宽恕　能够容忍宿舍同学不一样的生活习惯，对于合作者偶尔的过失，总能宽容大度；对于他人的无意伤害，总能释怀；能与来自不同地域的同学建立友谊，能与性格迥异的同学和谐相处。

尊敬礼让　对老师非常敬重。乘车时，经常给需要的人让座；自觉排队，不插队；对学兄学姐非常尊敬。

谦虚诚稳　愿意倾听他人意见，保持开放心态，不自满；在交往中真诚待人，言行一致；情绪稳定，行事稳重，做事有计划，考虑周全，不急于求成。

感恩奉献　经常表达自己的成长离不开他人的帮助，经常向他人提及帮助过自己的人，对于帮助过自己的人，总是以实际行动给予回报；积极参与班级活动，为身边的同学做了很多事情，作为志愿者参与社会公益活动。

做人与做事需要并驾齐驱

年轻人心理资本构成维度的可操作性定义，给我们带来启示：**做人与做事两**

个方面的素质发展需要并驾齐驱。

首先，应该保持为人处世的积极心态。不仅在做事上保持积极进取、乐观希望、自信勇敢与坚韧顽强，更要在为人方面保持谦虚诚稳、宽容大度、尊敬礼让与感恩奉献等品质。做人与做事是相互关联的，只有将两方面的心态都调整好，才有更大可能获得职场成功。

其次，不要简单地认为中国传统文化都已过时。虽然全球化正在对民族文化与国民价值观产生影响，但许多传统的为人处世方式仍然得到社会大众的广泛认同，并在当今职场中显示出重要价值。适度的谦虚、低调、乐于助人，而不是咄咄逼人和以自我为中心，有助于保持人际关系和谐和提升工作绩效。

提升心理资本显然不是一朝一夕能完成的事，也不是一节课就能够解决的，不过我们可以解决目标问题，这样我们就知道以后应该往哪个方向努力。

【热点解读】

三国人物心理资本对比

《三国演义》这部中国古典名著深受大家喜爱，里面一个个鲜活的历史人物辉耀古今。我们将对曹操、孙权、刘备这三大统帅人物做心理分析，对比一下他们的心理资本。

曹操待人宽容而严苛，乐观而刻薄，率真而猜忌，具有自信与自卑的双重人格特质。

自信时，他为人开朗幽默，豁达洒脱，率真坦诚，喜欢与人交往，这为他赢得了不少仰慕者；当时的名士许劭曾评价曹操为“治世之能臣，乱世之奸雄”。

自卑时，他为人沉郁险恶，睚眦必报，猜忌多疑。由于曹操内心深处有着诸多的自卑和不安全感，所以他奉行“宁我负人，毋人负我”。这使他变得极易猜疑和残忍，行为复杂多变，令人难以捉摸，也使他背负了千古骂名。

旷达乐观是曹操突出的人格特征。“神龟虽寿，犹有竟时；腾蛇乘雾，终为土灰；老骥伏枥，志在千里；烈士暮年，壮心不已。盈缩之期，不但在天；养怡之福，可得永年。幸甚至哉！歌以咏志。”

这是曹操脍炙人口的言志诗。它不仅展现了曹操在垂暮之年仍然积极进取、壮志不衰的雄风，也反映了曹操对于生老病死的豁达态度。

曹操善以积极心态面对困境。这首先体现在曹操对复杂险恶的环境有很强的心理承受能力上，他善于排解挫折和失败带来的烦恼。例如，在汴水之战、消水突围、濮阳之争、赤壁鏖兵、渭南之役等战役中，曹操多次陷入绝境，险象环生。

对此，曹操始终方寸不乱，一旦脱离险境，他或自我解嘲以求心理平衡，或放声大笑以示蔑视对手，展现出败而不馁的坚韧精神。

这种精神在《三国演义》里有着精彩的描写，尽管该作品属于文学创作，但在《三国志·魏书·武帝纪》等史籍中也有迹可循。

孙权自 26 岁时继承父兄开创的基业，至 71 岁逝世，主政东吴国事长达 45 年，超过了三国时期任何一位统治者。作为三国的一方霸主，孙权统治长江以南长达半个世纪。然而，孙权在早年与晚年的表现，其人格分裂之严重，可谓前后判若两人。

早年的孙权神武雄才，用人不疑，任才尚贤，因此能够指挥部下破操赤壁、败备夷陵、擒羽荆州，成就了东吴的鼎峙之业。前期的孙权，备受各方豪杰的推崇，不但曹操有“生子当如孙仲谋”之感慨，刘备也有“吾不可以再见之”的赞叹，就连曹魏的谋士如程昱、刘晔、贾诩等，也都对孙权的政治之才百般推崇，而蜀营的诸葛亮、蒋琬、费玮等人也对孙权的用人之道钦佩不已。

因此，孙权早年的业绩被后人大为传颂，北宋的苏轼曾豪言“亲射虎，看孙郎”(《江城子·密州出猎》)，南宋的辛弃疾亦诗云“千古江山，英雄无觅，孙仲谋处”(《京口北固亭怀古》)。

然而，晚年的孙权性情大变，其言行举止仿佛昏庸的君主，极度敏感、猜疑成性，十分容易产生焦虑和妄想，因此他变得越来越独断专行，滥杀功臣，严重破坏了东吴的稳固局面。

在群雄逐鹿的三国时期，曹操以奸诈著称，孙权以善变闻名，而刘备

则以仁爱流芳百世。作为正统汉室的代表，刘备深受士大夫的追随与百姓的爱戴。

他韬光养晦，宽厚仁义，知人善任，其战吕布、抗曹操、结孙权、访贤士的事迹至今仍为人们津津乐道。

从一个落魄的王族后裔到一方霸主，从编织草鞋到转战南北，正是刘备对自我强烈的期望，成就了他传奇的一生。

三大统帅人物心理资本的对比

相比之下，曹操的政敌袁术、袁绍、刘备等人在面对重大挫折时则相形见绌。

袁术败退淮南，“呕血斗余而死”；袁绍官渡会战丧师十万，“自军败后发病”，“忧死”；夷陵之战中刘备因“大败坏，忿耻发病死”。他们几位的心理承受能力与曹操相比，确实差得太远了！

总体而言，曹操的乐观豁达使他即便身处逆境也不颓废，面临危机亦不动摇，这促成了曹氏集团的强大。

归根结底，曹操是三国统帅级人物中唯一寿终正寝、死而无憾的人。

这是孙权、刘备、董卓、袁术、袁绍、公孙瓒、吕布、孙坚、刘表、刘璋等三国风云人物未能得到的上天的恩典！

每个人都渴望发展、成功和幸福，这不仅依赖于外部环境的支持和机缘巧合，更需要我们深入挖掘内在的积极心理品质。

唯有像储蓄财富一样去储蓄心理资本，像投资教育一样去投资心理成长，才能将心理资本的积极作用发挥到最大限度，成就自己心中真正的“HERO”。

让我们用作家余世存老师《时间之书》中的一句话共勉：“年轻人，你的职责是平整土地，而非焦虑时光。你做三四月的事，在八九月自有答案。”

【拓展阅读】

[1] [美]弗雷德·卢桑斯．心理资本[M]. 李超平，译．北京：中国轻工业出版社，2008.

[2] 盖笑松 . 当代心理科学理论精华 [M].2 版 . 长春：东北师范大学出版社，2023.
[3] [美] 戴维·迈尔斯 . 社会心理学 [M]. 侯玉波，乐国安，张智勇，译 .11 版 . 北京：人民邮电出版社，2022.
[4] [美] 苏珊娜 · 塞格斯特伦 . 打破墨菲定律 [M]. 陈钿，阿柔娜，刘莹，译 . 北京：人民邮电出版社，2020.
[5] 韩鹏杰 . 道德经说什么 [M]. 南昌市：江西人民出版社，2019.
[6] 柯江林 . 大学生心理资本研究 [M]. 北京：知识产权出版社，2015.
[7] 岳晓东 . 三国人物心理分析与职场生存 [M]. 北京：机械工业出版社，2010.

第三讲　心智成长

【关注话题】

改变命运从“心智”开始

人生苦难重重，这是个亘古不变的真理。罗曼·罗兰说：“世界上只有一种真正的英雄主义，那就是在认清生活的真相后依然热爱生活。”英国托马斯·卡莱尔说：“没有在深夜痛哭过的人，不足以谈人生。”

这是一个充满焦虑的时代，似乎一切都不确定，一切都令人困惑。人生宛如一场充满挑战和起伏的旅程，我们每个人都会经历生活的奔波劳碌，经济的窘迫与拮据，心灵的困顿与纠结，情绪的混乱与失序，情感的痛苦与失意，身体的病痛与苦楚，职场的孤立与挤压，这些经历让我们不断承受痛苦、悲伤、愤怒、焦虑，甚至绝望。

人生是一场艰辛之旅，我们一生都在渴望被理解、接纳、肯定和认可。几乎所有的人生困局，都源于心智系统的失灵，心智成熟的道路漫长而艰辛。

1995 年的一天，一个大块头的中年男人在光天化日之下抢劫了美国匹兹堡的两家银行。他没有戴面具或任何伪装，在走出银行之前，他甚至还对着监控摄像头微笑。

晚些时候，在警方给被捕的麦克阿瑟·惠勒看当天的监控录像时，惠勒难以置信地说：“可我涂了果汁。”他嘟哝着。原来，惠勒误认为把柠檬汁涂在皮肤上能使他隐形，这样摄像机就拍不到他了。

柠檬汁可作为隐形墨水使用，用柠檬汁写下的字迹只有在接触热源的时候才会显现。所以惠勒觉得，只要他不靠近热源，他就应该是完全隐形的。

最后，经过调查，警方认为惠勒既没有疯，也没有嗑药，他只是很夸张地“搞错了”柠檬汁的隐形用法罢了。

心智是关于大脑、记忆、人格和幸福的新科学。它以大脑为发起点，以能量和信息流为基本要素，是一套用来解决实际问题的、复杂的系统。这个系统既存在于个体内部，也存在于个体和他人以及整个世界之间。

其实个人成长并非依靠外部工具的加持，关键是读懂自己的心智。通过内在成长的赋能和外在的智慧联结，整合自我对立，个体才能应对充满不确定性的环境和未来，在充满焦虑的时代获得精神上的成长。

本节将带你探索：你到底想成为什么样的人？生活的意义到底是什么？如何保持开放性心态持续内在成长？为何要竭尽全力让自己越来越好？如何在积极行动中保持高度的自律？

【心理探索】

关于心智，有人称其为我们的本质，有人称其为我们的核心、灵魂、心灵或者本性。在描述的层面上，心智包含思维、感受、记忆、意识和主观体验，但具体是什么，一直缺乏清晰的定义。

直到美国脑神经科学家兼心理学家丹尼尔·西格尔对心智进行了一系列深入研究和解读，才为我们开启了一扇系统了解心智的窗口。

心智是开放式复杂系统

西格尔融合神经生物学、量子物理学、人类学、心理学的最新观点，在人际神经生物学研究基础上对心智做出如下定义：**“心智的核心是对能量流和信息流的一种呈现过程和控制过程。”**

能量流和信息流是在一种文化中人们彼此分享的过程，这种能量流已经被脑科学研究领域所证实。

心智依赖和发端于整个身体

常见的观点认为心智就是大脑的活动，将心智局限于颅骨之内。

西格尔认为，大脑只是主要神经系统所在的位置，心智并非只由人类神经系统的功能产生，它是由神经系统和人际关系共同形成的过程。

作为身体的一部分，神经系统存在于身体这个大系统之内，但不局限于颅骨。甚至在我们的肠道内，也存在神经递质，肠道中的细菌，即我们的“生物群落”，也能影响大脑指挥我们去拿它们想吃的食物。

西格尔主张，心智不仅存在于大脑中，作为更大的神经系统的一部分，它也遍布于整个身体中，是具身的而不是具脑的，是整体的而不是局部的。

【热点解读】

找准个人定位

每位即将步入社会或初入社会的人，都会渴望成功。从出生那一天起，每个人都面临三个无法回避的哲学问题：我是谁？我从哪里来？我到哪里去？这三个问题的实质，就是我们要知道的定位。那什么是定位呢？

美国艾·里斯和杰克·特劳特在《定位》一书中写道：“定位要从一个产品开始。那产品可能是一种商品、一项服务、一个机构甚至是一个人，也许就是你自己。但是，定位不是你对产品要做的事。”

换句话说，“所谓定位，就是令你的企业和产品与众不同，形成核心竞争力；对受众而言，即鲜明地建立品牌”。艾·里斯说：“定位就是在顾客头脑中寻找一块空地，扎扎实实地占据下来，作为‘根据地’，不被别人抢占。”

定位，并不是简简单单的你要做什么或想做什么，而是你做了以后，会在他人脑海中留下的认知形象。

总结一下，定位就是，让你在潜在客户的心智认知里与众不同。简单地说，定位就是给自己“贴标签”。想到这个词就想到你，想到你就想到这个词，而这个词恰恰又能很好地概括你为他人创造价值的核心能力。

例如，提到“中国杂交水稻之父”，我们马上会想到袁隆平；提到“中国航天之父”，我们会想到钱学森；提到莫言，我们会想到诺贝尔文学奖获得者。所有这些独特且具有标志性的符号，就是我们所说的“个人定位”。

企业也一样，提及腾讯，我们就会马上想到社交工具的老大；提到百度，我们就会联想到中文搜索的老大；提及华为，我们就会想到世界5G通信领域的老大。

人生的旅程，就是一个不断成长的过程，就是从一个定位跃迁到另一个定位的过程，准确把握人生定位，有助于我们少走弯路。

心智存在于人际关系中

有些人认为心智是个人的，与外界的其他人、其他事物无关，把心智局限于皮肤之内。

西格尔认为，心智不是孤立的。心理过程是遍布全身的神经系统功能（并不仅仅是大脑的产物）和人际互动的过程（不仅是一个人的身体或神经系统，而是一群人的身体和一群人的神经系统）。

当个体在与其他人互动时，人们内在的神经突触也会彼此互相连接，而那些来自深度关系的所有事情都会影响人们的神经系统。

心智作为身体和人际关系的一个凸显特征，它是被内在的神经生物过程和人际关系创造的。换句话说，心智是遍布全身神经系统的外显特征，也是人际间各种交流模式进行互动的过程。

比如，领导安排你加班完成一个紧急任务，而当晚恰逢要给女朋友过生日，面对这样的问题，就考验着你的问题解决能力。上述过程不仅需要我们个人的智慧，还需要一个由意义和规则构成的社会网络来连接你我。语言、思维、感受以及我们的同一性，都必须源自我们与他人的互动。

因此，心智不是个人的，而是关系的。心智存在于人际之间。它不仅存在于我们彼此的关系中，也存在于我们与大环境（即与地球）的关系中。

【热点解读】

物以类聚，人以群分

人脉很重要，但你自身的“价值”更重要。关系很重要，但没有个人价值作为支撑的关系，不堪一击。最好的捷径，是在靠别人前，先让自己变得更有价值。

人脉的价值取决于个人的价值，自身没有价值，人脉价值也不会高。

在心理学上，有一个吸引力法则，是说一个人越强大，越能吸引很多人到他身边。社会学上有个概念，叫社会交换理论。它的核心观点是，我们选择和谁交往，取决于他能带给我们的利益。

战国时期，齐国有一位著名的学者，叫淳于髡。齐宣王喜欢招贤纳士，号召天下人举荐人才。淳于髡在一天之内接连向齐宣王推荐了七位贤能之士。齐宣王很是惊讶，也有些疑惑，便问:“寡人听说，人才之难得，一年找到一个已不错。你一下子推荐了七个，会不会太多了？”淳于髡答道：天下同类事物，总是相聚一起。自己虽不是大才，也算贤良之人。贤良之人举荐贤士，就如同在黄河里取水，在燧石中取火般容易。这也是“物以类聚，人以群分”之典故的由来。只有相似，才能让人相互吸引。

稻盛和夫说，你是什么人，就会吸引什么人。人脉的价值不在别人的身上，而在自己身上。唯有让自己变得强大有价值，才能获得有用有价值的人脉。

人脉的价值基础是自身的“价值”。自身的价值越大，别人就越会帮你。与其把时间花在多认识人上面，不如专注于提升个人的价值。

能量流和信息流是心智的基础

心智，这一调节过程能创设能量流和信息流的某些模式。人类演化过程中所表现出来的社交关系和心理过程，是人们内在神经系统进行互相连接的结果，也是人与人之间进行互相交流的结果。心智是一个永不停歇、始终涌现的能量和信息流的加工过程。

能量是完成行动的能力，无论是挪动四肢还是思考。物理学研究了各种形式的能量，并以多种不同的方式来描述。但其“有能力做什么”的本质是相同的。当我们坐在阳光下时，能感受到辐射的能量；当我们走在海滩上或去游泳时，利用的是动能；当我们思考、谈话、倾听和阅读时，会用到神经能量。

信息是象征除它自身以外的任何事物，这是认知神经科学关于信息处理的典型观点。你所读到的语句或听到的话语，都是一些信息包。潦草地写在纸上的内容并不是词语的意义，你听到的话语也只是声波在以某种频率振动空气分子的结果。相反，石头本身并不是信息，它承载着一些数据，包括重量、颜色、质地以及化学成分、形成时的地质年代，还有塑造它的力量。

是我们的心理在创造这些信息，除非有人在石头的表面刻上图案或文字，除非我们思考它的历史或与其他人谈论它，否则石头就是石头。与之相反，“石头”这个词是一个信息包。即使有关石头的想法对你有意义，这个意义也是由你创造的，而不是由石头本身创造的。

能量与信息在心理活动中是相辅相成的。我们有时会有直接的体验，例如在饥饿时能感受到胃部的不适，在心烦意乱时能感知到情绪的洪流。我们也能够在这些充满能量的感觉和情绪的基础上，在更高层的脑区中描绘它们。

当我们认识到心理能够调节能量流和信息流之后，我们便能感知到这两种形式的心理体验的现实性，并据此采取行动，而不是迷失于其中。之所以用“流”来形容能量和信息，是因为它们会随时间而改变。

我们能够感觉到从一个时刻到另一个时刻的移动，这是一种动态的、流动的运动过程。不过，我们不仅能观察它们，还能踏入时间的河流，改变这些模式的展开方式。

心理的调节功能创造了能量流与信息流的新模式，使我们得以继续监控并调节它们，这个过程正是主观生活体验的本质。

能量流 大脑神经元是具有活性且彼此连接的，连接它们的就是电化学能转换形成的能量流，这也是神经元放电的本质。一个动作电位就是一系列带电粒子在神经元细胞膜上的进进出出。当这种电位，即能量流运动到长长的轴突末端时，一种叫作神经递质的化学物质就被释放到两个相邻的神经元中间的突触里。所以大脑活动就是某种能量流，我们称这种能量为电化学能。

人类学家和社会学家的研究告诉我们，构成精神生活的真相就是：我们需要用自己的神经突触与其他人的神经突触进行连接，从而形成群体的神经突触连接。

有时候，这种能量代表了或以符号的方式表述了其自身之外的其他事物，在这种情况下，我们认为能量携带了信息。

当一个人对另外一个人说话时，喉咙受到空气分子的刺激而产生一种动能，耳膜回应这种能量流并在听神经中产生电能，顺流而下抵达大脑的神经回路中。在神经元细胞膜的内外形成离子流，并释放化学电信号，去推动这个下游神经元的活动。当这些神经元的放电模式与前面的细胞活动方式相匹配时，“能量流”所携带的信息就是有价值的，听众就能听清楚演讲者说了什么。由此，我们就理解了人们是如何通过分享能量流和信息流来实现互相“交流”的。

脑成像技术的研究表明，在不同的脑神经区域存在不同的新陈代谢和能量消耗情况。依据某个脑区的血流快慢，可以界定一连串的神经元活性；通过脑电图，可以观察到不同的能量流形式。

这里所说的“能量流”不能等同于那些不符合科学原理的宇宙神秘物质现象。因为我们这里所说的能量流是基于神经科学研究，针对神经元的活性和能量消耗情况来研究大脑的各项功能。这种在大脑内部的能量流活动的唤起水平和定位，直接形成了我们的心理过程。

心智不仅能调节能量流，也能调节信息流。能量流和信息流遍布于个体全身以及人际之间。心智的核心要素就是“能量和信息流”。

能量和信息流不仅存在于头部的大脑中，作为更大的神经系统的一部分，它们遍布于整个身体。此外，能量和信息也会以沟通的方式在个体之间流动；能量和信息还会通过个体与周遭生活的大环境进行连接的方式流动。因此，从系统的角度来说，能量流是不受颅骨或皮肤的局限的。

信息流　过去十年，在中国移动互联网领域最伟大的发明之一可能是信息流。信息流的蓬勃发展，极大地延长了全网用户的在线时长，改变了营销模式，培育了内容营销的土壤。新消费的兴起基于内容，和信息流分不开。

信息流场景最大的特点是货找人和做爆款。拼多多的逻辑是“货找人”，“用1个商品满足1万个人的需求”，这是爆款逻辑和信息流逻辑，迎合需求不如创造需求。未来，大概率会进入心智流量时代。

【热点解读】

认知的四种水平与“达克效应”

认知心理学认为，人对外界的认知是通过感官开始的，因此容易受到各种因素的干扰，往往会出现偏差，引起不必要的麻烦。因此，我们有必要从理性的角度去深入理解这些认知偏差，从而有效地规避它们。

认知大体可以分为四大层次：

第一层：不知道自己不知道。

自以为是的认知状态，约占总人数的95%。这类人通常认为自己已经通晓很多道理，没有什么是他们不知道的。

他们只相信自己所见和所能理解的，在他们的世界观里，“我就是对的，不接受任何反驳”，正如庄子讲的三季人，夏虫不可语冰。

第二层：知道自己不知道。

准备丰富自己的认知，约占总人数的4%。这类人通常很有自知之明，认识到自己对很多东西不知道、不了解，因此心怀敬畏。

得知道自己不知道什么，找到自己不知道的问题，这实际上是一个非常难的事。发现一个好问题，其实比找到答案更难。

第三层：知道自己知道。

掌握事物内在规律，提升了自己的认知，这类人约占总人数的0.9%。他们的联想、迁移和建构能力特别强，已经从触类旁通的阶段跃升为举一反三的境界。

他们对自己的了解很透彻，明确自己的能力边界，能够准确评估自己的实力和水平；能够清晰地把握自己的认知，并且知道它在整个认知体系中的定位；知道自己与尚未了解这些知识的人之间的差异；知道自己与更为高明的人之间的距离。

第四层：不知道自己知道。

认知的最高境界，占总人数的 0.1%。这类人拥有宏大却不失细节的认知架构，他们的系统具有顽强的生命力和很强的反脆弱性，可以不断地自我更新，同时始终保持开放的状态。

那些学识渊博或技术超前的人从来不妄自尊大，他们在卓越的同时又时刻保持谦逊的态度。正如苏格拉底所言："我唯一知道的就是我的无知。"

这四种认知水平，可以用邓宁 - 克鲁格效应（也称达克效应）来解释。

1999 年，康奈尔大学的大卫·邓宁和贾斯廷·克鲁格开展了一个著名的心理学实验：他们首先让受试者完成"沃森四卡片选择作业"，以区分出受试者在逻辑推理能力上的差异；然后再选取一半的受试者进行逻辑推理能力的训练，而另外一半则在相同时间内完成一些无关任务的作业；最后，邓宁和克鲁格要求受试者评价自己的逻辑推理能力并预测答对题目的数量及在群体中的百分位排名。

2000 年，大卫·邓宁和贾斯廷·克鲁格因为他们的一篇报告《论无法正确认识能力不足如何导致过高自我评价》而荣获搞笑诺贝尔奖心理学奖。该报告所写的内容被称为"达克效应"。

报告中提到："无知要比知识更容易产生自信"。（这话应该是达尔文说的。）克鲁格和邓宁通过对人们阅读、驾驶、下棋或打网球等各种技能的研究发现：

能力较低的人往往高估自己的技能水平。

能力较低的人不能正确认识到其他真正有此技能的人的水平。

能力较低的人无法认知且正视自身的不足，以及这种不足的严重程度。

然而，一旦能力较低的人通过恰当的训练大幅度提升能力水平，他们最终会认识到且能承认他们之前的无能程度。

达克效应揭示了一种认知偏差现象，即能力较低的个体倾向于高估自己的能力，而能力较高的个体则倾向于低估自己的能力。

罗素曾说："在现代世界里，愚蠢的人总是自信满满，而智慧的人却充满疑问。"这正是对"达克效应"的生动阐释。

简而言之，那些不懂装懂的人并不知道自己不懂，而真正拥有知识和能力的人却经常对自己的知识和能力存疑。

"996"时代要爬上"开悟之坡"

社会上每个人的成长规律都遵循邓宁－克鲁格心理效应（也称达克曲线，见下图）。

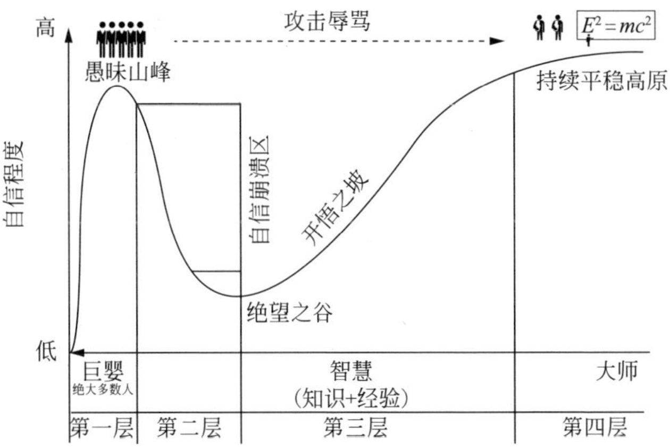

邓宁－克鲁格心理效应

该效应可划分为几个阶段：绝大多数人的成长都是在"巨婴"期徘徊，往往无法正确认识自身的不足，从而产生认知偏差，容易沉溺于自我营造的虚幻优势中，直至达到第一阶段的顶峰——"愚昧山峰"。

在职场中，"门外汉"和"半瓶子醋"选手其实都是活在"不知道自己不知道"的境界之中。

当遇到现实困境时，他们容易陷入对自己的全面否定与消极情绪之中，这时就需要有人将其推至第二阶段——“绝望之谷”（“知道自己不知道”），此时才意识到自己的无知，同时自信崩塌。

随后，困境迫使人进入持续努力阶段，成为在第三阶段——“开悟之坡”（“知道自己知道”）上的攀登者。

最后，通过经历攻击和辱骂，积累知识和经验，达到第四阶段——“持续平稳高原”（“不知道自己知道”），成为对社会有贡献的人。

因此，能否早日登上自己的“开悟之坡”，将成为个人能否健康成长、持续提高的重要环节。

从“愚昧山峰”到“开悟之坡”，像极了国学大师王国维在《人间词话》一书中所描述的治学三境界。

第一境界是“昨夜西风凋碧树，独上高楼，望尽天涯路”；第二境界是“衣带渐宽终不悔，为伊消得人憔悴”；第三境界是“众里寻他千百度，回头蓦见，那人正在，灯火阑珊处”。

一个人一生的成就最终能达到多高，是靠思维模式支撑起来的。要想迅速脱颖而出，首先需要从认知层面“变得富有”。

如果我们无法避免“996”，那么不妨努力登上自己的“开悟之坡”，升级自己的认知，把自己变成与别人不一样的人，或许这样会有更多机会实现弯道超车。

在这高速发展的时代，每个人被敦促着在信息洪流中找准自己的位置，抓住时代机遇，创造出独特的人生价值。想要在复杂时代脱颖而出、领先一步，认知优势将是在竞争中取胜的关键。

当你在一个领域中钻研很深时，如果别人问你到底比其他人多了解了什么，你自己可能也说不清楚。但是，当真正遇到一个难题，事到临头非要你做出决策时，你可能是在赌，但往往会赢。

心智是自组织的复杂系统

西格尔认为，心智是个体内部和人际之间复杂系统涌现出的产物。心智是典

型的复杂系统。

何谓自组织？何谓复杂系统？

自组织是指一个系统在内在机制的驱动下，自行从简单向复杂、从粗糙向精细方向发展，不断提高其复杂度和精细度的过程。

心智系统展现了令人惊叹的特征，具有学习、多元化、复杂化和进化的能力。单个受精卵经过不断分化，最终成长为一只青蛙、一只兔子，甚至是一个人，整个过程彰显了让人惊叹的复杂性。

人类从原始社会进化到现代文明，就是依靠着这种让自身结构变得更加复杂的能力。系统自发涌现的过程遵循着某种循环递进、自我强化的路径，即所谓的“自组织性”。

复杂系统需要符合三个标准：一是它可以被系统外部的因素影响；二是它可能是混沌的，这大致意味着它的不断涌现过程可能是随机的；三是它是非线性的，意味着一个小的诱因可以引发巨大且难以预测的后果。

心智符合复杂系统这三个标准——开放的、可能趋于混沌的、非线性的，因此，它也是一种复杂系统。

【热点解读】

人类的第八大奇迹——复利效应

没有坚持做完一件事情的人，多半是没有看到坚持所带来的复利价值。

巴菲特曾用滚雪球来比喻这样一种策略：人生就是一个滚雪球的过程。一条完美的复利曲线，前期增长缓慢，后期增速越来越快。

本质上，人生也是一场投资。将人生看成一个完整的系统，把时间投入少数关键领域，形成个人优势，然后将优势复利累积，最终收获幸福和成就。

起点差不多的人，在复利的作用下，差距会越来越大。

爱因斯坦说，复利是人类的第八大奇迹。芒格也将复利视为最重要的思维模型之一，他说“理解复利的魔力和获得它的困难，是理解很多事情的核心和灵魂”。尽管很多人似乎懂得这个道理，但在理解和运用的深刻程度上，应该是大不相同的。

我们再重温一下那个古老的复利故事：

舍罕王打算奖赏国际象棋的发明人——宰相西萨·班·达依尔。国王问他想要什么，他说："陛下，请您在这张棋盘的第 1 个小格里赏给我 1 粒麦子，在第 2 个小格里给 2 粒，第 3 个小格给 4 粒，以后每个小格都比前一个小格加一倍。请您把摆满棋盘上所有 64 个格的麦粒，都赏给您的仆人吧！"国王觉得这要求太容易满足了，就下令给他这些麦粒。然而，当人们把一袋一袋的麦子搬来开始计数时，国王才发现，就是把全印度甚至全世界的麦粒都拿来，也无法满足宰相的要求。

宰相要求得到的麦粒数量到底有多少呢？在棋盘的最后一格，需要放 2 的 63 次方粒麦子，总数为：1+2+4+8+…=18446744073709551615（粒），也就是 1844 亿亿粒麦子。

这个最终的麦粒总数是一个非常庞大的数字。如果按每 35 粒麦子重 1 克估算，放满棋盘所需的小麦总重将是 5270 亿吨。如果按当今全球小麦的年产量 8 亿吨计，要生产出 5270 亿吨小麦需要近 700 年的时间。由此可见，复利这种非线性增长，会产生巨大的累积效应，随着时间的推移，增长速度将变得越来越快。

这就是复利的神奇之处：在刚开始的时候，复利效应是很微小的，几乎不可察觉的，然而一旦发展到一定阶段，就会产生非常惊人的效果。

那到底什么是"复利"呢？复利的本质是：做事情 A，会导致结果 B，而结果 B 又会加强 A，不断循环。生活中，凡是符合这一规律的事情，都可视为复利效应之体现。

比如，复利效应对于个人的成长和进步同样有重大的启示意义。

芒格说，要争取每天睡觉前，都比醒来时聪明一点点。这句话太重要了，实为个人成长中的复利效应。

如果你当前的能力是"1"，若能在"1"的基础上每天多努力 1%，那么经过 365 天的积累，1.01 的 365 次方将约等于 37.78。

但倘若每天懈怠1%，一年之后，“1”就会缩水为0.99的365次方，约等于0.02。

数字能够直观地冲击人的思维。尽管1.01和0.99的差距只是0.02，但一年后的结果却是天壤之别。

以上的复利结果同样令人震惊：对于每天努力一点点的人，一年后，他们将比以前的自己优秀38倍！而每天退步的人，终将消耗殆尽自己的才华。

这表明，每天坚持学习并对自己严格要求，假以时日，个人能力的提升将超出自己的想象，这就是复利的力量。

罗伯特·弗罗斯特在他的诗歌《未选择的路》中写道：“金黄色的树林里分出两条路，可惜我不能同时去涉足，于是我选择了人迹罕至的那一条，这从此决定了我的一生。”

人生不能同时踏上两条路，我们必须选择一条，并坚定地走下去，才能不负此生。

心智会终生改变和发育

人类的心智持续一生都在改变和发育，大脑的结构同样也会经历终身的改变。我们常听到“活到老学到老”“姜还是老的辣”，其实都在表达一个观点：心智是被能量和信息流所塑造的。

心智既来自我们出生后所居住的躯体，也来自将这个躯体与他人和外部的种种存在联系起来的关系。

心智的变化是永恒的，这种变化既可以随我们所谓的时间出现，也可以在空间中展开，甚至在能量自身的不同特性中产生。在一系列事件不断展开的当下，心智就是永不停歇、始终涌现的能量和信息流的加工过程。

【热点解读】

追求优秀比追求成功更靠谱

一个一直颇有争议的话题：人这一生，到底是选择重要还是努力更为重要？

有人说，选择重要，只要找对风口，猪都能飞上天。有人说，努力更重要，没有努力，就算天上掉馅饼，你也未必能接住。

努力是选择的基础，当下所有的努力，都在为以后的选择铺路。人生本质上是一个价值积累的过程，明智之人都愿意下笨功夫。

稻盛和夫先生告诉人们，成功的法则就是持续精进，付出不亚于任何一个人的努力，秉持利他精神，这样才能成为一个真正的成功者。

“精进”二字出自佛教，是“勤劳、勤奋、努力、向上向善”的意思。也就是，平凡的人要想变得非凡，就必须重视每日的积累。

那些专注于某一领域，全身心投入，精益求精，一丝不苟，数十年如一日，把技艺转化于自己的人格，把人格融化于自己技艺中的人，就是源于精进。

比如李小龙就是这样一位武术精进的明星。他是武术搏击史上最杰出的搏击家之一。回顾他的一生，看似神奇的背后，其实是有章可循的。

在成名之前，他完成了成千上万小时的深度练习。即使背部受伤，也依旧坚持不懈地训练，磨炼自己，日复一日，周而复始。

他曾说：“我不怕遇到练习过一万种腿法的对手，但害怕遇到只将一种腿法练习一万次的强敌。”

因此，精进就是每天重复同样的事情，今天胜过昨天，明天胜过今天，后天胜过明天，每天进步一点点，日积月累，时间长了就会与他人拉开巨大的差距。

大多数人把目标设定在成功上，但成功往往是小概率事件。哥伦比亚大学商学院教授迈克尔·莫布森在《实力、运气与成功》一书中提出了一个公式：

成功 = 实力 + 运气

我们所经历的许多事情都是运气和实力的结合。有时，成功更多地依赖于实力；有时，成功更多地依赖于运气。我们要警惕头脑中的“认知归因偏差”，在面对成功时，尤其是发生在自己身上时，我们常常会低估运气的作用，总是倾向于认为成功源自于自己的强大。

我们建议把追求优秀作为目标，优秀比成功更重要。

优秀 = 自由的头脑 + 丰富的心灵 + 强大的实力

自由的头脑，意味着能正确地认知这个世界；

丰富的心灵，指的是能敏锐地感知这个世界，并与周围的人、事、物构建和谐的关系；

强大的实力，体现在通过持续不断的实践来达成设定的目标。

由上述两个公式可知，成功不完全是我们所能支配的，但是，认知、智慧和实力却是我们可以实实在在把握的东西。

因此，若将目标设定为成功，可能会欲速则不达；而将目标设定为优秀，则能让我们掌握自己的人生，成功只是优秀的副产品。

心智成长的调节机制

“心智究竟在哪里呢？”我们可以说，它的调节作用体现在神经系统和人际关系之中。神经系统和人际关系的互动过程，也同样决定了人们在生理方面和关系框架中的心智表现。心智的成长，至少需要通过人类生活中的这两个方面才能得以实现。

西格尔提出“心智、大脑和人际关系”是不可分离的三个基本元素，它们是“一个真相的三个不同层面”，就像一枚硬币存在正反两面一样，它们就是能量信息流的三个不同层面。它们在这个系统中共同负责调节机制、生理机能表现，并且互相分享能量信息流。

心智调节着能量信息流，同时也通过大脑神经机制分享人际间的经验信息，再把信息传递到身体的各个神经系统。我们只有了解了心智的调节机制，才能更深入地理解心智的发展是如何伴随着大脑结构的改变和经年累月的人际关系互动而发生的。

心智、大脑和人际关系这三个方面能否灵活整合为某种模式，与人们的健康状况息息相关。健康的生活模式涉及整合神经系统和人际关系的能量信息流，而整合的组织原则是通过人际间的分享、大脑的神经机制以及心智的调节来实现连接能量信息流的途径的。

【热点解读】

认知重评与“负面偏好”

认知重评是心理学家阿伦·艾利森提出的概念，他认为个体的情绪和情感反应是由其对事物的认知评价所决定的。

如果个体能够通过重新评估和改变对某个事物的认知，就能够改变对该事物的情感反应。

哈佛大学有一个很著名的心理学实验——“看不见的大猩猩”。

参与者被要求观看一段录像，内容是两组人员传递篮球。参与者被要求记录其中一组人传递的次数。在这个过程中，有一位身着大猩猩服装的女士穿过篮球场。

观看完视频后，参与者被问到画面上是否发生了不同寻常的事情。结果，大部分人都没有注意到身着大猩猩服装的女士曾在镜头前和大家挥手。

究竟是什么原因导致了这一种现象呢？原因在于我们的注意力是有限的。在一段时间内，我们的大脑只能处理一定量的信息。

实际上，每一秒我们的眼睛都会接收到数以万计的信息，而大脑只能处理其中很少的一部分，所以我们无法注意到所有映入眼帘的事物。

当面对大量的信息时，大脑会选出它认为“重要”的或者我们有意识地去关注的信息。

因此，在这个过程中，我们的思想也无法提供一个完整、精确的现实表述。因为大脑不得不去过滤信息，所以最后留下的是并不完整的观点，仅代表一部分信息。

大多数情况下，那些被过滤掉的信息并没有什么用，所以我们看到的图像都是基本接近于现实的。

但有时候，我们的大脑会给我们呈现出一个扭曲的现实。这种扭曲的现

实总是呈现出消极的一面，这是因为我们的大脑倾向于专注危险的事情，它们认为重要的往往是负面信息。这种现象在心理学上被称为“负面偏好”。

当你的脑海中不断浮现那些消极信息时，不妨提醒自己，我们可能并没有接收到一个完整的现实反馈。

你的大脑可能一直在遵循其负面偏好，导致那些积极的方面甚至整个事实真相都可能被忽略了。

认知心理学家史蒂文·海斯建议，我们可以把消极思想当成街角墙上的涂鸦。纵使看到这些丑陋的涂鸦，也不代表着你是一个丑陋的人。

想象自己漫步在思维之路上，忽然，你察觉到了一个消极的想法，不妨把它当成街角墙上的涂鸦。是的，它仅仅是乱涂乱画而已，这并不意味着你就是这样的人。

你也可以把人的思维看作大脑皮层表面的电流火花。事实上，人们的思想并没有什么具体的形态，它们只是游走在大脑中的电脉冲。

在意识到自己并非所有的思想都有价值之后，你可以尝试运用认知重评来降低负面想法对你的影响。让我们构想一个生活场景，并尝试运用认知重评：

一个周一的早上8:00点，你正准备开车去参加一个重要的会议。会议上，你要做一个30分钟左右的演讲，这将关系到你未来的职业发展。

此刻，你很冷静，专注地开车。忽然，一辆黑色的大车冲到了你的前方，并占据了你的车道。你立刻踩下刹车，双手紧握方向盘，心脏怦怦直跳。

这辆车变道不但不打转向灯，而且车速忽快忽慢，几乎导致你追尾。忽然，它又驶离你的车道，迫使你右边的车辆紧急刹车。

你心里暗骂：“真是个蠢货！”这一刻，你内心充满了愤怒。

此刻，你的身体有何感受呢？身体的应激反应让你心跳加速、肌肉紧张、压力激素水平上升，你的心中充满压力和愤怒。

你知道，自己必须尽快平静下来，否则接下来的演讲可能会被搞砸。然而，时间紧迫，你始终无法将那个蠢货司机赶出脑海。

一旦我们陷入紧张的应激状态，再想平静下来就很难。

愤怒是最难以驱赶的情绪之一，这就是为什么早晨的大堵车会让我们接下来的数小时甚至一整天的心情都很糟糕。如果你只打算简单地压制愤怒，结果可能会适得其反。

当人们试图从主观上去压制自己的情绪时，心理状态其实并没有发生改变，心血管系统和大脑仍然保持着偏高的应激反应状态。

但是，如果你知道刚才的那个鲁莽的司机其实是一个焦虑的妈妈，她的宝宝在后座上要窒息了，她正想着停下车来救孩子的性命呢？

这样的情况是否能减轻你的愤怒情绪？对大多数人来说，这的确会。

重塑自己的认知就是改变自己对已经发生的事情的看法，心理学上称之为“认知重评”。这一过程能在很大程度上减轻我们的大脑压力。

斯坦福大学进行的功能性核磁共振研究表明，改变对事情的看法会大大释放我们的心理压力，这种方法比压制或忽略情绪更为有益。

在大多数情况下，我们并不知道他人的行为动机，所以我们可以选择那些对我们有利的动机解释方式，这有助于减轻消极心理，让我们的心理状态恢复平静。

外在联结的人际洞察力

洞察力是一种深入事物或问题核心的能力，是人通过表面现象精确判断出内在本质的认识能力，这种能力又可以细分为对人的观察能力和对事的观察能力两种。

人际洞察力是个体在人际交往中，对他人情感、动机、需求和意图的敏锐感知和理解能力。它涵盖了对他人的非言语行为、情感表达、社交信号等细节的观察和分析，以及根据这些信息推断他人内心世界的能力。

事物洞察力是对事物的本质及其发展变化趋势的认识和把握能力。面对组织内外部环境不断变化的情况，能够做出适应环境变化的正确决策。能够从细微的事件或变化中发现事物的本质特征或发展趋势，从而做出正确的判断和决策。

“人心惟危，道心惟微；惟精惟一，允执厥中。”这十六个字构成了儒学乃至中国文化中著名的“十六字心传”。

据传，这十六个字源于尧舜禹禅让的故事。当尧把帝位传给舜，以及舜把帝位传给禹时，他们所托付的是天下与百姓的重任，是华夏文明的火种；而他们谆谆嘱咐、代代相传的，便是以“心”为主题的这十六个汉字。可见其中寓意深刻，意义非凡。

通俗点说，人际洞察力讲的是“人情世故”，是“对事物与人性”的洞察，是“待人处事”的智慧，是“细致入微”的洞察力，是“察言观色”的能力。在人际交往中，这种能力发挥着至关重要的作用，有助于建立良好的人际关系。

古代圣贤识人智慧

古代圣贤最乐于称道的，莫过于称赞耳聪目明；耳聪目明之所以可贵，莫不在于知人识智；因为只有知人识智，才能人尽其才，才为我用；各种事业才能蒸蒸日上，兴旺发达。

要洞悉一个人的本质，不仅需要巧妙试探，还要懂得从细节入手，旁敲侧击，明察秋毫，才能看清此人的真实面目。中国的古圣先贤有很多识人的智慧。

孔子、孟子识人

孔子在识人时首先“视其所以”，即初步观察一个人做的事是善事还是坏事，这是最基本的判断。其次，“观其所由”，审视一个人做事的行为和动机。最后，“察其所安”，考察一个人的追求，看他心里是否在追求善。孟子在识人方面认为：

存乎人者，莫良于眸子。眸子不能掩其恶。胸中正，则眸子瞭焉；胸中不正，则眸子眊焉。听其言也，观其眸子，人焉廋哉？（出自《孟子·离娄上》）

相较于孔子所讲的识人方法，孟子的方法显得更为简单易操作：只要观察一个人的眼神，听听他所说的话就可以。

对于如何分辨，孟子说：若一个人内心正直，那么他的眼神就明亮；相反，若心术不正，则眼神昏暗。孟子的这一观点和我们常说的“眼睛不会说谎”是一个意思。

庄子观人九法

《庄子·列御寇》曰：“远使之而观其忠，近使之而观其敬，烦使之而观其能，猝然问焉而观其知，急与之期而观其信，委之以财而观其仁，告之以危而观其节，醉之以酒而观其则，杂之以处而观其色。”

意思是说，考察一个人可有九种方法：

一是派遣他去远处工作，在无人监督的环境下观察他的行动，可判断他是否忠诚。君子慎独，君子在无人监督的环境下亦能坚守原则，而小人一旦无人监督就会肆意妄为。

二是安排他在身边工作，天天与领导共处，便于考察他是否恭敬。修养差的人一旦和领导混熟，就失去了恭敬之心，对上司和周围的人轻慢无礼。

三是在复杂情况下派他去处理难办的事，可评估他的能力。日常事务人人皆可完成，烦琐有难度的任务才能考验一个人的能力。

四是突然向他提出问题，考察他的知识是否渊博，反应是否机智、敏捷。平常按部就班、四平八稳的工作流程难以显示一个人是否具有真才实学，只有猝不及防地提出问题，看看他的反应，其知识储备才能一目了然。

五是在紧急的情况下和他相约，看他是否守信。平时人们都会信誓旦旦，很难看出是否真正守信，只有在情况紧急、需要付出较大代价并在规定时间到达指定地点时，才能检验其是否真正守信用，是否值得信赖。

六是放手让他掌管钱财，考察他是否贪财。当一个人无法接近财物时，都可以标榜自己为清廉之士，只有在接近钱财时，才能检验他会不会损公肥私。

七是告诉他危险的处境，观察其节操，看看他到底是否能冷静应对。

八是考察他醉酒时是否能克制自己，按原则、礼义做事。

九是考察其是否好色，是否尊重恋爱和婚姻的道德规范。

庄子从忠诚、敬慎、能力、智识、信誉、廉洁、节操、仪态、人际关系等九个维度提出了一套遴选人才的方法。

吕氏八观六验识人

《吕氏春秋》曰："通则观其所礼，贵则观其所进，富则观其所养，听则观其所行，近则观其所好，习则观其所言，穷则观其所不受，贱则观其所不为。"

"喜之以验其守，乐之以验其僻，怒之以验其节，惧之以验其持，哀之以验其仁，苦之以验其志。八观六验，此贤主之所以论人也。"

八观六验大致的意思如下：

八观：若他显达，就看他礼遇什么人；若他尊贵，就看他推荐什么人；若他富有，就看他所养门客是什么人；若他听言，就看他采纳什么意见；若他闲居，就看他喜好什么；若他在日常生活中，就看他言行是什么；若他困窘，就看他是否拒绝不义之财；若他贫贱，就看他是否坚持底线不做卑劣之事。

六验：让他不义之财，以检验其节操；使他享乐，以检验其有无邪念；激他发怒，以检验其节制能力；使他惧怕，以检验其是否保持定力；引他悲哀，以检验其仁爱之心；置他于困苦，以检验其意志。

赵蕤八察六论识人

唐代赵蕤《长短经》（又称《反经》）的知人八察：

知此士者而有术焉：微察问之，以观其辞；穷之以辞，以观其变；与之间谋，以观其诚；明白显问，以观其德；远使以财，以观其廉；试之以色，以观其贞；告之以难，以观其勇；醉之以酒，以观其态。

赵蕤识人八察的大致涵义是：

要了解一个人的表达能力，就要从细微处观察，并向他提出问题；连连追问直至对方无言以对，可以观察一个人的应变能力；与一个人背地里做谋划或进行离间，可以观察他是否诚实；光明正大地提问，可以观察一个人的品德；让一个人携带钱财外出办事，可以观察他是否廉洁；用女色试探，可以观察一个人是否坚贞；告知一个人事情的艰难，可以观察他是否勇敢；让一个人喝醉了酒，可以观察他是否有定力，举止不失态。

赵蕤识人六论：观诚、听气、察色、考志、测隐、揆德。

观诚——观察一个人的外貌是否与其内心相符。

听气——听其声音，判断其心性是否与其外在气色一致。

察色——观察其内在与外表是否相符。

考志——通过言谈考察其志向所在。

测隐——通过言谈举止推测其隐藏的不良行为。

揆德——通过言谈举止检验其高尚品德和美好情操。

《冰鉴》九征识人

曾国藩与李鸿章、左宗棠、张之洞并称为“晚清中兴四大名臣”，但曾国藩最大的本事不是像左宗棠那样会打仗，而是会识人和用人。

“多躁者必无沉毅之识，多畏者必无卓越之见，多欲者必无慷慨之节，多言者必无质实之心，多勇者必无文学之雅。”

曾国藩的识人术如“邪正看眼鼻，真假看嘴唇；功名看气概，富贵看精神；主意看指爪，风波看脚筋；若要看条理，全在语言中”等等。

曾国藩说做人做事：“端庄厚重是贵相，谦卑含容是贵相；事有归着是富相，心存济物是富相。”

一是观神识人

神平则质平，神邪则质邪。一个人的心性品质，集中体现在面部，尤其两只眼睛里。

眼神平和端庄，表明道德高尚，忠心耿耿，意志坚定；眼神侵邪偏狭，表明品格卑下，心怀邪念，见异思迁。神正其人正，神邪其人奸。

二是观精识人

精惠则智明，精浊则智暗。精，是一个人才智能力在气质上的外部表现。精，条达明畅，则聪明敏慧；精，粗疏暗昧，则愚钝鲁笨。

三是观筋识人

筋劲则势勇，筋弱则势怯。筋，是一个人力量的基础。筋强劲，其人势勇，行事大胆洒脱；筋软弱，其人势怯，行事唯唯诺诺，无甚主见。

四是观骨识人

观察一个人的骨骼，能识辨其强弱。骨健，其人强壮；骨弱，其人柔弱。筋和骨经常联系在一起，来考察一个人的力量和勇怯。

五是观气识人

气盛决于躁，气中决于静。沉得住气，临危不乱，可担大任；浮躁不安，毛手毛脚，办事不牢。

底气足，干劲足，做事注意力集中，且持久；底气虚，精神涣散，半途而废。

六是观色识人

温柔诚仁，矜奋诚勇，明达诚智。色，是一个人情绪的表现，是一个人气质、个性、品格、学识、修养、阅历、生活等因素的综合表现。

温和柔顺之色，其人仁善厚道；亢奋刚毅之色，其人勇敢顽强；明朗豁达之色，其人睿智慧哲。

七是观仪识人

亮直劲固，休决进猛，平理安闲。通过一个人的仪表，能发现其素质好坏，修养高低。

仪态坚定端庄，耿介忠直；仪态威猛豪迈，果敢决断；仪态安详娴静，坦荡无私；仪态邪顽，畏缩卑琐。

八是观容识人

直容矫行，休容业跄，德容颙卬。一个人的内心活动，必然会在容止上有所表现。

容止庄猛，勇武刚健；容止沉稳，谨慎有节；容止圣端，肃静威严。

九是观言识人

心恕则言缓，心褊则言急。言为心声，言语是思想的表现，是判断一个人性情才能的重要方面。

说话平缓，性情柔顺和祥；说话直快爽捷，性情急躁。

心理过程洞察：第七感

丹尼尔·西格尔曾把人的内在心理世界比作一片深海，那里奇妙而丰富，充满了希望、想法、感情和心愿，但那里也是混沌和动荡的，因为所有积极情绪的黑暗面也都在那里。

稍有不慎，这些负面情绪就会把我们淹没。我们可能突然感到莫名的情绪低落，也可能因为一些琐事而变得神经紧张，甚至说出一些伤害自己、伤害爱人的话，也可能做出一些伤人的事。

健康的人应当具备五种基本的感觉系统：视觉、听觉、触觉、味觉、嗅觉。此外，很多人还拥有第六感，不同于科幻片中的第六感那么神奇，实际上，第六感只是人类普遍存在的心理反馈系统而已。

洞悉自我内心的能力

如果说其他心理六感的主要功能是对外部世界的感知，那么第七感的主要功能便是对自我和他人的感知，这是一种向内延伸的心理过程。西格尔将这种自我感知能力称为“第七感”。

第七感就是指心理、大脑和人际关系的大联结。

当第七感发生作用时，我们的心里会感知自己和他人的情绪和感受，并将这些信息传递给大脑。大脑读取之后，我们便能以一种理性、置身事外的视角来看待自己的情绪，然后接纳情绪，转化情绪。

此外，第七感还能帮我们敏锐地察觉到他人的情绪和感受，这不仅加深了对自己的了解，也增进了对他人的理解。

当双方都在感知并接受对方的联结信号之后，双方的情感便产生了关联，共情随之产生，进而促进更多的交流。

这种联结对于人来说非常重要，因为从这种联结中，人们可以感受到爱，感受到幸福，并使人际关系进入良性循环。

心理学家认为：一个完全激活第七感的人，会将看待世界的注意力从表象转移到内在，这样的人会更加理智，也会更清楚地认识到自身的行为。

第七感就像一个清晰的镜头，能帮助我们看清楚并感知到自己的心理活动，从而提升驾驭自己心理的能力。

心理是监控与调节的过程

心理调节功能创造了能量流与信息流的新模式，使我们得以继续监控并调节它们，这一过程正是主观生活体验的本质。

你也许想知道心理监控并调节的东西到底是什么，它就是能量与信息在时间维度上的流动。心理观察着信息流、能量流，然后调节这些流的特征、模式和方向。

每个人都拥有独特的心理，它调节着我们内在的能量流与信息流，同时也让我们与其他心理共享着这些流。我们可以学会调节这些模式，并通过认清心理来改变心理与大脑。

信息流及能量流的调节部分发生在我们的身体中。我们通常认为心理活动发生在大脑的神经回路和突触中，其实它也发生在遍布全身的神经系统中。这些神经系统监控并影响着流经心脏、肠道的信息流和能量流，甚至影响着免疫系统的互动。

心理也是人际关系的一个过程。能量与信息在人与人之间流动，并通过共享交换被监控与调整。

当我们坐在同一个房间里时，彼此间便会交换各种各样的信号，分享各种象征，这种交换与分享不仅可以通过语言来表达，也可以通过眼神、面部表情、语调、姿态、手势等非语言的形式来交流。

人际关系是我们分享信息流、能量流的通路，而这种分享也在一定程度上影响了这些流的调节方式。心理是在人际关系中被创造出来的，包括我们与自己的关系。

心理比大脑更广博，它沉浸于人际关系之中，孕育着无限的可能性。然而，这个构成生活体验的主观核心，不仅不能被我们掌握，而且即使是最精密的仪器，也拍不出它的影像。如果我们只关注物质领域，就很容易忽视心理。

拥有第七感，我们便能感知并理解位于生活中心的调节机制（心理）、分享机制（人际关系），以及起中介作用的神经机制（大脑）。

“我们的生活”意味着你的生活和我的生活。第七感消除了分隔我们的表面界限，使我们认识到，我们都是相互联结的流的一部分，都是更广阔整体的一部分。

一旦将心理、大脑和人际关系看成现实的三个基本维度，也是信息流、能量流的各个层面，我们便能以真正全新的视角来看待人类的体验。

幸福三角形：心理、大脑、人际关系

我们任何人要实现人生幸福，都可以从以下三个维度切入：

心理：相信没有人会怀疑，其实幸福主要来源于我们的心理，因为幸福本身是一种感觉，而这种感觉就是一种心理状态。

大脑：越来越多的研究发现，很多的心理问题其实都有大脑的原因（这里所指的大脑涵盖了整个神经系统）。大脑出现问题，会影响心理；反过来，如果心理有问题，久而久之也会在物理上改变大脑的结构。

人际关系：人际关系与神经系统及心理是息息相关、互为因果的。正如哈佛大学长达 76 年的追踪实验得出的结果，人生幸福最重要的因素是人际关系。而西格尔博士的研究更是将人际关系与心理和大脑紧密联系起来，并给出了非常明确的解决方案，让我们离幸福又近了一步。

综上所述，在西格尔博士看来，要获得人生幸福，必须整合好心理、大脑及人际关系这个黄金三角形，缺一不可。只有将这三者相互联结，我们才有可能获得真正的幸福。

反思三脚架：开放、观察和客观

第七感的核心是反思，而开放、观察、客观是反思的关键要素。

开放：保持接纳的态度，不执着于“事情应该如何”，放下预期，接受事物本来的样子，而不是“我们想要的样子”。

观察：经历一个事件时，观察自我感知的能力。它帮助我们摆脱自动化和习

惯性的反应，让我们看到更完整的事件背景，从而寻找更好的方法改变，而不是依赖本能的反应。

客观：它告诉我们，尽管我们拥有自己的情绪，但可以不被这些情绪所左右。这些情绪并不是我们本身，不能完全代表我们。

丹尼尔·西格尔把反思的三部分比喻成摄影的三脚架，而第七感是镜头。只有当三脚架平稳的时候，第七感的镜头才能清晰。只有通过客观地观察自己的行为，我们才能获得更深刻的理解，制定出最优的解决方案，并在未来付诸实践。

人格洞察：潜意识

弗洛伊德把心理活动划分为三个层次，提出了意识、前意识和潜意识的概念。潜意识是弗洛伊德提出的心理学术语。

潜意识是在人类生命历程中已经发生但目前未被觉察到的心理活动，是那些"已经发生但并未达到意识状态的心理活动过程"。它与意识共同构成了人类所有的心理活动或认知活动。

冰山下面隐藏的秘密

弗洛伊德将潜意识划分为前意识和无意识两个部分，有时也被译为前意识和潜意识。在弗洛伊德的心理学理论中，无意识、前意识和意识虽是三个不同的层次，但它们之间又是相互联系的，形成了一个系统结构。

弗洛伊德将这种结构作了一个比喻：无意识系统是一个门厅，各种心理冲动就像许多个体，相互拥挤在一起。与门厅相连的第二个房间像一个接待室，意识就停留于此。门厅和接待室之间的门口有一个守卫，他负责检查各种心理冲动，对于那些他不赞同的冲动，他就阻止它们进入接待室。那些被允许进入接待室的冲动，就进入了前意识的系统，一旦它们引起意识的注意，就转变成了意识。

他将潜意识分为两种："一种是潜伏的但能转化为有意识的"潜意识，即前意识；"另一种是被压抑的且不能用通常的方法使之转化为有意识的"潜意识，即无意识。

弗洛伊德借用费希纳的冰山类比理论，认为人的精神结构如同一座冰山。这座冰山分为三层，最上层浮在水面上的是意识，只占冰山的山尖；冰山的下层占了冰山的大部分的是无意识，也就是人的意识其实是作为个体的人的本质。

弗洛伊德所指的冰山，其实还是指个人无意识。他的学生荣格在此基础上对无意识做了扩展，把无意识的范围从个人拓展到了集体。荣格还对集体无意识做了一个比喻："高出水面的一些小岛，代表一些人的个体意识的觉醒部分，也就是个人的意识部分；由于潮汐运动才露出来的水面下的陆地部分，代表个体的个人无意识；所有的岛最终以之为基地的海床，就是集体无意识。"

潜意识往往是真实的想法

心理学上认为，人绝大多数的行为和决定由潜意识控制。我们日常的思想、行为和决策——这些"有意识"的念头，只占了5%，而其余95%都是不为我们所知的潜意识所主导。

意识和潜意识之间存在着一种很微妙的关系。一旦我们了解和掌握了它们之间的运行规律，我们就可以有效地去配合它、使用它，从而发挥个人的最大效用，为我们的工作和生活服务。

第一种情况：意识和潜意识互相配合、互相制约。

一般情况下，意识服从潜意识，潜意识配合意识。

以举重比赛为例：一名举重运动员决心打破自己的纪录，他会有意识地设定这次举重的重量是多少。这时，他的潜意识会调整身体状态去实现这个目标。

当他一鼓作气把重量举起时，他感到有些勉强，他的意识便会思考：要不要坚持下去。如果选择放弃，潜意识会迅速调整身体状态，则双手无力支撑，把重量放下；如果选择坚持，潜意识会调动身体发挥更大的力量。

我们经常看到运动员深吸一口气或者大吼一声以提振精神。如果重量确实超出了他的极限，潜意识为了保护他，会向身体各部位发出放弃的指令，通常表现为手和腿发抖，随后意识决定放下重量。

当一个人的意识与潜意识处于一个完全和谐合拍、共鸣共振的状态时，也就是我们常说的“身心合一”的状态时，我们蕴藏的内在力量才能够更有效地发挥出来，为人生创造出更多的成功、快乐。

第二种情况：意识和潜意识发生冲突。

在某些情况下，意识和潜意识也会发生冲突，这个时候确实会让我们感到痛苦和困惑。相信每个人都有过这样的经历。

例如在商场购物时，潜意识可能会被那些打折促销的商品所吸引，让我们产生强烈的购买欲望。然而，我们的意识，也就是理性思考的部分，会促使我们考虑是否真的需要这件商品，或者是否有足够的预算去购买。这种冲突会让我们感到左右为难，难以做出选择。

这种意识和潜意识之间的冲突，往往会导致我们情绪失控，做出一些不理智的行为。要解决这种冲突，我们需要更深入地理解和掌控自己的潜意识。

例如你想减肥，但一看到想要吃的烤鸡翅、薯片、薯条、炸鸡、烧烤、红烧肉、火锅等食物，就控制不住了。吃完后又想着要减肥。

边吃边有罪恶感，叹息又增肥了。你开始怀疑自己这辈子也不可能减肥了。你明白成功需要坚持，但总是遇到困难就放弃了。

你的意识想为成功坚持，而你的潜意识不想坚持，想放弃。

焦虑的产生，往往是由于潜意识里的心理需求与意识层面的自我要求产生了冲突，于是便导致了我们内心的挣扎和痛苦。

我们内心的纠结、彷徨、痛苦，往往源于潜意识和意识之间的冲突。只有当意识和潜意识之间没有敌意时，人才能行动起来。

通过深入思考和自我反省，我们可以逐渐认识到自己的潜意识中隐藏的需求和欲望，从而更好地调整自己的行为和态度。同时，我们也需要学会控制自己的情绪，不要让负面情绪占据主导地位，影响我们的决策和行动。

记住，意识和潜意识都是我们自身的一部分，我们需要通过平衡和协调它们之间的关系，以实现更好的自我控制和成长。

【热点解读】

潜意识操纵着你的命运

大部分人在日常生活中只是展示了他很小的一部分意识而已。人本身的能量，都来自无意识，也就是我们上文提到的潜意识。

一个人的精神活动，一部分在意识状态下进行，即我们每天可以觉察到的，但大部分却在不知不觉中进行，即在无意识状态下进行。因此，我们经常会做出连自己也不能理解和控制的行为。

弗洛伊德著名的冰山理论这样解释：人每日能够觉察到的意识只是水面上看到的冰山一角，而巨大的不被觉察和体会的无意识，则深藏在水面下。如果不去努力探寻，是不为人所知的。因此，从心理学角度讲，当我们开始开发内心深处的那座冰山时，生活就会发生变化。

弗洛伊德认为潜意识是“危险地带”，其中隐匿着邪恶，它会诱使人们屈从于原始的欲望并回到野蛮状态。

心理学家荣格则持有不同的看法，认为潜意识蕴藏着智慧，包含了许多理性所无法触及的元素，甚至承载着人类的集体智慧。

荣格甚至提出：“你的潜意识正在操控你的人生，而你却称之为命运。一旦潜意识被觉知、被意识化，命运就被改写了。”

越能理解并激发潜意识，使潜意识与意识趋于一致，身体释放的能量就越大，对命运的掌控力就越强，从而实现逆天改命，开启人生的蜕变之路。

我们来看一个潜意识作用的例子：

在20世纪70年代，美国加利福尼亚大学的一位年轻助理教授在自动提款机取钱时遭遇了抢劫。由于当时太过紧张，她未能记住抢劫者的容貌，因此未能成功报警。然而，不久之后，她开始对自己的一名研究生产生了难以解释的强烈反感。这名研究生体形较胖，头发及肩，喜欢穿破洞裤，等等。她试图解释自己的情感是因为这名研究生喜欢吃加洋葱的汉堡，身上有一种难闻的气味。后来，当警察抓到了几名抢劫犯，并请她去辨认嫌犯时，她立刻指认出了那个抢劫者——因为他的外貌与她一开始所描述的研究生极为相似，包括胖胖的身材、长发及肩以及穿着破洞裤。

这个例子展示了潜意识在发挥作用：助理教授潜意识里其实记住了罪犯的样子，并发出了信息——让她开始讨厌那个样子与罪犯相似的研究生。

在这个例子中，潜意识在发挥作用的时候，实际上我们的意识并不知道究竟发生了什么。

许多信息早已被潜意识察觉到，但我们的意识一无所知。例如，当你第一次与某人相遇时，可能会感到微妙的不适，但很快你会展现出礼貌的微笑。

这表明潜意识已经捕捉到了一些不太好的信息，但这个过程稍纵即逝，我们的意识通常察觉不到。

相反，我们的思维可能会提供一系列的分析和理由，试图说服自己去接受对方，但结果常常与我们的期望相悖。

情结洞察：修通心灵

心理学家荣格认为，情结是“无意识之中的一个结”。“情结”是深藏心底的感情、心中的感情纠葛，情结是通往无意识的可靠路径。

了解情结的深意

“情结”是一个心理学术语，指的是一群被压制的无意识组合，或是一种藏在一个人神秘心理状态中的强烈而无意识的冲动。

情结突出表现为特别偏好或仇恨某种类型的人或事件、某个地方的人或事件等。情结虽然不等同于潜意识，但是情结的产生却是潜意识的一种表达。

情结有一些是先天形成的，每个人或多或少都有，比如“恋母情结”；也有后天因素，与个人特定的经历有关，比如“助人情结”。

实际上，情结在我们的生活中无处不在。例如，有的人会因为自己的内心情结而选择职业，比如做一名军人，可能最初的原因是家乡发大水，而自己被军人所救，从而对军人产生敬仰之情结，最后走上从军之路。

在爱情中也有人只对某一种类型的女性产生爱意，原因有很多，一种可能是他的初恋情结在起作用，让他总是在寻找初恋情人的影子。

荣格派理论认为，情结总能对人的心理和行为产生极具感情强度的影响，甚至起到“主导性”的作用。强烈的爱或恨、快乐或伤心、感激或愤怒等情绪，总是会伴随着情结的触及而发作，而这个时候，我们往往已经不能再理智地表现本来的自己，而是完全被情结所占据与控制。

从这个角度来看，情结类似于一种心理本能，一旦触发，就会按照它固有的规律自动行事。因此，受某种情结所困的人，往往会表现出由那种情结所支配的心理与行为。

情结是心理能量的郁结，情结是一种人格形状，情结是未竟的愿望，情结是扭曲的认知，情结是天性的流露，情结是记忆的驿站。

一般来说，情结藏在潜意识的深层，通过专业的解析，可以将其提升到人格的表层，从而实现有效的认知和化解，这一过程被称为修通。

常见的 10 种心理情结

这里向大家介绍 10 种常见的心理情结。

一是“恋母情结”

恋母情结又称俄狄浦斯情结，是由弗洛伊德提出的一种人类共有的本能冲动情结。它是常见于男性的一种心理倾向，就是无论到什么年纪，总是服从和依恋母亲。

男孩与父母之间形成了最基本的人际关系，这种人际关系可以用“恋母仿父”来概括。父母相爱，男孩模仿父亲，他就会越来越爱母亲；为了获得母亲的欢心，就必须让自己越来越像父亲。

这是最基本的人际关系，也是最早形成的人际关系，长大以后的各种人际关系都不同程度地受恋母情结的影响。

随着年龄的增长，恋母情结的对象渐渐年轻化，终于被同龄人所取代。此时，正常的男性会开始与同龄的异性相爱。

二是“恋父情结”

恋父情结又称“厄勒克特拉情结”，指女孩亲父反母的复杂情感，弗洛伊德以此来命名恋父情结。简单来说，是指人的一种心理倾向，喜欢和父亲在一起的感觉。

在寻找恋人的时候会无意或有意地选择具有和自己父亲相似性格特征的人。需要明确的是，恋父情结并非爱情，而更多源于对父亲的欣赏、敬佩或者依赖。

这是一种广泛存在的社会现象，女孩、男孩都可能有恋父情结，而且大部分人多多少少都会在某一年龄段有恋父情结。

三是“未完成情结”

未完成情结又称“蔡格尼克效应”，是由德国心理学家蔡格尼克在一项记忆实验中发现的一种心理现象。人们天生就有一种办事有始有终的驱动力，而人们之所以会忘记已经完成的工作，是因为欲完成的动机已经得到满足；相反，如果工作尚未完成，这种未满足的动机则会让人对此留下深刻记忆。

相信这样的电视剧桥段你不会陌生：某男子偶遇20年前的恋人，虽然该男子早已结婚生子，但对方却一直对他念念不忘，不仅没有结婚，还为他生下女儿并独自抚养长大……旧情人到底有什么魅力，让许多人念念不忘呢？之所以会出现这种情况，很大程度上归因于“未完成情结”。

四是“约拿情结”

“约拿情结”是美国著名心理学家马斯洛提出的一个心理学名词。简单来说，就是在机遇面前自我逃避、退后畏缩的成长恐惧心理。

“约拿”是圣经旧约里面的一个人物。具有“约拿情结”的人，内心深处存在着某种矛盾冲突，正是这种矛盾冲突阻碍了他们对成功和成长的追求。这些内在的冲突有时候可以被意识到，但更多时候，它们被压抑在无意识当中。

其代表的是一种机遇面前自我逃避、退后畏缩的心理，是一种情绪状态，并导致我们不敢去做自己能做得很好的事情，甚至逃避发掘自身的潜力。在日常生活中，“约拿情结”可能表现为缺乏进取心。

五是“优越情结”

奥地利心理学家阿尔弗雷德·阿德勒，深受叔本华唯意志论哲学的影响，他认为人的一切行动都是受追求优越的向上意志所支配的，人类行为的根本动力就是追求优越。

这种追求优越的根源是什么？阿德勒认为追求优越是先天的，一种与生俱来的本能。追求优越表现为：羡慕别人、征服别人、胜过别人。

追求优越与自卑感一样，具有两重性。一方面，它可以激励人们去追求更高的成就，使人的心理得到积极的成长；另一方面，过分追求个人的优越的人可能会导致忽视社会与他人的需要，从而催生“优越情结”。

具有“优越情结”的人往往表现出狂妄自大、自负自夸、轻视他人、支配他人。这样的人难以与他人相处，最终可能因缺乏社会支持而遭遇失败。

六是“自卑情结”

“自卑情结”源于个体的自卑感，但其影响更深远。具有“自卑情结”的人会在很多方面、很多时候持续地感到自卑。它更像是一个难以打破的恶性循环，最终使得个体对自我价值产生怀疑。

阿德勒将自卑分为原生自卑和次生自卑。

原生自卑产生于儿童时期，是个体在面对外部环境时体会到的不足感。这种不足感可能因为个体生长发育速度落后于同龄人，生于贫困家庭或者不当的家庭教育，等等。

次生自卑产生于个体成年之后，当个体发现自己没有能力达到自己虚构的目标或内心的标准时，便会感到自卑。引发次生自卑的可能是求职失败、学习成绩不理想等。

通常，自卑的人更容易接受他人对自己的低估评价，而不愿接受别人的高估评价。在与他人比较时，也多半喜欢拿自己的短处与他人的长处相比。越比越觉得自己不如别人，越比越泄气，自然产生自卑感。

自卑的人一般都比较敏感脆弱，经不起挫折打击。一旦遭受挫折，就很容易意志消沉，自卑感随之加剧。他们大多比较孤僻、内向，不合群，常把自己孤立起来，减少与周围人的交往。由于缺少心理沟通，心理活动容易走向片面。

七是“救世主情结”

救世主情结，是助人动机过度的一种表现，包含自以为是、客观武断、好为人师、淡化矛盾。

有此情结者，总是觉得对世界或者对某个具体的人负有强烈的使命感，认为自己必须帮助他人，使他们快乐，少受磨难。

与正常的助人行为不同，有救世主情结者总是自己幻想出他人的困难，放大他人的痛苦和需要，不惜牺牲自己来满足对方。当对方拒绝帮助时，他们会产生极大的情绪波动，但依然要去插手对方的事，试图影响对方。

八是“完美情结”

生活中有这样一类人，他们力求把每件事都做到十全十美，心中时刻怀有完美主义情结。

完美主义的根源，是幼儿式的二分法思维模式。其最根本、最简单的形式是一体两面的这样一对诉求：趋近好的，远离坏的。

幼儿的特征就是“非好即坏”的二分法思维，而所谓成人的世界就复杂辩证多了。当一个人意向通道失效，而更多地以幼年方式面对现实世界时，必然的结果就是，因为在好与坏之间进行定夺，所以在趋近与逃避之间斗争，在完美与全否之间轮换。

因为“完美”在现实中不可得，但却固执地追求完美，于是，只能以内部平衡的方式营造某种完美的假象。正因如此，完美主义者通常缺乏适时放弃的智慧。但是，当他们再也无法在现实的冲击下维持这种自欺欺人的完美假象时，他们将不可避免地滑入另一个认知极端——全盘否定一切。

完美主义表现不一：有的人不允许一根头发或一片纸屑出现在视野中，大部分时间用来清洁；有的人反复斟酌文章中的字句、标点，改来改去仍不满意，甚至为此闷闷不乐；有的人不允许一件有瑕疵的作品出现，不断修改，一直难有成果；有的人难以接受亲朋好友的一点过失，一旦出现，就会胡思乱想……

九是“自我暴露情结”

自我暴露（Self-disclosure）是社会心理学尤其是人际交往研究领域颇受人关注的问题之一。自我暴露的意思是向别人说心里话，坦率地表白自己，陈述自己，推销自己。直白地讲，就是一个人自发地、有意识地打开天窗说亮话，向别人掏心窝子，不加掩饰地表达自己，将自己重要且真实的信息透露给他人。

心理学研究认为，将真实的自我至少让一个重要的他人知道和了解，具有这种能力的人在心理上是健康的，是自我实现的个性所必需的，更是建立亲密关系的前提条件。

但是，太少的自我暴露和太多的自我暴露也会引起人际环境适应方面的一系列问题。一个从不自我暴露的人不可能与其他人建立密切且有意义的人际关系。相反，喋喋不休地向他人谈论自己的私密，也会被看作是适应不良的自我中心主义者。

社会心理学家认为，理想的模式是对少数亲密的朋友作较多的自我暴露，而对其他人作中等程度的暴露。自我暴露的定律：适当暴露，赢得知己。

十是“弃婴情结”

“弃婴情结”是一种常见的情结，和我们的自卑感有关。有“弃婴情结”的人，总感觉自己像一个无力的无法惹人喜爱的被抛弃的婴儿。

他们在和他人亲密交往时，就预感自己会被抛弃，会被甩掉。在人际交往中，他们总是很被动，认为自己对他人不重要。当他人对自己做决定时，往往选择逆来顺受，经常性地陷入一种被孤立和疏远的不安中。

这种情结一般都是后天产生的，与个人经历的创伤性事件有关。有可能在幼年家庭生活中感到不被喜爱，被抛弃，从而产生心理上的不安感；也有可能在以前的人际交往中受到过心理伤害，最后形成为了不受伤，干脆就拒绝他人，或者在关系发展到一定程度后，主动拉开彼此的距离，以保证自己安全的行为模式。

转化情结的内在能量

我们了解这么多情结有什么意义呢?

从心理学的角度来说，其目的不是要让我们消除情结，而是通过觉察，理解情结在自己心理与行为中所起的作用，以及它的触发与表现，从而降低情结的消极影响。

一旦我们理解了情结的存在及其意义，情结也就失去了影响与控制我们的能量。尽管它们不会消失，但其消极的影响会逐渐地减少。

这好比被忽视的孩子总是要通过哭闹来吸引大人的关注一样，若大人能够给予适当的照顾，那么孩子就会变得安静，就不再需要通过大哭大闹来证明自己的存在。

我们会变得对情结的触发更为敏锐，更能理解情结的内在动力，将降低情结的消极影响与转化情结的内在能量变成可能。

【心中有道】

整合是心智健康成长的核心

心智是一种具身且关系性的、自组织涌现的、同时存在于个体内部和人际之间的能量和信息流。如果心智是自组织涌现的，那么可能会出现混乱，导致心智可能出现不健康。那么，如何能优化这种自组织，让心智更健康呢?

整合可以对抗心智出现的刻板或混乱

当人处于矛盾、痛苦、绝望等负面情绪时，自组织涌现的心智会出现一种不健康状态，要么刻板，要么混乱。这两个极端都充满了哀伤，以及一种不安定且不堪重负的感觉。

当系统中有两种相互作用的过程同时发生时，理想的自组织就会出现。一种过程是系统对不同的元素进行区分，令这些元素各自独立可见；另一种过程则是系统将不同的元素联系起来。

丹尼尔·西格尔将整合理解为一个人际交往经验、健康状况和发展心智的基本的方法。将整合假定为建立心智、身体、大脑和人际关系健康的中心机制。

从科学观点来看，连接一个系统的不同元素可以使系统和谐流动。这种将区分开的元素联系起来的操作就是整合。当系统整合时，系统的运作就会表现出灵活性（Flexible）、适应性（Adaptive）、一致性（Coherent）、能量（Energetic）和稳定性（Stable），简称 FACES。

所以整合能够让心智更健康，整合后的心智带给人的感觉是：彼此联系（connected）、开放（open）、和谐（harmonious）、涌现（emergent）、善于接受（receptive）、高度投入（engaged）、全然理智（noetic）、富有激情（compassionate）、充满共情（empathic），简称 Coherence（整合一致的流）。

当个体处于混乱或刻板时，就开始了自我疗愈，这种疗愈的实质就是将不同的部分彼此联系在一起，因此疗愈来自整合。所以整合就是健康的基础，而整合受损是疾病和障碍的基础，整合受损会造成混乱或刻板。

整合处于健康和恢复的核心位置

大量的科学学科均支持整合是幸福和最佳生活的核心机制的提议。在这些实证研究中，大脑网络的检测、情感的主观经验或人们彼此之间交流的方式均是调查研究的焦点。

芭芭拉·弗雷德瑞森积极情绪的“拓展－建构”模型恰好可以用作探索源起于整合并且支持整合的内在积极状态：

拓展和建构理论描述了一部分积极情绪的形式和功能，包括欢乐、兴趣、满足等。

第一个关键主张是这些积极情绪可以扩展个人的瞬间想法——动作指令库：欢乐可以激发参加比赛的冲动，兴趣可以激发探索的冲动，满足可以激发品尝和整合的冲动，而爱可以激发在安全、亲密关系中每个冲动的循环周期。由这些积极情绪引起的扩展精神状态是相对于由许多消极情绪（例如特定行动倾向，诸如攻击或逃避）激发的狭隘精神状态而言的。

第二个关键主题关注这些扩展精神状态的结果：经过扩展个人的瞬间想法——动作指令库，无论是否通过比赛、探索或相似活动，积极情绪都能促进发现新的创造性行动、理念和社会关系，这反过来可以建立个人资源；范围从身体和智力资源到社交和心理资源。更重要的是，这些资源可以起到储备的作用，以后利用它们时可以增加成功应对和生存的可能性。

整合协作能够获得的东西远多于任何个人能够获得的，无论独自一人还是通过主导团队过程。人际整合可以增加团队智商（IQ）。

整合不仅会增加我们的智力，而且会使我们的生活更好。我们更多地进行整合，反应灵活性就会更强，也更具创造性和适应性。

随着意义和功效的增加，我们整合的生活中就会充满了积极情绪。积极情绪状态的结果是增强复原力，这也与弗雷德瑞森的观点一致：

经过一系列自陈报告、观察和纵向研究发现的复原力，相关性网络支持了复原力与积极情绪之间的关联。这种趋同的证据显示，具有复原力的人对待生活具有乐观、热情和积极的方法，对待新经历充满好奇心和开放性，并且具有高度积极情绪状态的特征……引人注意的是，具有复原力的人不仅培养自己以积极情绪去处理事情，而且还能熟练地引导其他人（例如，生活早期的看护人以及随后的同伴）的积极情绪，这会创建一个支持促进成功应对的社会环境。

如果我们把积极情绪看作是整合中的转变，那么积极情绪就能达到强化整合的目的。关于积极情绪的理论方面，我们可以从巴巴拉·弗雷德瑞森的“拓展和建构理论”中证实这一观点：

扩展和建构理论强调了积极情绪是最佳功能状态的一个必要元素。因此，它也是幸福学的重要主题。这个理论显示了如下的积极情绪：拓展了人们的注意力和思维；消除了挥之不去的消极情绪；激起心理复原力；建立重要的个人资源；朝着未来更大幸福程度迈进；播下人类繁荣之种。

当人们充满了积极情绪时，生活和事业就会一帆风顺，变得富有生产力、创造性、复原力，成熟，成为精美的综合体。拓展和建构理论告诉了大家这样一个道理：积极情绪如何使人们积极向上，如何让人们提升幸福感。

因此，整合位于积极情绪的核心位置。整合为复原力和幸福创造了基础，它让我们更深入地探索自己的神经系统和人际关系，通过能量和信息流调控整合自我。

整合的九个领域

如何整合心智的各个方面呢？西格尔在《心智的本质》中给我们呈现了 9 个领域的整合。

一是意识整合。你正在感知的和正在主观体验的经历，即我们在意识中区分"觉知的内容"（known）和"觉知的动作"（knowing），又系统地将二者联系起来。意识整合训练或许有助于你回归生活的幸福和平和。

二是左右半球整合。即将大脑的左右半球彼此区分并联系起来的方式。我们要尊重大脑的这两种加工模式，并将其联系在一起。胼胝体是连接大脑两个半球的主要途径，而正念冥想能刺激这一区域的生长。

三是垂直整合。即我们与自己的身体建立联系，以允许内在的感觉流动起来，并自下而上进入由大脑皮层控制的觉察中。这种内感觉，即感知身体内部的能力，称为第六感。基于躯体的疗法和正念训练会用到内感觉，它是垂直整合的一种重要形式。

四是记忆整合。记忆是过去事件影响未来活动的方式。即我们接收内隐记忆的不同元素，比如感知、情绪、躯体感觉、行为计划、心智模式和引导，并将其联系在一起，形成外显的事实性记忆或自传体式记忆。

五是叙事整合。叙事整合是关于如何理解我们的生活，使感觉能更清晰地被感受到。我们通过将关于生活记忆中的不同要素组织起来，以便为生活赋予意义，并在之后通过反思来提取这些意义。

六是状态整合。心智是人际互动和神经互动的凸显，与心智的多种状态有关。我们每个人都有这些状态，比如喜欢社交，又比如享受独处，它们是经过区分的存在方式，之后还可以彼此联系，接受不同的存在方式，以促进自己的内在沟通。

七是人际整合。在关系中我们尊重彼此并维持彼此的差异，同时通过礼貌、善意和富有慈悲心的沟通来促进彼此的联系。一种平衡的关系是一种整合实体。

八是时间整合。时间整合即我们如何看待生命的存在性议题。这些议题既来自我们的心智，也来自以大脑皮层为中介的对时间的感觉。在明知生命短暂的情况下，我们要如何获取内心的平静，并找到生活的意义。

九是同一性整合。这种整合涌现自我们"跨越"其他八个整合领域的自我，由此涌现出一种更宏大的、关于我们自己在生命中和整个世界中"是谁"的感受。

心智的目的，自然而然地就是整合。健康心智就是要实现心智以上九个方面的整合。有时候，我们处于刻板或混乱状态，就是因为自己的某一个整合领域受到了挑战。整合是复杂系统的自驱力，而我们可以通过相互支持来解放这种天然的驱动力，最终实现整合性的自组织。

【热点解读】

成长型思维

美国斯坦福大学著名心理学教授卡罗尔·德韦克在《终身成长》一书中提出了"成长型思维"这一概念，揭秘了人与人之间"固定型思维"和"成长型思维"的差异。

成长型思维一直坚守的都是努力大于天赋，并且坚信未来是可以靠自己的努力改变的。培养成长型思维，就等于在塑造我们的未来。

成长型思维和固定型思维的观念差别：

观念一，评价自己的角度不同

成长型思维在评价自己时比较客观，心态比较开放，相信通过不懈的努力和学习，可以实现个人的进步和成长。

固定型思维在评价自己时比较极端，非好即坏，在自大和自卑之间不断徘徊；认为努力和付出与最终的结果无关，相信结果已经注定了，无法改变。

观念二，定义成功的标准不同

成长型思维认为成功源于努力和学习，认为成功是经过不断努力提升能力后的自然结果。

对他人的成功抱有欣赏和尊重的态度，相信他人的成功是值得学习和激励的，能够促使自己不断提升和进步。

固定型思维认为成功和能力有关系，有能力就能够成功，没能力做什么事情都做不好。

对他人的成功抱有嫉妒和敌意，将其视为对自己能力的贬低，不愿意与他人合作和学习借鉴。

观念三，看待失败的意义不同

成长型思维认为失败只是某一个时间的状态，愿意迎接挑战，从失败中汲取教训，并寻求新的解决方案。

面对挑战总是跃跃欲试，而成功不过是在完成挑战时的结果。

固定型思维认为失败了就是一个失败者，是一种身份。深陷于失败之中，裹足不前，拒绝努力，更担心即便付出努力，若任务不在自己的掌控范围，仍然有可能得不到成功。

观念四，看待努力的方式不同

成长型思维欣赏天赋，更崇尚努力，认为错误的发生是自我提升的机会，知道自己的不足才能改进，即便是天才也要努力才能成功。

固定型思维认为只有无能的人才需要努力，努力只能证明你不擅长，而且因为害怕犯错误而不敢尝试。

观念五，脑波的兴奋点不同

成长型思维脑波的兴奋点是高度关注知识水平的信息，学习才是第一要务，对揭晓事物背后的机理感兴趣，好奇“为什么”。

固定型思维脑波只对反映它能力高低的反馈感兴趣，对答案比较兴奋，知道了答案后，兴奋点就消失了。

“终身成长”的内核是一种成长型心智模式。拥有这种心智模式的人，相

信自己可以通过投入热情、教育、努力和坚持来发展自己的品质和才能。他们认为，每个人都能够通过实践和体验得到改变和成长。

他们不在乎自己是否看起来聪明，而只关注能不能从中学到东西，能力能不能变得更强，自己能不能继续成长。

拥有了成长型心智模式，我们就会敢于去尝试和探索，以自身进步为标准，不断成长和超越自己，从而变得优秀，不断地去实现目标，而这正是“终身成长”的内涵。

自我进化整合与内心重构

美国企业家瑞·达利欧说：“一个人真正的成长，就是不断自我进化。”“要么进化，要么灭亡；进化是宇宙中最强大的力量；它是唯一永恒的事情，它驱动着所有的一切。”

相较于广袤的大自然，人类所面临的生存环境更为复杂，其变化的速度已经超出大多数人的想象，以至于踩不准节奏，跟不上步伐，随时面临失业。若想摆脱这种随时被淘汰的困境，就需要具备“自我进化”的思维。

整合能塑造健康，也能扩展我们的生活感觉，促进与他人的联系，并让我们的自我有一种更为宽泛的感觉。对他人充满慈悲，也关爱同情自己，是形成健康心智的自然结果。可以被看到的整合，就是仁爱和慈悲。

观照内心，善待自我

在快节奏的现代生活中，我们往往容易忽视内心的声音。关照内心，是倾听自己的感受，理解自己的需求，把握自己的情绪。它提醒我们，在追求物质富足的同时，不要忘记精神的滋养。关照内心，让我们在纷扰的世界中找到宁静，成为更完整、更真实的自己。

美国心理学家爱德华·德西和理查德·瑞安提出了基本心理需要理论。这些基本心理需要就像是心理的营养物一样，对于心理的成长、整合和幸福感必不可少。

他们假设人类有一种朝向活力、整合和健康的基本倾向：当具备了必要的营养物时，人们就会实现这种倾向；当营养物缺乏时，就会导致消极的心理结果；基本心理需要就像是这样一种营养物。

经过大量研究，他们认为只有胜任、关系和自主这三种需要能够被称为人的基本心理需要，也只有这三种需要能够同时促进个体心理上的成长、内化和幸福感，其他的需要则不能。

基本心理需要理论研究的核心问题是基本心理需要的满足程度和主观幸福感的关系。幸福感是指一个人对于自己生活的主观经验和评价，个人基本心理需要满足的程度越高，体验到的幸福感就会越强。

如果人们的基本心理需要得到满足，那么就会沿着健康和最佳选择的道路发展，并且能够体验到一种切实存在的完整感和“因理性或积极生活而带来的幸福感”；否则就会产生病态和忧伤。

基本心理需要理论提醒我们关注自己的心理需要，听从内心的声音，善待自己。

学会共情，完善自我

探寻并了解自己的情绪共情能力，就如同掌握了一把通往他人心海的钥匙；而提升认知共情调节能力，则如同磨砺这把钥匙，使其能更加精准地开启心灵之门。在这个过程中，别忘了与自己共情，理解当下的自己，还要与过去的自己、现在的自己以及未来的自己建立情感连接，拥抱自己的情感世界，让内心的声音得到倾听和回应。

2015 年 4 月《文摘报》有一篇题名为“把枪口抬高一厘米”的故事。

1992 年 2 月，柏林墙倒塌两年后，守墙卫兵因格·亨里奇受到审判。在柏林墙倒塌前，他射杀了企图翻墙而过的青年克里斯·格夫洛伊。

亨里奇的律师辩护称，这些卫兵仅为执行命令，别无选择，罪不在己。然而法官西奥多·赛德尔并不这么认为，“作为警察，不执行上级命令是有罪的，但打不准是无罪的，作为一个心智健全的人，此时此刻，你有把枪口抬高一厘米的良心义务。这个世界，在法律之外还有良知。当法律和良知冲突时，良知是最高的行为准则，而不是法律。尊重生命，是一个放之四海而皆准的原则”。

最终，卫兵亨里奇因蓄意射杀格夫洛伊被判三年半徒刑，且不予保释。

你首先是人，然后才是卫兵。“抬高一厘米”，是人类面对恶政时的不忘抵抗与自救，是“人类良知的一刹那”。这一厘米是让人类海阔天空的一厘米，是个体超越于体制之上的一厘米，是见证人类良知的一厘米。

在现实生活中，为了生存，我们不得不去做一些事情。但是，我们不能把自己仅仅当作一个谋食的生物体，我们也是有灵魂的，我们的举动要有是非标准，要有善恶标准。愿我们在做工作的时候，把握好“把枪口抬高一厘米”的主权。莫在错误命令下违背良知，莫在错误思潮中无视真理，莫在谋食中丢失了真善美的灵魂。

共情能力在人际交往中发挥着至关重要的作用，它有助于我们更好地理解他人，建立深厚的情感联系，以及更好地适应社会生活。也就是说，能够给他人带来更多的情绪价值。

但值得注意的是，过度的共情可能会带来身心疲惫，因此自我调节共情的能力尤为重要。例如，在医疗领域中，医生在进行手术时需要抑制对病人疼痛的共情。对于外科医生来说，减少共情是一种必要的自我保护机制，有助于降低职业倦怠的风险。

我们或许无法步入他人的心灵深处，完全体验其情感的涟漪，但适度的情感联结，如同暖阳洒在心田，让彼此的世界更加温暖而宽广。

如此，我们才能在这个纷繁复杂的世界中，与他人建立真挚而深刻的情感纽带，共同谱写人生的和谐乐章。

外化而内不化，建立自我

在心理学家埃里克森的理论中，自我是个体发展的内在指导和内部机构，健康的自我应该拥有信任、希望、意志、独立自主、决心、勤勉、同一性、忠诚、创造、关心、爱和智慧的特征。然而，在面临社会压力或极端危险的情境时，人们有时会感到无能为力，导致自我感丧失，不能坚持自我，而是随波逐流。

建立自我意味着有自己的价值准则和处事原则，就像心中有一杆秤，用于衡量自身与外物。有了原则与方式，就能做出选择，而不是被选择。

庄子在《外篇·知北游》中提出了一个概念——做人要“外化”，而“内不化”。“外化”，就是与外界相处，学会变通，适应环境，搞好人际关系;“内不化”，就是无论外界风云怎样变幻，都坚持自己的原则，不随波逐流。

庄子构想了一段颜渊与孔子之间的对话，大意如下：

颜渊问孔子:“我曾听老师说过，‘不要有所送，也不要有所迎’。请问怎样才能使精神出入自如。”

孔子说:“古之人外化而内不化，今之人内化而外不化。”这句话的意思就是说: 古时候的人，随外物变化而内心保持不变; 现在的人，内心多变而不能随外物变化。

能够顺应外物变化的人，必定内心纯一凝寂而不离散游移。对于变化与不变化都能安然听任，悠闲自得地跟外在环境相适应，这样的人必定会与外物一道变化而不会有所偏移。

由此可见，庄子认为真正的处世高手是“外化而内不化”。所谓的“外化”是指随着外物的变化而变化; 所谓的“内不化”是指对于自己的悲哀与快乐不要过于在意，要有自己的思想和价值观，能够保持岿然不动的超越态度。

庄子提倡的“外化而内不化”的处世之道，不仅顺应了道家的处世思想，也符合儒家的“入世”思想。儒家经典《中庸》中也说: 君子应该“极高明，而道中庸”。

庄子的思想是“重内而轻外”，所以他逍遥自在，身心富足。然而，很多现代人往往是“重外而轻内”，一心只想往外求，要车子、房子、票子等，但内心空虚，因此即便什么都得到了，仍旧感受不到快乐。

庄子的处世智慧在于做人要“外化”，而“内不化”。这体现了“外圆内方”“刚柔并济”“内圣外王”的境界，情商很高，自己舒服，别人也舒服。

空船心态，虚己应物

现今的生活压力很大同时诱惑也很多，一面是自己拼了命地生存，一面是有钱人的奢侈放纵。在充满物欲的时代，人很容易迷失自己的方向，而“求不得”的现实困境更是让人心情焦躁。

为什么我们有时候会发怒，有时候又不会呢？难道随着生活水平的提高，提高更快的不是我们的修养，却是我们的脾气？

《庄子・外篇・山木》有这么一段文字：

“方舟而济于河，有虚船来触舟，虽有惼心之人不怒；有一人在其上，则呼张歙之，一呼而不闻，再呼而不闻，于是三呼邪，则必以恶声随之。向也不怒而今也怒，向也虚而今也实。人能虚己以游世，其孰能害之！”

大意是说：有一艘船正在渡河，突然有条空船碰撞过来，即使心地最偏狭、性子最火急的人也不会发怒；但如果有一个人在那条船上，就会大声呼喊呵斥来船后退，如果呼喊一次没有回应，呼喊第二次也没有回应，到了第三次必定会骂声不绝。前面没有发怒而现在发怒了，是因为前面是空船而现在船上有人。这就是“方舟济河”的故事。

在庄子看来，只要空掉自己的船，就不会与他人发生碰撞与冲突，我们就都能够远离烦恼，自然就会免于痛苦。这就是庄子经典的“空船理论”。

庄子其实在教我们一种为人处世之道。化有为无，虚己为“空船”，使对方无怒可发，便相处和谐融洽。

有人的船撞自己就大怒，无人的船撞来则不发怒。其实有人之船和无人之船，撞上后果是一样的。有发怒的目标就发怒，无发怒的目标就不发怒，心境完全由外物决定，而与自身是否受伤无关。

《晋书》中有一句话：“虚己应物，恕而后行。”虚己应物的待人处世之道、恕而后行的仁者行为准则，是应该被人们推崇的真理。

“虚己应物”就是来源于《庄子・山木》。在“方舟济河”那段文字之后，庄子说：“人能虚己以游世，其孰能害之。”意思是说，人们如果能够虚心无我地生活在世上，又有谁能害得了他呢。就是说，要有“空船心态”。

“虚己”就是要放低自己的位置，别把自己太当回事，就能让我们不与人争，就能让我们同社会和谐相处。

如果我们面对别人的愤怒指责攻击，能像宋荣子那样“举世誉之而不加劝，举世非之而不加沮，定乎内外之分，辩乎荣辱之境”，我自犹如空船，就可以虚己而受，使对方无怒可发，其怒自消。

“恕而后行”来源于汉代刘向的《说苑》：“夫仁者，必恕然后行。”“恕”字，是上“如”下“心”，如谁的心呢？是“如自己的心”，就是用我自己的感受去理解你的感受，推己及人、换位思考。也就是常说的“己所不欲，勿施于人”，“己欲立而立人，己欲达而达人”。

范仲淹之子范纯仁对其弟说：“以责人之心责已，以恕己之心恕人。”用对别人的要求去要求自己，用对自己的宽容去宽容别人。

“恕”就是换位思考，就能让我们更理解别人，就能让我们少受外物打扰，从而内心安静。“恕”是儒家思想的核心之一。

当每个人展现出更多谦虚与低调，更加宽容时，其身心会更健康，社会也会更和谐。反过来，社会的和谐氛围又会更加促进我们的宽容和身心健康。

宏大的意义感，超越局限

人的生命一旦被赋予更长远的眼光与更宏大的使命，就会表现出超越生命本身的强大动能。

超越是一种忘我心境，是超越时间，是超越文化，是超越个人的过去，是超越自我、自身、自私，以自我为中心，等等。

1950 年，爱因斯坦接到一位拉比（类似犹太教师）的来信。这位拉比原本有两个女儿，却因为一次意外失去了一个。拉比问爱因斯坦，可以提供什么智慧，以帮助他另一位深陷失去姐妹痛苦之中的女儿。

爱因斯坦的回答如下：

人类是整体的一部分，我们将这个整体称为“宇宙”，人类被局限在一定的时间和空间里。在他的体验中，他的自我、想法和情感与其他人的相隔绝，这是一种由意识产生的错觉。

这种错觉是我们的牢笼，它将我们局限在个人的欲望中，并只对少数与我们最接近的人产生感情。我们的任务是，扩大悲悯的范围，将自我从牢笼中解放出来，拥抱所有的生灵以及自然界中的一切美好。

没有人能完全实现这个目标，但为了实现这个目标的努力，本身就是一部分解放，就是内在安全感的基础。

心理学家马斯洛说："超越指的是人类意识最高而又最广泛或整体的水平，超越是作为目的而不是作为手段发挥作用，并和一个人自己、和有重要关系的他人、和一般人、和大自然以及和宇宙发生关系。"

独立人格是联结的前提。有独立人格在交往中就容易做到"清晰自己"。清楚地看到内心不仅在改善大脑、心理及人际关系健康的同时，促进了各个维度的整合，而且能帮助我们消除彼此隔绝的错觉。

我们不仅对自己以及自己所爱的人更有同情心，而且扩大了我们慈悲的范围，将世界的其他方面包含进来，超越了眼前关注的小圈子。

这种升华性的意识让我们感到自己是更宏大世界的基本组成部分。当我们看到自己的行为会对这个所有生物相互联结的网络产生影响的时候，物理上的分隔和差异就不再那么重要了。

当我们将自己视为根本性的联结——联结着过去的一切，以及身体消亡很久之后未来的一切，时间间隔与距离的自我界定性就会降低。这就是升华的本质。

伴随着整合，我们的自我同一性也会得到扩展。当我们拥抱这种相互联结的现实时，关心体贴更宏大的世界便会成为我们生活方式中的根本改变。当我们感知到关心彼此、关心地球的重要性时，便会看到除了创造意义和幸福之外，升华以及从中发展出来的整合，也许是我们生存所必需的。

【热点解读】

心智不断成熟的最高境界是自律

中国人讲自律的最高标准是慎独。慎独是指在个人独处时也要严格要求自己，是对个人内心深处比较隐蔽的思想意识进行自律的一种修养方式。

《中庸》说：“君子慎其独也。”“是故君子戒慎乎其所不睹，恐惧乎其所不闻，莫见乎隐，莫显乎微，故君子慎其独也。”

意思是说，品德高尚的人在没人看见的地方也是谨慎的，在没人听见的地方也有所戒惧。越隐蔽的地方就越容易显露，越细微的事情就越容易彰显。

对于幽暗之中，细微之事，不畏人知畏己知，所以品德高尚的人在一个人独处独知之时，更要谨慎。

《西游记》里的唐僧带着三个徒弟，经历了九九八十一难才取得真经，倘若他们能飞天入地，不费吹灰之力就取得真经，那么真经还有价值吗？

取经之路本身就是一种修行，与其说众徒弟随师父去取经，不如说他们是用一生的苦难，在谱写着一部伟大的真经。

稻盛和夫说过：“以不亚于任何的努力去做事，才能取得成功。”这也意味着，要努力去做事，才能获得应有的成绩，而不亚于任何努力的背后的驱动力就是自律。换句话说，只有自律才能解决所有的难题。

斯科特·派克说：“‘你不能解决问题，你就会成为问题。’只有敢于面对问题，承担责任，积极主动地去解决问题，才能摆脱痛苦。而自律是解决问题的唯一途径。”

所谓自律，就是主动要求自己以积极的态度去承受痛苦，解决问题。实现自律有四个途径：延迟满足感、承担责任、忠于事实、保持平衡。

延迟满足感

延迟满足感，就是不贪图暂时的安逸，先苦后甜，重新设置人生快乐与痛苦的次序。首先，面对问题并感受痛苦；然后，解决问题并享受更大的快乐。在充满问题和痛苦的人生中，先苦后甜，延迟满足感是唯一可行的生活方式。

美国斯坦福大学经典“棉花糖实验”

20 世纪 60 年代，美国斯坦福大学心理学教授沃尔特·米歇尔在一间幼儿园开展了一个著名的关于“棉花糖实验”。数十名小朋友坐在小教室里，桌上摆着他们爱吃的棉花糖。

研究员制定了几条规则：

①可以马上吃掉棉花糖，但没有奖励；

②等到研究员回来再吃，会额外得到一块棉花糖作奖励；

③等不到研究员回来，可以按铃，研究员马上返回，你可以吃糖，但必须放弃第二块。

对这些孩子们来说，实验的过程颇为难熬。有的孩子为了不去看那诱惑人的棉花糖而捂住眼睛或是背转身体，还有一些孩子开始做一些小动作——踢桌子，拉自己的辫子，有的甚至用手去打棉花糖。

结果，大多数的孩子坚持不到三分钟就放弃了。一些孩子甚至没有按铃就直接把糖吃掉了，另一些则盯着桌上的棉花糖，半分钟后按了铃。

大约三分之一的孩子成功延迟了自己对棉花糖的欲望，他们等到研究人员回来兑现了奖励，差不多有15分钟的时间。

经过多年追踪研究，心理学家发现，那些懂得自律，能克制自己欲望的孩子，长大后更加自尊自重，身心也更加健康，未来的职业发展往往更容易成功。而那些自控力差的孩子，则显得固执、怪癖、易受挫折。

真正厉害的人，并不只会满足于眼前的诱惑，而是为了寻求更大的发展空间，不断地延迟自身欲望的满足，做好自我调整。

承担责任

我们必须面对属于自己的问题，这是解决问题的基本前提。不能及时解决自己面临的问题，这些问题就会像山一样横亘在我们心中，阻碍我们心灵的成长和心智的成熟。

唯一的办法——我们应该勇敢地说：“这是我的问题，要由我来解决！”勇于承担责任，才能解决问题。

维克多·弗兰克尔在《活出生命的意义》中写道：“人所拥有的任何东西，都可以被剥夺，唯独人性最后的自由，也就是在任何境遇中选择自己的态度和生活方式的自由，不能被剥夺。”

如何活出生命的意义呢？弗兰克尔推荐的方法：一是在工作中磨砺自己；二是在爱中磨砺自己；三是在苦难中磨砺自己，担当起自己生活重负的责任。

美国黑人作家埃尔德里奇·克里佛说过一句话：“你不能解决问题，你就会成为问题。”生活中有很多明显就是推卸责任的例子：不敢突破自己，把当前遇到的问题看成人生无法逾越的障碍，从而将这些问题代入到生活中，让生活变得痛苦和绝望。

你是否也曾遇到过类似的情形：

上学的时候，忘记做作业，只能熬夜补作业，尤其是寒假、暑假的时候。

工作的时候，总是习惯挑简单的工作而逃避难的任务。

周末的时候，知道早睡早起更有利于健康但是就是做不到。

……

心理学上，逃避是指个体面对问题和困难或遭受挫折后，不敢面对现实、正视问题，而是采取避开问题的处理方式，以至于放弃现在的目标，而撤退到“比较安全的地方”去。

但是，若不能及时解决人生的难题，它们就会像山一样横亘在我们面前。

我们唯一的办法是，勇敢地说：“这是我的问题，由我来解决。”承担责任，及时解决人生的难题。

尊重事实

忠于事实，要让心灵获得成长，心智走向成熟，就要竭尽全力，不惜一切代价，完全忠于事实。我们必须忠于事实，尽管这会带来暂时的痛苦，但远比沉溺于虚假的舒适中要好得多。

尊重事实，意味着如实地看待现实。我们越是了解现实，处理问题就会越发得心应手；我们越是远离现实，思维就会越发混乱，错觉和幻想就会越多。

基于事实的判断，使我们变得更理性，更有逻辑。批判性思考，是根据事实下结论，而不是靠偏见认识。

忠于事实，就是要学会适应新角色、保持谦虚、敢于面对挑战。在新的角色里，要不断修订自己的人生地图，努力越多，对事实的认识就越清楚，地图的准确性就越高。

这个地图就是我们自己的认知，是我们脑子里的世界模型。只有不停地付出努力去探索、扩大和更新我们对于世界的认识，才能应对新变化和新环境的需要。

忠于事实，需要我们勇敢地接受现状，并做出积极回应，而不是用责怪和逃避的方式应对。人生地图并非事实本身。

人们常常认为，考上了985大学就意味着能找到好工作，走向人生巅峰，后半生无忧了。其实不然，在经济形势波动的情况下，即便是985大学的毕业生也可能面临就业难题，因此，应该转换思路，学习并重新获得生存的能力。

保持平衡

自律，是一项艰苦而复杂的工作，需要我们具备足够的勇气和判断力，以建立一个富有弹性的约束机制。

要让心智成熟，就得在彼此冲突的需要、目标和责任之间保持一种微妙的平衡，这就要求我们不断地自我调整。

保持平衡的最高原则就是“放弃”。保持平衡需要你做出一些放弃，放弃某些快乐和享受，放弃当时控制不住的情绪。

保持平衡不是极端地乐与悲，不是非黑即白，不是在修订人生地图时把原来的摧毁重来，而是在上面增增减减，最终呈现出一个更完善的模样。

以快乐为例，我们既要懂得延迟满足，把眼光放长远；又要尽可能地过好眼下的生活，通过努力让人生的快乐多于痛苦。这样，我们才能在复杂多变的世界里，平和美满地度过这一生。

只有劳逸结合，保持生活与工作的平衡，才有源源不断的动力与幸福。自律也是如此，需要保持平衡，需要确立富有弹性的约束机制，需要一个合适的“度”。

主持人董卿曾说过一段话：

“枪响之后没有赢家，伤害与被伤害有时候也是对立统一的关系。伤害他人有时候也意味着在毁灭自己，即便你占尽了优势，也不可能是为所欲为的。”

一切都在追求一种平衡：健康在于平衡，发展在于平衡，对抗有时候也是一种平衡。人和自然的关系，人和自我的关系，人和世界的关系，都是如此。如果我们失去了平衡，那么对不起，枪响之后没有赢家。

人生是一场艰辛之旅，心智成熟的旅程相当漫长。我们要通过自律，去经历一系列艰难乃至痛苦的转变，去走一条少有人走的路，最终达到心智成熟，活出自我的价值。

寻找抗衡不确定性的道场

心智成熟的旅程不但是一项复杂又艰巨的任务，而且是毕生的任务。心智成熟不可能一蹴而就，它是一个艰苦的旅程。

在现实社会中，无论是过去还是现在，不确定性都是一种常态。这既是人们焦虑不安的根源，也是开拓未知世界的动力。

现实世界具有无限的多样性、层面性和可能性。用具体的有限的方法只能进入与其对应世界的某一具体层面或具体领域，而不能进入其他层面或领域。

如何面对世事无常，如何在矛盾中抉择，如何在不确定的中间地带生存，如何在焦虑中获得精神的成长，探索抗衡不确定性的底层逻辑，这成为了我们终生的课题。

以时为正，天人合一

《周易》中的“时中”涵盖了对时间与机遇的深刻洞察，教导人们如何顺应时势，把握时机，知时而行，观时制变，以及在恰当的时候开始与结束行动。

中华文化思想原点“以时为正”

中华传统思维以时间为主，中华学术从“观象授时”起始，很早就形成了“以时为正”的观念。

“适时之变”“卦以存时”“天下随时”“与时偕行”“时育万物”“时止则止，时行则行，动静不失其时，其道光明。”《周易》六十四卦所揭示的正是自然与人事的时间历史规律，其核心思想可用“与时偕行”四个字来概括。

“时中”是一种集大成的人生智慧，它要求我们在这瞬息万变的世界中保持清醒的头脑和敏锐的观察力，精准地把握行动的开始与结束。

要做到“时行时止”，并不容易。它需要我们具备深厚的内功，这种内功包括对自己的深入了解、对环境的敏锐观察、对时机的精准判断。

中医学以时间为本位

《黄帝内经》以阴阳五行为“道”，为根本理论，而阴阳五行的实质是昼夜四时，这使中医学成为真正以时间为本位的医学。

《黄帝内经》以时间为本位，把人和天地万物看作是一个统一的生命过程。其直白而集中的表述，在《黄帝内经素问·四气调神大论》中可见一斑：“夫四时阴阳者，万物之根本也。所以圣人春夏养阳，秋冬养阴，以从其根，故与万物沉浮于生长之门。逆其根，则伐其本，坏其真矣。故阴阳四时者，万物之终始也，死生之本也，逆之则灾害生，从之则苛疾不起，是谓得道。”

《黄帝内经》以四时阴阳为人和万物的根本，可见要从具体的时间过程研究人与万物的死生、沉浮、终始等一切变化规律。

更要注意的是，《黄帝内经》把顺从时间所显示出来的规律，如春夏秋冬、黑夜白日等，视为“得道”，这就表明，《黄帝内经》之“道”的实质是时间，是时间的根本特性与规律。

时间是心智体验到的概率分布

西格尔在《心智的本质》中说：时间不像我们通常认为的那样，它更像是概率分布，而非某种流动的东西。我们称为“现在”的存在比我们称为“未来”的存在有更高的概率被预测到。

这种改变之流如果锁定在过去，当它固化下来的时候，它就达到了一种很高的概率，我们通常称之为“过去事件”。过去事件有很高的确定性，它们是不可改变的。

与之相对，发生在当下时刻的事件是涌现性的，它们在涌现时伴随着一定的不确定性，它们有中等的概率。

我们称为“未来”的事件则是开放的，有最高程度的不确定性，我们并不能确切地知道在那些时刻会发生些什么。

因此，关于时间的心智解释是：将时间视为我们在心智中体验到的概率的改变。你的心智是作为概率改变涌现出来的，而不是作为某种物体或名词性的东西在时间流逝的过程中发生变化。

心智何时发生？不在过去，不在未来，就在当下。心智的时间性就是这种当下的各种可能的涌现。

在心理学范畴之内，有一种特殊的心理效应，被称为“白熊效应”。“白熊效应”又称反弹效应，源于美国哈佛大学社会心理学家丹尼尔·魏格纳的一个实验。

在实验中，魏格纳要求被试验者不要在脑海中想象一头白色的熊。然而，事实却恰恰相反，几乎所有被试验者都不约而同地想象出了一头白色的熊。由此，魏格纳提出了他的理论，认为“人们绝对不能总是提醒自己不要回想，否则事实必然会与之相反”。

“时间是最好的良药”，若想忘掉某些东西，必须懂得让时间平复它的痕迹，否则我们必然会深陷其中，难以自拔。

【热点解读】

斯多葛哲学的指引：不要过分担忧未来

现代社会充满了不确定性和压力，我们常常需要面对各种道德和心理上的挑战。

斯多葛哲学主张，过有德行且内心安宁的生活，是人生的最大目标。在斯多葛哲学中，有一个关于不要过分担忧未来的重要教诲。

伊比鸠鲁等伟大的斯多葛派思想家提醒我们，生活中有些事超出我们的控制，如为这些未来可能发生的事件、过去已经发生的事件或他人的想法和行为而焦虑不安，会成为一种不必要的压力和痛苦来源。

他强调，找到真正快乐的关键在于放下对超出自己能力之事的关注。“获得幸福的唯一途径是停止为超出我们意志力范围的事情担忧。”

第一，接受你无法控制的生活的方方面面。有些事本质上就超出了你的影响范围，无论你多么担心都无法改变。例如，你无法控制外部环境、他人行为或未来的不确定性。

第二，关注当前时刻。不要沉湎于过去，或对未来感到焦虑，斯多葛主义建议我们把注意力集中在眼前。你采取行动和做选择的力量仅限于当前。通过在当下尽最大努力，你可以积极地塑造自己的未来。

第三，选择你的反应。斯多葛学派强调控制你的反应和态度的重要性。虽然你无法控制外部事件，但你始终可以控制自己的应对方式。这种自我掌控让你能够在生活的不确定性中找到平静和满足。

第四，减少不必要的压力。不断担心未来可能发生的事只会自找压力和焦虑。斯多葛学说教导我们，要接受生活的不可预测性，拥抱它而不是抵制它。这样可以减轻精神负担，获得更多平静。

斯多葛哲学鼓励我们放下对未来的过度担忧，关注自己能控制的事情。这种方法可以带来更大的快乐、适应能力和更平静的心态，与伊比鸠鲁的智慧相符。

斯多葛哲学的人生智慧能让我们减少焦虑，平复思绪，更好地处理羞辱、悲伤、衰老，坦然地面对声名与财富，让我们的内心归于从容和安宁。看得更清楚、活得更智慧，更轻松地走完人生路，这是斯多葛学派的独特贡献。

过去无法改变，现在稍纵即逝，我们常常在想的问题是：“我可以做些什么来改变未来？”

古代斯多葛派哲人以“记住你必将死去”的概念而闻名，这是一种提醒我们只拥有有限时间的思考方式。塞涅卡相信，通过深度体会先哲的思想，把每一天都当作生命的最后一天来过，就能经常体验到深刻的幸福。

斯多葛哲学的一个践行方法是“自寻不适”，塞涅卡也建议我们要做逆境预演的练习。它是对最坏情况发生的彩排，这样你就能更好地准备应对它，以防最坏的情况发生。

进行消极想象就是对可能发生在我们身上的坏事进行预想，而斯多葛派哲学家塞涅卡则建议我们将这个技巧加以延伸：除了预想坏事的发生之外，我们有时还应该生活得就好像坏事已经发生了一样。

盖笑松教授的微信个性签名“以赴死之心生存，怀离别之心相处，过滴水成冰的生活”，恰好可以用于说明斯多葛哲学主张的“消极想象”。

光想一想失去全部财富还不够，还要定期地“体验贫穷”，给自己主动制造苦难，忍饥挨饿，真正地过一下苦日子。这种主动地受苦，并不是从自虐中获得快感，而是为了更好地反思现实的美好。

我们可以从中获得意志力、勇气和自制力，让我们在面对现实世界的无常的时候，能够更加冷静、淡然，能够接住生活的挑战。

这就像我们主动把自己暴露给少量弱化的病毒，然后在自己体内激发免疫力，而这种免疫力反而能够保护我们免遭病毒的侵害。

以变为机，顺应发展

无常就是这个世界不变的规律。无常，就是任何人、事、物都不是绝对确定的。你遇到什么人、摊上什么事，这些都在你的掌控之外，你无法精准地预见，而这就是世界不确定性的本质。

自然变化见微知著

中国人在《周易》思想的熏陶下，早已懂得只有“变化”是永远不变的道理，比较能够从变化发展的角度来看待客观事物。例如，对自然现象讲日中则昃，月盈则食；对人生经历讲人有生老病死，亦有悲欢离合。

中国人通过阴阳交替认识到事物向对立面转化的必然性，又进而认为驾驭阴阳、抓住机遇的关键，在于把握转化的契机和苗头。

故强调机者，动之微，讲月晕知风，础润知雨，狂风起于青萍之末，千里之堤溃于蚁穴；要求人们能够由小见大，见微知著，善于洞烛先机，识微观复，以恰当的措施来适应变化乃至利用变化。

古已有之的时空、阴阳观念，发展成为一个系统的世界观，用阴阳、乾坤、刚柔的对立统一来解释宇宙万物和人类社会的一切变化。

变化是宇宙的灵魂

老子喜谈“变”，也无时无刻不在谈“变”，老子认为宇宙的灵魂就是“变”，万物的生命力都包含在“变”中。

可是正常人是以具体的肯定思维模式看待事物的，只有经过训练的人才能掌握抽象的否定思维模式，并用否定思维模式来看待事物。所以对于无法捉摸的“变”，模糊不确定的“变”，那些以肯定思维模式看待事物的人，大声嘲笑，就是正常的事了。

老子曰：“孰能浊以止？静之徐清。孰能安以久？动之徐生。保此道者不欲盈。夫唯不盈，故能蔽而新成。”谁能使浑浊安静下来？慢慢澄清。谁能使安静变动起来？慢慢显出生机。

保持这个“道”的人不会自满。正因为他从不自满，所以能够去故更新。老子认为“变”不是偶尔为之的、暂时的，“变”是一以贯之的常态行为。停止了变化，就将永远失去变化。凡事物丧失变化，就将永远地丧失自身。

不确定性是希望的来源

心理学大师阿德勒在《自卑与超越》一书中关于如何看待生活中的不确定性有一段精彩的论述：

生活的不确定性，正是我们希望的来源。

如果我们想象一个人或人类整体，已经抵达了一个完全没有任何困难的境界，我们也可以想象到：在这种环境中的生活一定是非常沉闷的。

每件事都能够被预料到，每桩事物都能够预先被算计出。明天不会带来意料之外的机会，对未来，我们也没有什么可以希望。

我们生活中的乐趣，主要是由我们的缺乏肯定性而来的。如果我们对所有的事都能肯定，如果我们知道了每件事情，那么讨论和发现就已经不复存在，科学也已经走到尽头。

幸好，生活不是那么容易消耗尽的。人类的奋斗一直持续不断，我们不断地发现新问题，也不断地制造合作和贡献的新机会。

阿德勒说，我们感知到的事物从来不是事物的原样，带着我们的经验认知去感知事物，得到的是经过我们的思维处理后的事物。世界即如此，所以，我们感知的不是世界本身，而是我们主观解释后的世界。

你用本身即是脆弱性的思维去认知生活和自我，最后得到的结果必然是经不起冲击和敲打的。而要打破这种认知脆弱性，我们要对自己少贴一些标签和限定，不要过分地去规避生活中的所有风险，保持一份充满未知的随机性，也许会给自己多一个可能。

【热点解读】

随机性和波动性也可以是生活的馈赠

20 世纪 90 年代，美国军方在培训的时候常常使用一个概念 VUCA。它是指在一场战争中，军事指挥员在战场上面对的局势可能包含四种特性：易变性（Volatility）、不确定性（Uncertainty）、复杂性（Complexity）、模糊性（Ambiguity）。

其实，我们所处的真实世界也具有这四种特性，也是易变的、不确定的、复杂的和模糊的，宛如一局错综复杂的棋局，放眼望去毫无头绪。

每一个时刻，你周围的人、事、物都在发生着快速的变化。对于这种变化，我们是无力抗拒的，因为不管我们是否在意，变化一直都在。而在如今这个时代，变化显然来得更加高频，更加剧烈。

从长远来看，单一能力的局限性会限制我们的自我认知，阻碍成长，一旦环境有变，我们往往会无所适从，难以应变。

随机性和波动性也可以是生活的馈赠。人为消除随机性可以带来暂时稳定的结果，但意味着当更大的冲击来临的时候，必然损失得愈发严重。可以说，没有波动，没有随机性，也就没有稳定。

正是一个个我们无法预料的不确定性才让我们不断成长，一次次地突破思维认知的上限。换句话说，我们正是从这些我们避之不及的不确定性中获益的。

我们不喜欢波动和混乱，享受井然有序和稳定可控带来的便利和短期利益。但同时不要忽略，未知和随机是世界和人生的常态，平静和稳定之下往往潜藏着逐渐积聚的风险。一旦冲击真正来临，我们可能遭受更多、更沉重的损失。

中庸之道，动态平衡

中庸的本质是平衡和度。这一思想源于易经阴阳平衡。

探索中庸之道的“度”

“中庸”就是“过犹不及”，是指“过”和“不及”都不是最终的目标，最终的目标是“中节”，是“和”。中庸之道反对做事走极端，主张任何事情都要遵循一个适当的标准——“度”。

不卑不亢的处事方式，其实是一种中庸之道。为人处世就是要达到一个自然平衡的状态，不偏不倚刚刚好，而中庸就是在两种力量之间保持一种动态的平衡，找到最恰当的那个点。

但“中庸”并不是“一次性将事情做对做好”，做到“不偏不倚”，正好适中，而是不断地实施检查，补充纠正，最终达到“好”的目标。“中庸”不是一种理想的要求，而是一种不断改进的过程，这才是其真正的含义。

叔本华讲过一个寓言，叫作“刺猬效应”，它就是中庸的一个典型例子。两只刺猬在冬天的时候为了取暖，就想抱在一起。但是当它们抱得太紧的时候，自己的刺就会刺伤对方。

既要取暖，又不能刺伤对方，所以这两只刺猬就需要在拥抱对方的力度上找到一个平衡的点，让它们处于一种最佳的相处模式之中。只有在心智和行动里拥有一种必要的张力，并且保持这种张力，你才能做到中庸。

这种张力会让你客观地看待周围的人、事、物，以一种更加成熟的心态去面对和解决生活中的问题。不管环境如何变化，你都可以维持自身的平衡态，从而营造和谐的人际关系，避免内心的焦虑和不安。

关注不确定的中间地带

世界并非非黑即白，而中庸之道就是在两种截然相反的观念和力量之间，找到更为明智的第三种选择。

在复杂时代里，我们更应该做一个有智慧的人，尽力达观，保持中道，建立一种中庸的心智模式。中庸的本质是平衡和度。

生活有三种情况：一种是好的，一种是坏的，还有一种是不知道是好是坏的中间地带。我们必须承认，现实生活中我们处在中间地带的时候很多。

在不确定的中间地带，前景难料，我们常常会感到焦虑、烦躁，忧心如焚。但是，对不确定性和焦虑的容忍能够消除自以为是的偏见、假设和想象，让我们的内心变得坚韧起来，不再那么脆弱。

每个人都是在不确定性和焦虑中成长起来的。没有谁的人生之路从小就被固定了下来，一成不变；也没有谁的内心一点焦虑也没有。

保持客观，直面真实的世界

诚是儒家修养的巅峰，诚是万物本真的状态。如果说整部《中庸》什么字最重要、最核心，那无疑就是“诚”字。在三千多字的《中庸》里面“诚”字就出现了20多次，足见其重要性。

诚是从《大学》发端“所谓诚其意者，毋自欺也”。也就是说，不要欺骗你自己，不要给自己找理由，不要给自己找台阶，不要给自己放水。

到了《中庸》，就进化成“至诚无息，至诚如神”，也就是把“诚”做到极致，达到巅峰，做到最高境界，就能预知未来，做事就如有神助。

诚是事物本真的状态，是事物本质的属性，而且通过“诚”就能认识事物的本质、背后的逻辑是什么。

“率性之谓道”，“诚者，天之道”，这不是一句虚幻的口号，而是对事物本质的洞察。

“祸福将至，善必先知之；不善，必先知之。故至诚如神。”“故至诚无息，不息则久，久则征，征则悠远，悠远则博厚，博厚则高明。”

不管是儒家的《中庸》还是道家的《道德经》，都充满了这种洞察，它们底层的逻辑是非常类似的。

道法自然，明心见性

道无预设、无执着，并在尊重和不干预已成事物的前提下，生化万物。人法道，顺遂万物之自性，去认识、辅助、赞化万物，这就是“道法自然”。

顺其自然，不执着不妄为

道家文化的核心理念为“道法自然”。《道德经》第二十五章说，“人法地，地法天，天法道，道法自然”。这个“自然”指的是万事万物的正常态。

老子主张“无为”，即顺其自然，绝不是无所作为，也不是有所为，有所不为。老子说：“以辅万物之自然，而不敢为。”

“不敢为”，是指不敢有破坏事物自然整体和自然生化的行为。“辅万物之自然”，是指赞化万物，帮助万物按其天赋之性自为、自治。此即“无为”，即无预设、无干预、无执着之作为。

纽约城市大学的哲学教授马西莫·匹格里奇在他的书中提到一个趣事。他在坐地铁的时候，发现自己钱包被偷了。钱包里有信用卡和各种证件，而去补办肯定非常费力。

一般人遇到这种情况，肯定会自责、愤怒，未来好几天都会活在郁闷中。但是匹格里奇不一样，他在钱包被偷之后是这样想的：“钱包被偷这件事情我是没办法控制的，只能接受，而钱包已经丢了，我就应该关注那些能控制的部分，做好自己现在能做好的事情。”

然后，他就选择好好度过这一天。之前他已经和朋友约好晚上看一个演出，所以他根本不受钱包被偷的影响，看计划中的演出，吃该吃的饭，生活一点也没受影响。

匹格里奇采用的这种面对命运无常的做法，是斯多葛哲学的“控制二分法”——在生活中，有些事情是你能够控制的，有些事情是你控制不了的，而你应该做的就是关注那些你能控制的事情。

这其中包含一种睿智的思想：有勇气去改变那些可以改变的，控制能控制的，放下不能控制的。

顺应天意，随遇而安

人是天地万物的一部分，人的本性和天的本性是内在相通的，这是儒家认识论哲学思想的核心逻辑。

为什么王阳明要“致良知”，因为良知就是一个人的至诚的本心，本性和天性是相通的。

认识了本心，就可以一步步认识天道，所以，王阳明说：“心外无物、心外无事、心外无理。”陆九渊说：“宇宙即是吾心，吾心即是宇宙。”

回到了人的本性良知，回到至诚的状态，你就可以领悟天道了，这一点在《孟子》的著作里面也讲得很清楚。

《孟子·尽心下》中说：“舜之饭糗茹草也，若将终身焉。及其为天子也，被袗衣，鼓琴，二女果，若固有之。”

孟子认为，一个人要能做到在贫贱的时候能安于生活，在富贵的时候也能知足常乐，这才算是真正有福气的人。

他认为古代贤君大舜就是这样的人，大舜的一生中，开始过着贫贱的生活，后来成了富贵之人，前后的差距有着天壤之别。

但是，当初他过着啃干粮、吃野菜的日子时，却并没有希望自己富贵起来的心愿，好像有终身安于贫贱的心愿、气度。

到后来他成为天子，穿着华贵的衣服，弹着琴，还有尧帝的两个女儿在左右服侍，又好像是本就拥有的。

这样的荣耀尊贵，假使是平常人有朝一日得到了，大多会快活得发狂。

谁知道，大舜一旦有了这些享受，竟然好像是向来就是这样生活着似的，并没有过于惊喜发狂。

到了宋代，朱熹解释说:“言圣人之心，不以贫贱而有慕于外，不以富贵而有动于中，随遇而安，无预于己，所性分定故也。”意思是不因为自己贫穷低贱就歆慕他人，不因他人富有高贵就内心有所动摇。无论有怎样的遭遇都要随遇而安。

“宠辱不惊，闲看庭前花开花落；去留无意，漫随天外云卷云舒”，古人的这副楹联为人们描述了一个恬淡超然的意境，如果要选择一个词语来高度概括的话，那么非“随遇而安”莫属。

现实生活中，人们为名所驱，为利所役，为情所困，活得很苦很累，更难以保持住平淡谦和的心境，因此，树立起达观、乐观、随遇而安的观念非常必要。

随遇而安不等同于传统意义上的知足常乐，它包含了更为博大精深的哲学意义，是人与自然、社会和谐共处的切入点。更确切地说，随遇而安是一种泰山崩于前而面不改色的大胆魄，是以不变应万变的大智慧，是顺应天人合一境界的大谋略。

【热点解读】

向内求，向前走

人类追求真理有两种方向:向外求和向内求。西方哲学偏向向外求，研究具体事物，产生科学；东方哲学偏向向内求，研究本性，产生儒释道思想。二者相辅相成，现代社会顺应和谐、平衡发展。

孟子在《尽心篇》中提出了著名的:“尽其心者，知其性也。知其性，则知天矣。”我们认识和领悟天道是一个从内到外的过程，分为三个步骤:尽心、知性、知天。

这里明心见性的意思是说，充分展开你至诚的本心，就可以觉知人的本性，觉知了人的本性，是禅宗悟道的境界。从一个人的内心本性开始，可以通过尽心、知性，最后就到达领悟天道，也就是“知天”的境界。

换句话说，孟子认为，要认识天道，并不需要借助什么外在的东西，通过回到人的本心就可以。通过尽心、知性，就可以领悟天道。孟子的“尽心”和《中庸》里面的“率性”和“至诚”是类似的，知天道也就是能看透世间本质的智慧和法理。

王阳明大儒也曾说过，心外无物。我们所看到的世界都来自我们内心，只有调整好你的内心，你才能变得更为强大。强大的内心无须外求——“此心具足，不假外求”。

面对生活中的不确定性，如何克服内心的恐惧？我们有与生俱来的驱动力，会扫描危险，警告自己和他人有些事物会伤害我们，做一切能保证我们安全的事情，这并没有任何问题。

不过，经验也告诉了我们控制的界限。有时即使我们付出了最大的努力，事故还是会发生。人生是不可预测的。

接纳生活的不确定性，我们必须用好奇心取代对未知的恐惧。怀着好奇的心态，我们可以看到指向梦想方向的新路径。

整合不确定性要求我们放弃对确定性的幻觉，这样我们不仅能尽量保证安全，而且不会不理智地追求全知和全能。

美国匿名戒酒者协会所采用的优美而宁静的祷告词，告诫人们就此放手。祷告词是这样写的：“愿我能平静地接受我不能改变的，有勇气改变我能改变的，并有智慧区分这两者的差别。”平静、勇气和智慧是整合不确定性的核心。

当我们发现内心有追求确定性和持久性的驱动力，并将注意力重新集中在我们应该存在的位置时，平静、勇气和智慧，这些正念的特质就会显现出来。

学会向内求，把关注点放回自己身上，内心才能安定。有个很简单的方式，就是保持“觉察”。时刻看见自己的念头，明确自己的需要，了解自己的感受。

坚持一段时间，你身上的能量会一点点恢复，和自己的链接会越来越深，整个人都会显得饱满、平和、温暖。安顿好自己的身心，保持热爱，每天进步一点点，我们一定会成为想成为的人。

心智成长的目的在于“行义以达其道”。通过修身养性、保持内心的平和与安宁来达到与天地万物的和谐共处；通过恬淡虚无的心态来追求物我交融的境界；通过静心安神，与自然保持沟通和交流。

孔圣人说：“修己以敬”“修己以安人”“修己以安百姓”，是说修养自己就要使自己能够严肃、庄重、恭敬地去做事；修养自己就要善待他人；修养自己就要使天下所有的百姓都得到安宁和太平。

这在《大学》中被概括为“修身、齐家、治国、平天下”。君子修正身心，净化心灵，与道相合，与德相应。只有道德高尚的人才能胸怀坦荡，与人为善，才能够承担起维护真理的社会责任和使命。

【拓展阅读】

[1] [美] 丹尼尔・西格尔 . 心智的本质 [M]. 乔淼，译 . 杭州：浙江教育出版社，2021.

[2] [美] 史蒂芬・平克 . 心智探奇 [M]. 郝耀伟，译 . 杭州：浙江人民出版社，2016.

[3] [美] 丹尼尔・西格尔 . 第七感 [M]. 黄珏苹，王友富，译 . 杭州：浙江科学技术出版社，2023.

[4] [美] 阿尔・里斯，杰克・特劳特 . 人生定位：特劳特教你营销自己 [M]. 何峻，王俊兰，译 . 北京：机械工业出版社，2011.

[5] Windy Liu. 心智突围 [M]. 南昌：江西人民出版社，2020.

[6] 成甲 . 好好学习：个人知识管理精进指南 [M]. 北京：中信出版社，2017.

[7] [美] 斯科特・派克 . 少有人走的路：在焦虑的年代获得精神的成长 [M]. 尧俊芳，译 . 北京：北京联合出版公司，2020.

[8] [美] 斯科特・派克 . 少有人走的路：心智成熟的旅程 [M]. 于海生，严冬冬，译 . 北京：北京联合出版公司，2020.

[9] [美] 维克多・弗兰克尔 . 活出生命的意义 [M]. 吕娜，译 . 北京：华夏出版

社，2010.

[10] [美] 亚伯拉罕・马斯洛 . 人性能达到的境界 [M]. 马良诚，译 . 西安：陕西师范大学出版社，2010.

[11] [加] 唐纳德・J・罗伯逊 . 像罗马皇帝一样思考 [M]. 向朝明，译 . 北京：中央编译出版社，2023.

[12] [美] 纳西姆・尼古拉斯・塔勒布 . 反脆弱：从不确定性中获益 [M]. 雨珂译 . 北京：中信出版社，2012.

[13] [美] 大卫・菲德勒 . 与塞涅卡共进早餐：斯多葛哲学的人生艺术 [M]. 谭新木，王蕾，译 . 上海：上海社会科学院出版社，2022.

[14] 刘长林 . 中国象科学观：易道与兵医 [M]. 北京：社会科学文献出版社，2008.

[15] 徐文兵 . 黄帝内经的智慧 [M]. 北京：科学技术文献出版社，2021.

[16] 南怀瑾 . 话说中庸 [M]. 北京：东方出版社，2015.

第四讲　学习有道

【关注话题】

“我爱学习，学习使我妈快乐”

对于“学习”这个词，我们大家都不陌生。中学生的一首“我爱学习，学习使我妈快乐”的打油诗让人忍俊不禁。

啊！我爱学习！
同学喊我上王者，我充耳不闻！
朋友想带我吃鸡，我百般推辞！
校长让我们放假，我无动于衷！
校花找我谈恋爱，我撒腿就跑！
老师给我布置作业，我欣喜若狂！

啊！我爱学习！
没有作业的晚上，我辗转反侧；
没有考试的周末，我坐立难安；
没有老师的假期，我惊慌失措；
收到返校的通知，我喜极而泣。

学习吧，让学霸提心吊胆；
学习吧，让学渣五体投地；
学习吧，让老师目瞪口呆；
学习吧，让父母得意忘形。

快学习吧！学习使我妈快乐！
妈妈快乐我们全家都快乐！
我们全家快乐才能世界和平！
让我们一起维护世界和平！
快学习吧，让世界更加美好！
……

笑过之后，我们不禁思考，为什么孩子们感觉学习是给妈妈学的？这一代孩子从小就课后班、特长班、辅导班轮流转，大部分孩子的大部分时间都是妈妈陪着，看着妈妈辛苦地奔波忙碌，孩子们无形之中觉得配合妈妈、让妈妈满意才是必须的。

孩子们是自己主动愿意参加这些课程的吗？孩子们自己对学习内容感兴趣吗？孩子们自己感受到学习的快乐了吗？

“活到老，学到老”，终身学习是人生智慧的源泉。不论是向书本学习还是向生活学习，学习是人生永恒的主题；无论是自己学习还是指导别人学习，知其然更要知其所以然。

如果你想了解学习规律背后的奥秘，洞悉学霸养成的底层逻辑，那就要重视至关重要的学习能力内核，掌握永不衰竭的学习动力法宝，运用学业目标管理和对照执行策略，养成正确的归因方式和良好的自控力，让学习毅力伴随最优心理体验，学会自主学习、快乐学习、终身学习。

【心理探索】

你对自己的学习能力满意吗？注意力、思维力、记忆力、观察力、想象力等都是组成智力因素的重要部分，其中注意力、思维力和记忆力更是影响学习能力的核心因素，也是个人学习能力的考量指标，我们有必要逐个了解一下。

影响学习能力的核心本领：注意力

在这个数字时代，信息爆炸；在这个商业时代，广告漫天；在这个竞争激烈的时代，压力倍增。如此，人们的注意力不自觉地被分散得越来越严重。

如果不重视注意力被越来越严重分散的情况，最终的结果就是人们的注意力被撕得粉碎，心态会越来越浮躁，精神最终被消耗殆尽。

注意力的集中性

从脑科学的角度讲，注意的实际过程是“一项非常复杂的任务，需要许多不同的大脑区域进行工作”。

从广义上讲，注意力是“关注渴望的或必要的刺激并排除不需要或不必要刺激的能力”。

这种关注和排除刺激的能力需要大脑完成两个步骤：“定向”与“投入”，这通常被称为“注意过程”。

如果我们不能集中注意力——无论是因为能量高而躁动还是因为能量低而昏沉——我们就什么都做不好。

第二次世界大战期间发生的一个间谍案，被心理学界用作注意力培养的经典案例。

有一天，联盟反间谍机关收审了一位说法语的嫌疑犯，他自称是来自比利时北部的“流浪汉”，不是德国人，不会说德语。

但他的言谈举止使人生疑，反间谍军官奥克多觉得他就是德国间谍，可是又拿不出证据，正为此挠头。

只能从审讯开始了。

奥克多一来就问："会数数吗？"

小菜一碟，"流浪汉"用流利的法语数起了数，没有一丝破绽，就连说德语的人最容易露马脚的地方也没有任何的问题。

奥克多又问了很多其他的问题，但依然找不出破绽。于是，奥克多只能先把他押回牢房。

过了一阵，突然有哨兵用德语喊："着火了！着火了！"

这时候，奥克多正躲在暗处紧紧地盯住他。

只见"流浪汉"先生完全无动于衷，伸了一个懒腰，翻过身去，重新躺下呼呼大睡，好像真的是听不懂德语。

没办法，奥克多找来一位农民，让他们在一起谈论庄稼地里的事，想套词。但是他一点也不外行，有的地方甚至比那位农民还内行些。

奥克多也开始觉得，是不是自己的第一印象出了问题。但是他还是不想放弃，于是又想出了一个新的方法。

第二天，"流浪汉"又被押进审讯室里，显得很沉着。奥克多低着头，很认真地审阅着手上的文件，头也不抬地问了些例行性的问题，问完后在上面签了字，抬起头说："好了，你可以走了。"

这位"流浪汉"一听这话，长长地松了口气，垂下双手，像放下一个沉重的包袱，脸上露出解脱的神情。

突然他惊恐地睁大了双眼。只见奥克多面带微笑，得意地望着他。

原来奥克多这句话是用德语说的，"流浪汉"终于露出了马脚，只能招供，承认自己是德国的间谍。

这是一场典型的心理战。

奥克多就是利用了人的潜意识。先漫不经心地看文件，问问题，转移间谍的注意力，忽然用德语说放了他，使他的注意力改变，因此无意间露出得意忘形之色，暴露了自己不懂德语的假身份。

注意是什么?

注意是一种心理状态，它是意识的警觉性和选择性的表现。所有的心理活动都是有注意的参加的。

注意可以分为有意注意和无意注意。有意注意是一种有目的的、有准备的注意。无意注意是没有准备的、自然发生的注意。

单一的注意都不可能维持长久，所以有意注意和无意注意经常是交替进行的，而突然发生的变化会刺激人们的无意注意。

注意力的选择性

对于许多人来说，我们的注意力在很多时候都是有缺陷的……我们对现实的感知与我们注意力的焦点密切相关。

只有我们关注的东西对我们来说似乎才是真实的，而我们忽略的东西——无论它多么重要——似乎都变得微不足道。

在心理学中，当我们全神贯注于某一点时，就算周围发生再不合理的事件，我们都会浑然不觉，这种现象被称为“不注意盲视”。

从上一个片刻到下一个片刻明显变化了，但却无法发现，这种现象被称为“变化盲视”。

变化盲视与不注意盲视有关，但不注意盲视是在无预期的状况下发生的，而变化盲视则是无法察觉前一秒钟的影像与此时的影像的差别。

在《谁是凶手》这个经典的心理学实验视频中，出现了21次前后变化，但是由于我们的关注点不同，可能很少有人察觉。

英国魔术师达伦·布朗在《头脑的诡计》节目中，试探路人是否能察觉上一秒与下一秒的差别：演员A在路上随便找一位路人问路，中间有突然搬运货物的人经过，这时换成演员B继续问路，但路人居然没有发现演员被调包了！

注意力的分配性

注意力的质量影响我们与世界互动和自身体验的质量。艾伦·华莱士提到，很少有事情比我们的注意力更能影响我们的生活。

哈佛大学心理学家马修·奇林斯沃斯和丹尼尔·吉尔伯特在2010年做了一个注意力实验，并将实验结果发表在了著名的《科学》杂志上。

他们发现，人们花费46.9%的醒着的时间去思考他们在做的事情之外的事情。

出现这种现象的原因是我们的心智总是走神，我们的心智总是散乱的，而且他们还发现散乱的心智是没有幸福感的。

与其他动物不同，人类花费大量时间思考当下身边没有发生的事情，比如，思考过去已经发生的事、未来可能会发生的事，或者可能永远不会发生的事。

事实上，散乱似乎是人类大脑的默认运作模式。当我们的注意力受损时，我们无法学习、倾听、与他人交谈、工作、娱乐，甚至无法入睡。

“许多哲学和宗教的传统都提到，活在当下才能找到幸福。人们可以通过训练来停下心智的散乱并‘活在当下’”，奇林斯沃斯和吉尔伯特在《科学》杂志上指出：“这些传统智慧表明，散乱的心智是不快乐的。”这项研究的结果与传统智慧是一致的。

艾伦·华莱士这样描述专注与创造力：想想历史上最伟大的音乐家、数学家、科学家和哲学家——他们似乎都拥有一种非凡的能力，可以长时间高度清晰地集中注意力。

一颗安住在这种警觉平静状态的心是产生各种原始洞察力与创新的沃土。我们每个人都有成为“天才”的潜能——我们每个人都有自己独特的创造力，只需要拥有持续关注的力量来解锁它。

专注的头脑可以帮助将创造性的火花带到意识的表面。相反，如果头脑一次又一次地走神，可能会永远失去其创造潜力。这与《大学》中提到的“知止而后有定，定而后能静，静而后能安，安而后能虑，虑而后能得”有异曲同工之妙。

很显然，如果我们提升使用注意力的能力，我们的生活质量将会大大改善，而且将注意力持续保持在正在做的事情上，即专注于所做，这样就能帮助我们表现得最佳。

影响学习能力的核心本领：思维能力

学习能力的高低，关键不在记忆多少知识，而在于思维是否拥有清晰的地图。

大脑处理信息不是仓库堆货，而是工地盖楼——神经科学证实，思维能力就是那台起重机：逻辑框架是钢筋，知识关联是水泥，盖得又快又稳的秘诀全部在于如何训练这台“机器”。

思维能力是智慧的核心

思维能力，指人们在工作、学习、生活中每逢遇到问题，总要“想一想”，这种“想”，就是思维。

它是通过分析、综合、概括、抽象、比较、具体化和系统化等一系列过程，对感性材料进行加工并转化为理性认识来解决问题的。

思维能力包括理解力、分析力、综合力、比较力、概括力、抽象力、推理力、论证力、判断力等能力。

它是整个智慧的核心，参与、支配着一切智力活动。一个人聪明不聪明，有没有智慧，主要就看他的思维能力强不强。

思维是人类最重要的认知活动之一，它决定了我们对世界的理解和行为的方式。然而，思维并不是一个统一的概念，而可以分为多种不同的方式。

逆向思维的辩证法

逆向思维法是指从事物的反面去思考问题的思维方法，这种方法常常使问题得到创造性的解决。

1964年6月，王永志第一次走进戈壁滩，执行发射中国自行设计的第一种中近程火箭任务。

当时计算火箭的推力时，正值七八月份，天气很炎热。火箭发射时，推进剂温度高，密度就要变小，发动机的节流特性也要随之变化。

正当大家绞尽脑汁想办法时，一个高个子年轻中尉站起来说：“经过计算，要是从火箭体内卸出600公斤燃料，这枚导弹就会命中目标。”

大家的目光一下子就聚焦到这张年轻的新面孔上。在场的专家们几乎不敢相信自己的耳朵。有人不客气地说：“本来火箭能量就不够，你还要往外卸？”于是再也没有人理睬他的建议。

这个年轻人就是王永志，他并不甘心，他想起了坐镇酒泉发射场的技术总指挥、大科学家钱学森，于是在临发射前，他鼓起勇气走进了钱学森的住所。

当时，钱学森还不太熟悉这个“小字辈”，可听完了王永志的意见，钱学森眼睛一亮，高兴地喊道：“马上把火箭的总设计师请来。”

钱学森指着王永志对总设计师说：“这个年轻人的意见对，就按他说的办！”果然，火箭卸出一些推进剂后射程变远了，连打3发导弹，发发命中目标。从此，钱学森记住了王永志。这是一个运用辩证法的逆向思维的例证。

中国开始研制第二代导弹的时候，钱学森建议道：“第二代战略导弹让第二代人挂帅，让王永志担任总设计师。”

几十年后，总装备部领导看望钱学森，钱学森还提起这件事说：“我推荐王永志担任载人航天工程总设计师没错，此人年轻时就露出头角，他大胆逆向思维，和别人不一样。”

发散思维的创造力

南宋绘画史著作《画继》记录了宋徽宗用来选拔人才的考题。要不怎么说宋徽宗是艺术皇帝呢？他挑选绘画人才的方式也与众不同。

对于命题作文，相信大家再熟悉不过了，但对于“命题作画”，可能就不了解了。宋徽宗的命题作画，满分作品长啥样？

考题一：“野渡无人舟自横”

接到考题后，考生们都想：应该就是表现野外没有人划的小船吧，于是都把重心放在“无人舟”上，几乎每个人的画里都有一条小河，河上是一艘艘空船。

有一位考生画了一个人躺在船上睡着了，受到宋徽宗极力推崇，大致就是这么一个场景。

宋徽宗也给出了自己的理由："野渡无人"不一定是船上没有人，只是没有要坐船的人，比起那些只有船没有人的画作，这幅画里船工无事可做，景中有情，是当之无愧、独具匠心的第一名。

考题二："竹锁桥边卖酒家"

这一回，大家审题的重点在酒家的环境上，大多数人画了两旁长满竹子、中间一间酒家、旁边一座小桥的乡村画面，宋徽宗并不满意。

画家李唐别出心裁，在小桥旁、竹林深处画了一面酒旗，将重点放在"竹锁"上，成为当场考试的满分答案。

考题三："深山藏古寺"

俗话说得好，事不过三，大家也懂得要在历年考题上吸取教训，于是这回大家都抓住了题目的重点："藏"。

可是并不是所有人都能"藏"出新意，有的人不走心，画了个半遮半掩的寺庙；稍微做了点功课的人效仿之前的考题，在山水中间画了一个代表佛寺的幡竿，照搬去年的也太没新意了吧。

但也有人玩出了新意，他画了一条被踩出来的小路，一头通往深山里，另一头有一个小和尚在挑水……小和尚挑水当然是回寺庙里了，这种"藏"真的是绝了，这个第一名实至名归。

创造性思维的表现

创造性思维不仅可以提高人类的认知能力，还可以不断增加人类知识的总量，为实践活动开辟新的局面。

苛勒的黑猩猩会学习

你有没有过苦思冥想找不到结果却恍然大悟的经历？恭喜你，你刚刚经历了一次顿悟。

顿悟理论是苛勒对黑猩猩的问题解决行为进行实验研究后提出的。实验过程很简单，就是让黑猩猩去拿香蕉。

这只名叫苏丹的黑猩猩很聪明，当它发现用手够不着的时候还学会借用竹竿把香蕉从远处拨过来。然后苛勒改变了情境，把香蕉放到了更远的地方，还给了苏丹两根竹竿，一根粗，一根细，粗竹竿是空心的，两根竹竿组合起来正好可以够到香蕉。

苏丹一开始跟以前一样，会借用竹竿去够，一会儿用小竹竿，一会儿用大竹竿，但怎么也够不着。像这样的无用功，它做了很长时间，因为之前它积累的经验都只是告诉它只用一根竹竿。

直到苏丹有一次把一根竹竿伸出笼子，用另一根竹竿把前一根竹竿往前推，这样正好可以碰到香蕉，但是却没办法把香蕉够过来，苏丹反复做，过了一个小时，苏丹开始呆坐着看香蕉，苛勒都以为它要放弃了，它突然拿起竹竿开始摆弄，结果偶然地把它们组装起来了。

苏丹为自己的发明而高兴，然后轻松地够到了香蕉。在第二天重复这一实验时，苛勒发现苏丹很快就能把两根竹竿连起来取到香蕉，而没有进行漫无目的的尝试。

通过这个实验，我们也可以看到自己的影子。

在解决问题的时候，上一秒你还完全处在无法解决问题的状态中，而下一秒就突然身处即将解决问题的边缘，有一种灵光一现的感觉。

这就是顿悟，对于百思不得其解的问题，换个角度看可能会忽然豁然开朗，但是顿悟并不是靠着单纯的努力或是经验的积累就能得到的，它是一种创造性地解决问题的方法，对从事创作型工作的人而言尤其重要。

阿基米德酝酿效应

不只是你，科学史上很多重要的发现都和顿悟有关系，其中最著名的就是大家都听过的牛顿的故事。

在1666年酷热的夏天的某一天，牛顿坐在一棵苹果树下冥思苦想。这位24岁的年轻人挠了挠自己的鼻子。一个苹果“啪”的一声打在他的脑门上，于是他一下子就发现了万有引力。

其实不只牛顿，勒奈·笛卡尔就是在看着卧室里飞来飞去的苍蝇时产生了笛卡尔几何学的灵感。

那么成就无数“顿悟时刻”的到底是什么呢？

心理学上有一个很有趣的现象——酝酿效应。所谓酝酿效应，又称直觉思维，指的是：当一个人长期致力于解决某一个问题但又百思不得其解的时候，如果他可以暂时停下来，把对这个问题的思考搁置几小时、几天或几星期，他可能会突然因为某种机遇产生新的思想，进而一下子找到解决这个问题的办法。

关于这个效应，背后还有一个关于阿基米德发现“浮力定律”的有趣故事。

古希腊有一位国王找人做了一项王冠，他的要求是使用纯金制作，可是拿到手里却发现似乎被掺了银。

但他找不到证据。因为王冠和当初他拿出的金子一样重。

于是他找来阿基米德，让他想办法，看看金匠有没有偷工减料。

阿基米德一开始也想不出有效的办法，越是苦思冥想，越是找不到答案。

后来有一天，阿基米德去洗澡，他一躺进浴缸里就看到浴缸里的水往外溢，同时感觉身体被轻轻地托起。

他恍然大悟，意识到物体的密度可以通过溢出的水量来测量。有人甚至给这种顿悟时刻起了一个名字——阿基米德酝酿效应。

正如心理学家们说的，所谓的“酝酿”过程并不是让你停止思考，而是将原来的思维过程转入潜意识层面，由大脑的“后台程序”对相关信息进行重组和解构，以获得类似于“灵感”的思维状态。

20 世纪最伟大的科学家爱因斯坦说：“真正可贵的因素是直觉。”但是，直觉并非“偶然所得”，而是“长期积累”的必然结果。

顿悟首先需要经过锲而不舍、深思熟虑地思考和探索，同时还要学会适时、适度放松。

人们长期研究，使得大脑因疲劳而处于抑制状态，思维变得有些迟钝。这时，如果让大脑得到适当的休息和调整，把注意力转移一下，大脑就会重新处于兴奋状态，思维也格外活跃，就有可能茅塞顿开、恍然大悟，产生认识上的突破和飞跃。

心理学家揭开顿悟的神秘面纱

从心理过程上看，顿悟是一个瞬间实现的、问题解决视角的“新旧交替”过程，它包含两个方面：一是新的有效的问题解决思路如何实现，二是旧的无效的思路如何被抛弃（即打破思维定势）。

心理学家以谜语作为材料，利用功能性磁共振成像（fMRI）技术精确记录了人类的大脑在实现顿悟的一瞬间的活动状况。

结果显示，顿悟过程激活了包括额叶、颞叶、扣带前回以及海马体在内的广泛脑区。

心理学家们认为，在顿悟过程中，新异而有效的联系的形成依赖于海马体，问题表征方式的有效转换依赖于一个“非语言的”视觉空间信息加工网络，而思维定势的打破与转移则依赖于扣带前回与左腹侧额叶。

在你百思不得其解的时候，请不要灰心，也许顿悟会突然出现。

创造性人才的心理结构

当人们讨论中国学生的创新素养及其培养的时候，经常会提到“钱学森之问”——为什么我们的学校总是培养不出杰出人才？

创造性人格和创造性思维被普遍认为是创造力的重要组成部分，两者缺一不可，它们在创造性过程中共同发挥作用。

创造性人才 = 创造性思维 + 创造性人格

创造力

心理学家对创造力的研究始于20世纪50年代。时任美国心理学会主席的吉尔福特在《美国心理学家》杂志发表《创造力》一文，从此开创了学界长达70年对于创造力的相关研究。

按照吉尔福特的观点，创造性思维是个体创造力的核心，它的主要表现就是发散性思维。可以说，吉尔福特的这篇论文奠定了学界关于创造力研究的基础。

托兰斯认为，创造是一种过程，它首先需要对问题、缺陷、不和谐因素等产生敏感，进而找出症结，在寻求解决方案的过程中，做出推测或假设，并通过试验修正假设，最终公布结果。

他借用了吉尔福特的发散性思维理论，将创造性思维细分为流畅度、灵活性、原创性、精细度等四个范畴。

阿玛贝尔认为，创造力是对一项开放性任务做出新颖而恰当的反应，进而形成产品或解决方案的能力。

斯滕伯格等人的创造力投资理论认为，创造性是个体利用其智力、知识、思维风格、人格、动机、环境等心理资源，对观念进行“低买高卖”的投资活动。它类似于资本市场的投资行为，只不过它是在观念世界里进行投资而已。

林崇德认为，创造力是根据一定目的，运用一切已知信息，产生出某种新颖、独特、有社会价值或个人价值的产品的智力品质。

这里的产品是指以某种形式存在的思维成果，它既可以是一种新概念、新设想、新理论，也可以是一项新技术、新工艺、新产品。

创新或创造性的实质是人们在对知识经验或思维材料进行高度概括集中后进行新的组合分析，找出新异的层次和交结点。

思维概括性越高，知识系统性越强，减缩性越大，迁移性越灵活，注意力越集中，则创造性就越突出。

我们在对创造力概念进行梳理的过程中发现，人们对创造力的理解有许多不同的角度，不同的学者都在用不同的方式尝试界定创造力的概念内涵。

因此，如果想要全面“整合”关于创造力概念的已有研究，有一定困难，不过有一个人们普遍能接受的共识是：**几乎所有的关于创造力的定义都包含了“新颖”和“有价值”这两个要素。**

创造性思维

创造性思维是一种开创性地探索未知事物的高级复杂的思维，是一种有自己的特点、具有创见性的思维，是扩散思维和集中思维的辩证统一，是创造想象和现实定向的有机结合，是抽象思维和灵感思维的对立统一。

创造性思维有以下几个特征：

活动新颖、独特、有意义；

思维加想象；

灵感的出现；

分析思维与直觉思维相统一；

发散思维与辐合思维相结合。

创造性人格特征

美国心理学家大卫·韦克斯勒曾收集了众多诺贝尔奖获得者青少年时代的智商资料。结果发现，这些诺贝尔奖获得者多数并不是高智商者，而是中等或中上等智商者。关于创造性人格的研究，在国际上较著名的是吉尔福特和斯腾伯格的理论。

吉尔福特提出，创造性人格有八个方面：

①有高度的自觉性和独立性，不肯雷同；

②有旺盛的求知欲；

③有强烈的好奇心，对事物运行机制有深究的动机；

④知识面广，善于观察；

⑤工作中讲求理性、准备性和严格性；

⑥有丰富的想象力、敏锐的直觉，喜欢抽象思维，对智力活动和游戏有广泛的兴趣；

⑦富有幽默感，表现出卓越的文艺天赋；

⑧意志品质出众，能排除外界干扰，长时间地专注于某个感兴趣的问题。

斯腾伯格提出创造力的三维模型理论，即创造力的智力侧面（智力维）、创造力的智力方式侧面（方式维）、创造力的人格特征（人格维），它由七个因素组成：

①对含糊的容忍；

②愿意克服障碍；

③愿意不断地发展自己的观点；

④活动受内在动机的驱动；

⑤有适度的冒险精神；

⑥期望被别人认可；

⑦愿意为争取再次被认可而努力。

北京师范大学林崇德教授认为创造性人格有五个方面的特征，即：

①健康的感情，包括情感的程度、性质及其理智感；

②坚强的意志，即意志的目的性、坚持性（毅力）、果断性和自制力；

③积极的个性意识倾向，特别是兴趣、动机和理想；

④刚毅的性格，特别是性格的态度特征（例如勤奋），以及动力特征；

⑤良好的习惯。

影响学习能力的核心本领：记忆力

想必我们都有过这种经历：明明话就在嘴边，但就是想不起来怎么说……这种现象被称为“舌尖现象”，这是由于大脑对记忆内容的暂时性抑制造成的，或者也可以说，这是大脑无法从记忆中调取/检索词汇造成的。

一旦经人稍微提醒，我们便又瞬间脱口而出。这种让人着急的窘况（语言提取失败）究竟是怎么回事呢？

1988年2月25日，在马萨诸塞州伍斯特的一场演出中，歌手布鲁斯·斯普林斯汀忘记了歌曲《生为奔跑》开头的歌词，但这却是他有史以来最伟大的热门单曲。

在1988年以前，他肯定已经把这首1975年的热曲唱了上千遍。因此，当发现自己不知所措地盯着满怀期待的伍斯特观众时，他也无能为力，只能对着麦克风承认：“该死，我忘记了歌词。”

布鲁斯·斯普林斯汀回忆歌曲《生为奔跑》开头歌词时的短暂挣扎，可以为我们揭示记忆的运作模式。

艾宾浩斯的记忆遗忘曲线

德国心理学家赫尔曼·艾宾浩斯有句名言：“心理学有一个长长的过去和一

个短暂的历史。”

所谓遗忘，就是我们对于曾经记忆过的东西不能再辨认出来，也不能回忆起来，或者是错误地再认和错误地回忆，这些都是遗忘。

遗忘是信息侵蚀的结果

对于遗忘的研究，可追溯到 19 世纪晚期，当时心理学研究人员开始将数学工具纳入他们的实验中。

艾宾浩斯通过记住一长串无意义音节的方式来研究自己的回忆能力，然后，随着时间的推移记录自己的记忆程度。

他发现，随着时间的推移，他对此的回忆能力呈曲线分布下降（见下图）。他很快便忘记了大部分费了好大力气才记住的音节，但其中一小部分仍存在于他的记忆中，即便已经过去了许久。

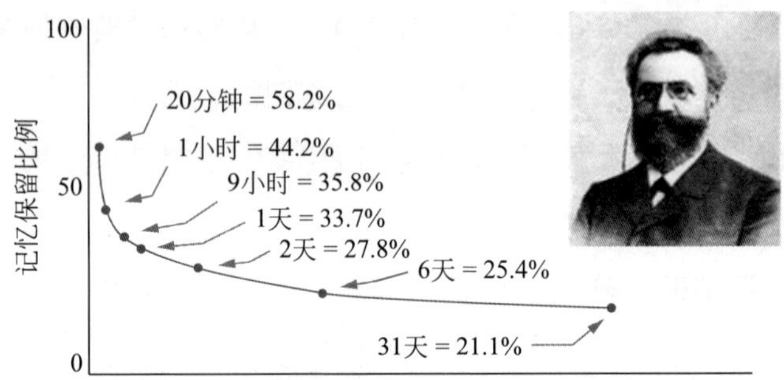

艾宾浩斯遗忘曲线

得出的结论是很直接的——**遗忘是信息侵蚀的结果。但即使在这些早期的研究中，数据也出现了波动，这表明导致遗忘的原因还有许多。**重要的是，艾宾浩斯发现，每次实验的时间间隔对于记忆影响很大，隔一段时间再记忆新东西，要比挤在一起效果好得多。

这是一个神秘的发现，暗示着大脑要想形成记忆，仍存在一些无法解释的条件，但与此同时，这并不令人惊讶。事实上，大多数学生都知道分时段学习的好处。他解释道：**“学生不会逼着自己在晚上学完所有的单词和语法规则，因为他**

们心里很清楚，早晨才是记忆的黄金时段。”

影响遗忘的主要因素

距离记忆的时间、材料是否有意义，材料所处的位置、学习程度、加工深度、记忆动机等，这些因素都会导致记忆的遗忘。

要想提升记忆能力，单靠这些方法还是远远不够的，这些方法只能帮助你改变记忆习惯，减轻记忆痛苦，但这只是外在力量，真正提升记忆能力的内在力量则是大脑内的海马体。需要通过不断的锻炼，使它发达，这才是最根本的提升记忆能力的方法。

想要把知识记得更牢，需要先让自己“遗忘”

相信很多人都有过一个疑问：为什么学校每天的课表要混搭着安排？

比如一种最常见的课表安排大概是：上午“语文、语文、数学、英语”，下午“政治、物理、地理”，或者下午再给安排一节体育课，差不多就是这样了。

为什么非得是这样呢？为什么不能这半天或者一整天就只上数学课？

这问题听起来有点傻，因为有一些显而易见的回答：“你想把数学老师累死啊？你想让那些数学不太好的孩子难受死啊？”

说得很有道理，但原因并不是我们想得那么简单。可是我们假设老师不怕累，以及假设全班孩子都爱学数学，为什么也不能这么安排呢？

因为，只有让你忘了，才能学得更好，而将课表进行混搭安排，就是创造“忘”的条件。

“刚才数学课讲的啥来着？那道题怎么做来着？”

接下来我们就要讨论为什么这种记不起来的恐慌感很重要。

比约克记忆理论

美国加州大学洛杉矶分校的一对教授夫妻罗伯特·比约克和伊丽莎白·比约克，提出了一个非常漂亮的记忆力理论模型。

这个理论，它能完美解释各种关于记忆和遗忘的现象，它能为我们的学习提供指导，它非常简单而又非常反常识，你看一遍就永远忘不掉。

记忆和遗忘到底是怎么回事呢？我们心目中的记忆，大概就如同写在沙滩上的字，随着时间的流逝会慢慢模糊掉……而这个比喻是错的。

两种记忆强度：存储强度和提取强度

比约克夫妇的理论说，人的记忆其实有两种强度：存储强度和提取强度。

存储强度决定了这个东西是否进入了你的大脑，提取强度决定了你能不能把它回想起来。

存储强度只增不减

存储强度不会随时间减弱！

我们每时每刻都在接收大量的信息，而其中的绝大部分都被大脑自动忽略了——这些被忽略的信息不算。

那些剩下来的，你主动希望记住的信息——比如说一个人名、一个电话号码、一个英语单词——一旦进入记忆，就永远在大脑里了。

下次再见到它，它在你大脑里的存储强度会增强，但是哪怕你再也见不到它了，它的存储强度也不会减弱。

提取强度越用越高

那么，为什么我们会忘记一些东西呢？那是因为提取强度出了问题。如果没有复习，提取强度就会随着时间的推移而慢慢减弱。

比如现在让你回忆20年前的一位同学的音容笑貌，你肯定想不起来什么——这就是提取强度变弱了。

但是如果你跟她突然见面，两人一聊天，当初的种种事情就一下子全想起来了——这就是因为存储强度其实没有减弱。记忆一直都存在那里，只是不好提取罢了。

你对一个东西接触的次数越多，存储强度就越高。你对一个东西想的次数越多，提取强度就越高。

心理学家经过研究后得出的一个关键结论是，提取强度越用越高。每次提取记忆，提取强度都会提高；而且因为这个记忆在你脑子里又过了一遍，所以存储强度也提高了。

必要困难理论

将给自己找麻烦的做法定义为“必要困难”。这个理论的精髓在于，学习时应该故意制造轻微的挫折感，给自己创造一些随时可能忘记的场景。

以前，人们习惯性地认为，记得越快，学习效果就越好。简言之，存储越容易，提取就越快。

但比约克夫妇的实验发现了与常识相反的结论：“存储与提取负相关。”也就是说，存入记忆越容易，提取出来越困难；反之，如果你有些吃力地存入，存储时越困难，那么提取的时候反而会更轻松。

最核心的一个要点是，提取越困难，存储强度提高就越快；反之，提取越简单，就越起不到存储的效果。

举一个学生们最熟悉的例子，就是记笔记。

有心理学家曾做过这样一个断言，我们在学习的时候往往倾向于使用那些轻松、不费力的学习技巧，比如课堂笔记。

但是必要难度原理建议，别在课堂上记笔记，且不说记笔记太认真太详细会导致漏听，这件事情本身就不科学。因为一旦你把老师讲的都逐字逐句地记下来了，你的“提取工作”就会变得容易，反正复习的时候本子上五颜六色的都写了，而这些东西并没有真的存储到你的脑子里。

这就是典型的低提取强度，就是为什么明明都记了，可是一到考试还是不会的原因。

那应该怎么做呢？你只需要记几个关键词，关键词越少越好。甚至，你可以等到整堂课结束之后再去记笔记。

这种强迫自己回忆课堂内容的过程是非常痛苦的，你需要进行大量的补充，这时候就是对理解能力、对已有知识是否融会贯通的一种考验了。

如果你发现确实无法还原，那么带着这些无法还原的知识盲区，再去请教老师和同学，这个效果就会不一样，而这个原理就是因为提取困难使得你的这次存储很深刻。

两种工作记忆：短期工作记忆和长期工作记忆

现代心理学认为，人有两种工作记忆。短期工作记忆相当于电脑内存，是完成一项具体工作时大脑随时使用的记忆；长期工作记忆相当于电脑硬盘，是我们平时的知识储备。

人的短期工作记忆能力非常有限，一般人只能同时考虑四件事情。这四件事情最好都是跟当前要解决的问题相关的，这就是人为什么要专注的原因。

所谓学习，就是把进入大脑的短期工作记忆的内容强化吸收，写进长期工作记忆之中的过程。

所谓创新，就是把长期工作记忆中的相关内容调取出来，放在短期工作记忆里跟新信息建立联系的过程。

突击式学习和间隔式读书

突击式学习应付考试很方便，可是将来如果真要用到这些知识，还得重新找书来看。因为学得太快，所以忘得也快。用记忆力的理论来说，就是突击式学习的存储强度和提取强度不够高。

间隔式读书（慢慢学）才是好办法，这周学一点就放下，下周拿起来接着学，得先提取一下前面的记忆，这样多次提取，记忆就加深了很多。那么，在同一时期内交叉学习几门课程，比学完一门再学另一门的记忆效果会好很多。

比约克的意思是：比如现在一件事能被拆分成五个单元，你有五节课的时间，那么相比起每节课单独处理一个单元的问题，你每次都把所有单元内容混到一起学习的效果是更好的。这和我们在开头说的为什么课表要混搭着安排的道理类似。

如果一个知识点很容易就被想起来了，那就不能叫学习，这也是为什么考试（哪怕是模拟考试）如此重要的原因。

考试是最好的复习

考试是强制我们进入一个努力回忆的情境，然后我们会发现自己总有一些东西是真的记不起来了。

想要记住一个知识点，你得注重“提取”。

科学家发现，提取这个动作越困难，两个强度的增加值就越大。

既然如此，最有效率的学习方法就不是天天复习，而是故意把它放在那里等几天，等到提取强度慢慢变弱了，我们已经有点“忘记”了，再搞一次测试式的复习。

如此一来，你不但用最少的时间学习，而且还能通过遗忘过滤掉一些不必要的信息。

还是以背单词为例，科学的做法是多复习，但是每次都增大复习的间隔——第一次复习放在一天之后；第二次复习的间隔就要拉长，比如说再等一周；然后是一个月之后；然后等几个月甚至更长时间。

当然这只是一个示意——具体间隔多长时间最有效可能因人而异，通常我们把遗忘当成是学习的死对头，但两者其实是共生关系。

【热点解读】

改善记忆力的方法

《纽约时报》的一篇文章介绍了四种改善记忆力的方法。

第一种方法是重复。一遍又一遍地重复阅读仍然是把短期记忆转化为长期记忆的最佳途径。反复琢磨一些想法和观念，直到完全记牢，这是最简单的让大脑形成新连接的方式。

第二种方法是间隔式温习。加州大学洛杉矶分校心理系主任罗伯特·比约克说，快速地把信息塞进大脑的结果是，时间一长，我们就会忘记它们。

但是，如果你能每隔几天就进行一次温习，那就会记得更牢。而且，如果你能把试图记住的东西融入日常生活里，那么你记住它们的概率就会更高。

第三种方法是创造专注的工作环境。密苏里大学的工作记忆专家纳尔逊·考恩指出，很多人都意识不到专注对于工作的重要性。

考恩认为，联合办公空间或者开放式办公场所，其实会大大降低工作效率，因为它们会额外制造出许多让人分心的因素，比如你的同事可能在旁边吃零食，或者跟其他人交谈。这些都会影响到你。

此外，停止做那些会让人分神和拖延的事情，比如浏览社交网络，而是聚焦在手头的任务上，不但你的专注力会提升，而且你的记忆力也会得到改善。

第四种方法是给记忆设置提示。心理学家丹尼尔·沙克特说："记忆非常依赖提示。大多数人都会说，这样（善忘）的事绝不会发生在我身上，但这样的事曾发生在太多靠得住的人身上。如果得不到提示，你几乎可能忘掉所有的一切。"可以使用多种提示来改进记忆，例如在手机上设置提醒、用相关物品来作为提醒、写成便利贴放在案头。

沙克特非常强调专注："很多人过分自信，以为自己能掌控分心的情况。但是，要明白一心二用可能会让你付出代价。有时候这种代价并没什么，但另外一些时候，后果很严重。"

【心中有道】

助推学习动力的关键因素

为什么有的人对学习只有三分钟热度？为何有的人总是间歇性踌躇满志、持续性散漫颓废？学习动力和学习热情是关键。

好奇心

好奇心是人类独有的高认知需求。首先，它是人类独有的，达尔文的进化论认为，人类和灵长类动物都有三种基本驱动力——食物、性和庇护所，伊恩·莱斯利认为，好奇心是人类独有的第四种驱动力。

好奇心的力量

美国心理学家威廉·詹姆斯说，好奇心是通向更好认识的冲动。

在此后的一百多年里，包括巴甫洛夫、伯拉因在内，大量的心理学家提出了众多理论。

现代心理学界对于好奇心的普遍共识是：好奇心是一种出于内部动机的信息采集和搜索形式。

好奇更多的是一种状态，而不是一种特性。也就是说，好奇心往往是对自己所处形势或环境作出的一种积极反应。我们可以通过规划我们的生活来激发或遏制它。

好奇心是人类强大的驱动力，能够激发探索未知世界的热情和创造性。好奇心是持续探究和引发洞察力、创新精神的关键。好奇心能激发学习与发现，促进个人成长。好奇心需要不断的鼓励、奖赏和激励，并需要成为一种习惯。

美国人有多“好奇”？

我们可能曾经有过这样的疑问：“美国小朋友学的知识那么简单，为什么美国却培养出了那么多科学家呢？”

美国作为拥有诺贝尔奖获得者数量最多的国家，获奖人数多达300多人，是第二名的两倍还多！

我们可以从各类社会事件和热点中看到美国人民对科学和未知的探索兴趣。

有网友记录了2018年8月21日美国人民对横跨全境的日食的热情程度，让人大吃一惊。

日食当天，美国民众观看日食的场景非常壮观：有人为了看日食，配备了全副专业设备；

公园里人山人海，大爷大妈们甚至在上午六七点就带着观察设备占据了有利地形；

学校发通知，给每个孩子配发了符合ISO认证水准的观察眼镜，时间一到，集体停课，全体小朋友到操场上去观看日食；

有人开十几个小时车去最佳观测地观看，甚至掐好时间买了机票，要在三万英尺的高空欣赏奇观；

各路怪叔叔科学家也陆续出现了，他们有的把细菌涂在纸片上，用气球送上高空，看这些细菌能存活多久；

有的给农场里的牛涂上不同的标记，看公牛和母牛在日食发生的时候会有什么不同的反应……

因为日食镜一镜难求，许多人还自行开发了许多奇特的小孔成像观察设备……

其实，甚至早在日食开始前的两个月，就有科普团体开始在各个图书馆举办免费的日食知识讲座。前往听讲的人，能把整个大厅都塞满，最后连站的地方都没有。

“日食热潮”让我们再一次深刻地认识到，美利坚民族是一个多么“好奇”的民族。

好奇心究竟有多大的力量？“好奇”的力量超越智商。

物理大神爱因斯坦曾经说过一句很凡尔赛的话：“我没有特别的天赋，我只是对万事万物充满了强烈的好奇心。”

好奇心的分类

伊恩·莱斯利把好奇心分为消遣性好奇、认知性好奇和同理性好奇。

消遣性好奇

娱乐圈作为人们“吃瓜”的最大瓜田，从各种大瓜到连环小瓜，层出不穷。人们也是乐此不疲地争当“一线吃瓜群众”。

在疯狂地刷微博、刷视频过程中，偶尔的一瞬间你是否也会想：这和我有一毛钱关系吗？为什么我总是忍不住点开来看呢？

这里告诉你答案——是你的“消遣性好奇”在作怪。

消遣性好奇就是对新事物的短暂着迷，比如小孩子总是喜欢把手伸到一些不该触摸的地方；看见一扇开着的门，也会忍不住走进去。

再比如，我们正在给朋友发短信，手机里突然弹出一条热点新闻。这时，我们就会忍不住地点进去看，等到又有新奇的事物出现时，我们又会转而去关注那些新事物。

消遣性好奇不遵从任何特定的程序或者方法，注意力会从一个新鲜事物转移到下一个新鲜事物，因而它会使人毅然地避开或者搁置乏味的事物，持续地寻觅新的信息和感官体验。它的影响力是突发而不可抗拒的，能快速俘获我们的心智。

消遣性好奇并不能产生真正的创新，它缺乏聚焦和连续性的思考活动。因为有意义的创新不能凭空产生，而需要借鉴人类已有的知识，并要求创新者保持一定的连续性思考。

按照这样的理解，消遣性好奇跟我们看见别人玩什么、参与什么新事物引发的好奇不无关系，但这种好奇心只是为了从别人热衷的新事物中找到新鲜和刺激，所以对于思考没有太多直接作用。

我们在工作中通常会发现，如果一个人无法做到聚焦和连续性思考，通常也会丧失正常的工作能力。

所以，消遣性好奇如果没有好好得到利用，反而会影响我们的正常工作和生活。

认知性好奇

认知性好奇指的是一种需要付出努力的对知识进行深度探索的渴望，拥有认知性好奇的人喜欢研究复杂的问题，他们享受通过努力获得新知识的过程。

认知性好奇描述了一个从简单地追求新鲜感到亲自尝试着去理解和认知的深入过程。它是在消遣性好奇成熟之后产生的。

每次学到新东西的时候，他们都表现得很兴奋。消遣性好奇，虽然可以鼓励人们拓宽视野，获得新的经验，结识新的朋友，但是如果我们永远走马观花而不认真探究的话，就无法得到真正有用的东西。比如，人类如果想探测火星，单纯依靠对火星这个遥远星球的好奇远远不够，我们还需要一种可以持之以恒解决问题的欲望，这样才有可能真正地踏上火星。

认知性好奇并不容易拥有，它需要持久地在认知上努力。相比消遣性好奇，满足它更加艰难，但最终也让人收获更多。

认知性好奇可以成为满足和愉悦的源泉，为心灵提供养分。对组织和国家而言，它可以使创造性才智激增并引发创新，从而产生质的飞跃，使好奇心真正产生价值。

同理性好奇

同理性好奇，也就是对别人的想法和感受的好奇。它并不是我们平时经常说的八卦，而是站在别人的立场，从他们的角度去思考为什么会发生这件事。

同理性好奇同传谣或者八卦是截然不同的。

八卦可以理解为出自消遣性好奇，你想知道隐藏在别人生活表象背后的细节信息；而同理性好奇的出现则是因为你完全真心诚意地站在对方立场上去感同身受，从对方的视角去看待和思考问题。

消遣性好奇可能会使你猜想某个人以什么为生，而同理性好奇则是让你思考他为什么会以此为生。

伦敦大学金匠学院的一项研究表明，好奇心对学习成绩的贡献与责任心基本相同。这两者相加对人的影响，甚至超过了智力。

冯·斯蒂姆认为，好奇心可能是影响个人成就最重要的因素，因为它将智力、坚持和对新事物的渴望结合在了一起。

正如作家凯文·德拉姆所说："互联网正在让聪明的人更聪明，笨的人更笨。而未来属于那些具有好奇心的人。"

【热点解读】

未来属于有好奇心的人

哈佛商学院的一项研究称，那些保持好奇心和开拓视野的人在职业上更有可能取得成功。

他们更具创造力，更能适应变化，也更有可能找到新的机会和解决方案。此外，许多成功人士也强调保持好奇心对于个人成长和充实生活的重要性。

像乔布斯和爱因斯坦这样的天才，在他们的演讲和采访中多次提到了他们对于保持好奇心的追求和视野的拓展。

《时代》杂志发表了一篇关于"富勒顿纵向研究"（FLS）的报道，间接印证了"大神"的说法。

简单介绍一下富勒顿纵向研究（FLS）：

这是一项超过 30 年的关于天赋儿童的纵向发展研究。

研究根据十分广泛的标准对参与者进行评估，比如学校表现、智商、领导力和幸福感。

在婴儿期和幼儿期，孩子们每 6 个月被评估一次；从 5 岁到 17 岁，每年评估一次。

研究人员得出了什么结论呢？

首先，智商确实很重要。

8 岁时，接受测评的 107 个孩子中，有 19% 的人智商测评分数超过了 130，他们被定义为拥有“智商天赋”。

这些孩子做事更有目标性，也能更长时间地集中注意力。刚上学的时候，智商高的孩子表现更好。

但是，“动机天赋”比“智商天赋”更重要。

除了“智商”，研究人员还对“学习动机”进行了评估，并且把 111 名青少年中前 19% 的孩子定义为“动机天赋儿童”。

这些孩子“喜欢学校，喜欢接受挑战，不怕困难，目标明确，充满好奇，而且能够持之以恒”。

有趣的是，“智商天赋”和“动机天赋”之间并没有多少关系。

在 100 多个孩子里，只有 8 个孩子既有“智商天赋”，又有“动机天赋”。

让人大跌眼镜的是，智商高的孩子到了高中，成绩不一定好，但学习动机强的孩子，基本都是学霸。

并且，随着时间的推移，拥有“动机天赋”（强大好奇心）的孩子在各个领域都能逐渐超越同龄人。

他们学习更加努力，于是就能学会更多知识；因为学到了更多知识，他们懂得更多，这也意味着他们学习新知识会更容易。

科学家告诉我们，拥有强烈好奇心的孩子，一定拥有强大的“学习内驱力”。将来人与人之间最大的差别，也许就是“动机”的高低差别。

学业自我效能感

“这也太难学了吧？我真的学不会！”

作为学生，最关注的东西之一就是学习成绩。在影响学习成绩的众多因素中，学业自我效能感是最为重要的因素之一。

学业自我效能感的两个维度

班杜拉认为，自我效能感是对自己的能力进行衡量与评价的结果，而这种结果又转而调节人们对行为的选择、投入努力的程度，并且决定他们在特定任务中所表现出的能力。

学习方面的自我效能感，是指在学习过程中，对自己是否有能力完成学习目标和任务的一种自我判定。

学业自我效能感包含两个维度：

学习能力方面——学生对于自己是否有能力完成学业进行自我认定和评估。

学习行为方面——学生对于自己的学习行为与完成学习目标之间关系的评估，是对自己的行为结果的评估。

学习成绩与自我效能感

自我效能感反映了自己对实现特定结果的能力的看法。自我效能感越高，越相信自己有能力做到某事。

学业自我效能感会影响学生的学习努力程度、将挑战性任务视为成长的机会还是持续的压力来源、在遇到困难时是否能坚持学习等。

心理学研究表明，自我效能感和学习成绩是相互影响的。

学业自我效能感较高，能提升随后的学习成绩，而学习成绩又能提升自我效能感。这使得学习成绩好、自我效能感高的人形成了正向的反馈，成绩越来越好。

面对学习时充满自信，其体验到的并非压力，而是对学习问题解决后一系列积极结果的预期，比如自身能力的提高、父母的赞扬，以及一种预期将要获得积极结果的积极情绪体验，继而促使其对学习充满兴趣和热情。

相反，如果学业自我效能感比较低的话，往往会使其认为自身的问题应对能力也较差，面对困难时更容易感到沮丧，增加了自身感受到的压力，并导致一系列消极结果的预期。

比如，学习上的问题没能很好地解决，会面临父母的指责、同伴的不认可甚至前途一片迷茫，从而产生较高的焦虑、抑郁等消极情绪体验，以及对未来产生这些消极情绪体验的预期。这些消极情绪体验会消耗个体能量，造成对学习的兴趣和热情的消失、情感的耗竭、对学习的疏离，并最终造成厌学心理。

追求成功，还是避免失败?

成就动机是人们希望从事对他有重要意义、有一定困难的、具有挑战性的活动，在活动中能取得完满的优异的结果和成绩，并能超越他人的动机。

美国心理学家阿特金森认为，个人的成就动机可以分成两类：一类是追求成功的动机，另一类是回避失败的动机。

他在研究中发现，成就动机水平高的人追求成功的成分多于避免失败的成分，这样的人被称为“追求成功者”，其重要特征是倾向于选择成功概率约为50%的任务。

因为这种选择具有挑战性，能最大限度地满足其成就需要，而对于完全不可能成功或者稳操胜券的任务，其动机水平反而下降。

学业自我效能感较高的人，会很好地意识到自身较高的学习问题解决能力，即使是极具挑战性的学习任务，也会被其视为难得的成长机会。

成就动机水平低的人避免失败的成分多于追求成功的成分，这样的人被称为“避免失败者”，其重要特征之一是倾向于选择非常容易或者非常困难的任务。

选择容易的任务可以避免失败，而选择困难的任务，即便失败，也可以找到借口，以保全面子，减少失败感。

学业自我效能感比较低的个体感到自己无法有效地应对事件时，压力源就成为真正的压力事件，引起确定的压力反应，继而导致个体的精神紧张、情绪低落，甚至还会回避具有挑战性的学习任务。

阿特金森和利特文在一项实验研究中，让被试进行套圈游戏，结果发现，避免失败者选择的投掷距离要么离目标非常近，要么离目标非常远，而追求成功者则选择中等距离的目标进行投掷。

那么，到底是追求成功好，还是避免失败好？

研究表明，追求成功的人在遇到问题时总是追求最大的成功可能，因此需要冒很大的风险，所采取的步骤也是突飞猛进式的、跳跃性的，成功的比率比较低。

追求成功的人经常遇到失败和挫折，所以自己的满足感相对于规避失败的人要低很多。

追求成功的人的特点是愿意冒大风险，愿意接受比较低的成功率。但是，一旦成功，其结果是相当惊人的。

规避失败的人在遇到问题时，立下的目标就是不能容许失败，因此会采取最保守的方案，稳扎稳打，循序渐进，其结果大多总是令自己满意的。

规避失败的人的特点是不愿意冒风险，所以成功率高，但是投入产出比比较低。

其实很多问题从来都没有自己想象中那么可怕，很多时候是我们对困难的恐惧情绪让我们裹足不前——我们被想象中的恐惧打败了。

设立最合适的目标、寻求积极的肯定、进行积极的自我暗示，都能提升自我效能感。

愿你拥有迎难而上的勇气！

学习动机

学习动机是指个体发动、维持其学习活动并使其指向一定目标的内部动力。

在学习动机结构中，需要和诱因是两个主要的因素。需要是更为基本的，诱因是能够满足个体需要的那些客体、情境和条件。

内部动机和外部动机

根据学习动机的动力来源，学习动机可以分为内部动机和外部动机。

内部动机又称内部动机作用，是指由个体内在的需要引起的动机。

例如，学生的求知欲、学习兴趣、改善和提高自己能力的愿望等内部动机因素会促使学生积极主动地学习。

外部动机又称外部动机作用，是指个体由外部诱因所引起的动机。

例如，某些学生为了得到教师或父母的奖励或避免受到教师或父母的惩罚而努力学习，他们从事学习活动的动机不在学习任务本身，而在学习活动之外。

研究表明，内部动机可以促使学生有效地进行学校中的学习活动，具有内部动机的学生渴望获得相关的知识经验，具有自主性和自发性。

具有外部动机的学生的学习具有诱发性、被动性，他们对学习内容本身的兴趣较低。

内在动机和外在动机是相互关联、相互影响的。

他们在为谁而玩？

一群孩子在一位老人家门前嬉闹，叫声连天。几天过去，老人难以忍受。

于是，他出来给了每个孩子 25 美分，对他们说："你们让这儿变得很热闹，我觉得自己年轻了不少，这点钱表示谢意。"

孩子们很高兴，第二天仍然来了，一如既往地嬉闹。老人再出来，给了每个孩子 15 美分。他解释说，自己没有收入，只能少给一些。15 美分也还可以吧，孩子们仍然兴高采烈地走了。

第三天，老人只给了每个孩子 5 美分。

孩子们极其不悦地说："一天才 5 美分，知不知道我们多辛苦！"他们向老人发誓，他们再也不会为他而玩了！

故事中的老人，像不像是你的老板、上司？而美分，像不像是你的工资、奖金等各种各样的外部奖励？

如果将外部评价当作参考坐标，我们的情绪就很容易出现波动。因为，外部因素，我们控制不了，它很容易偏离我们的内部期望，让我们不满，让我们牢骚满腹。

不满和牢骚等负性情绪让我们痛苦，为了减少痛苦，我们就只好降低内部期望，最常见的方法就是降低工作的努力程度。

学习动机的强度

是不是内在学习动机越强，学习效果就越好呢?

还真不是。学习动机虽好，但过犹不及。

根据心理学家耶克斯和多德森的研究，动机不足或者动机过强都会使工作效率下降。表现为下图中的曲线。

耶克斯 - 多德森定律表明，各种活动都存在一个最佳的动机水平。动机不足或过分强烈，都会使工作效率下降。

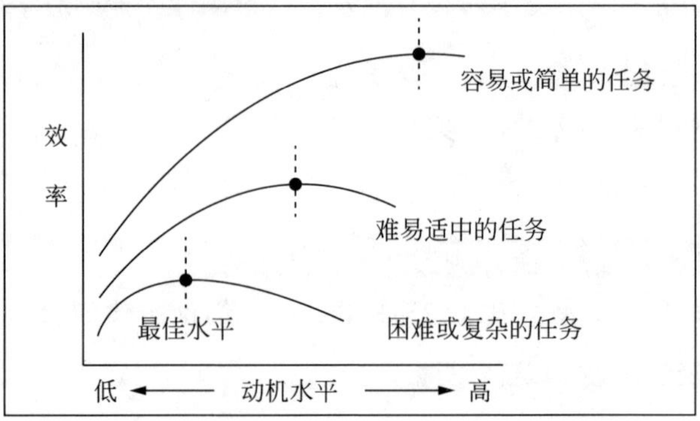

耶克斯 – 多德森定律

研究还发现，动机的最佳水平随任务性质的不同而变化。

在比较容易的任务中，工作效率随动机的提高而上升；随着任务难度的增加，动机的最佳水平有逐渐下降的趋势，也就是说，在难度较大的任务中，较低的动机水平有利于任务的完成。这就是著名的耶克斯 – 多德森定律。

学生在现实学习中，容易出现学习动机不足和学习动机过强两种极端表现。

学习动机不足 表现为学习无目标、无成就感、注意力易分散、被动学习、有厌学情绪等。究其原因，跟个人特质、父母教养方式、学校教育和社会环境影响都有关系。

学习动机不足一般可以通过兴趣养成、目标设置、正确归因、体验成功、创造氛围等方式逐步调适，本讲中会陆续涉及这些学习策略。

学习动机过强 表现为自我期望值过高、学习过于勤奋、有强烈的好胜心、精神紧张、苛求自己等。

一个典型的例子就是，如果学习动机太强，急于求成，会使个体焦虑和紧张，会干扰记忆和思维活动的顺利进行，导致学习效率下降。考试中的“怯场”说的就是它了。

学习动机过强一般是源于学业目标太高、认知失调、社会期望过高、个人情况等因素。

学习动机过强一般可以通过加强自我认知、合理设置目标、关注学习过程、创设轻松氛围等调适方法逐步改善。

自我决定认知动机

心理学对动机的研究大体上经历了三个重要时期，即本能理论时期、驱力理论时期、认知理论时期。

美国心理学家爱德华·德西和理查德·瑞安创立的自我决定论（SDT），是关于人类行为的认知动机理论。

自我决定理论从有机辩证的角度，把动机看作以外部调节和内在动机为两个端点的连续体，描述了外部环境如何促进外部动机到内部动机的内化过程，揭示了影响个体动机的有效途径。

这一理论发展至今已经形成诸多子理论，主要包括认知评价理论、有机整合理论、因果定向理论、基本心理需要理论、目标内容理论和关系动机理论。

基本心理需要满足

基本心理需要理论认为，人类有三种最基本的心理需要，即自主需要、胜任需要和关系需要。

自主需要是指体验选择并感觉自己的行动像个首创者，达成这种需要时，人们往往会感到自我掌控的满足与喜悦。

胜任需要是指相信自己能够胜任，并在富有挑战性的任务上取得成功。

与自主需要和关系需要相比，胜任需要与积极动机结果的相关性更强，只有满足这一需求才有可能实现长期心理健康。

关系需要是指感觉与他人有联系的愿望——爱和关心，以及被爱和被关心，以建立一种与别人相互尊重和依赖的关系。

通过满足个体自主、胜任与关系三大心理需要，推动外部动机的内化，进而促进内部动机，最终实现个体的工作行为和心理健康的目标。

自我决定论中动机内化和基本心理需要的关系尤为密切，其核心观点认为动机内化的程度是基本心理需要得到满足的函数。

基本心理需要的观点已经成为自我决定论中的许多重要假设的基础。

外在动机内化

所谓内化（Internalization），是将相关事件由外部调控主动转换为内部调控的过程。

人们对有些活动并不感兴趣，但由于这些活动对社会生存具有重要意义，因此人们会对它们主动地、内在地加以整合和内化。

有机整合理论探讨了外在动机的类型和促进外在动机内化的条件，突破以往将动机区分为内在与外在的二分方法，而是把动机看作以外部调节和内部动机为两个端点的连续体，并根据调控内化程度的不同层次，将外部动机划分为外部调节、内摄调节、认同调节和整合调节四种类型。

这里的内化指的是个体对外在价值的吸收，并试图将社会赞许的道德态度和要求转化成为个体赞同的与自我价值相结合的过程。

从外在动机到内在动机的因果连续体描述了内化的不同水平。动机的内化程度越高，与其相应的行为就越倾向于自主或自我决定。

不同类型的外在动机其控制与自主的程度是不同的。外在调节和内摄调节被称为控制性动机，认同调节、整合调节和内在动机被称为自主性动机。

如果沿着连续体从左向右移动的话，行为就变得越来越内化。感知到的归因点就从外部向内部转移。

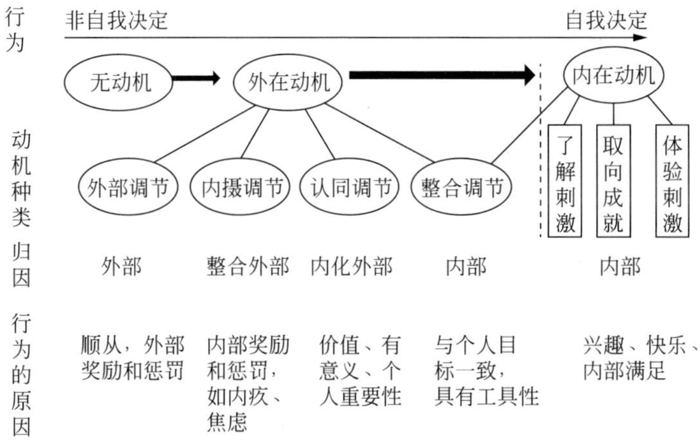

从外在动机到内在动机的因果连续体

【热点解读】

行为动机是如何从外部向内部转化的？

有网友说："我刚上班几个月，特别不喜欢这份工作。年底前，好多老员工都辞职走了。我是不是也最好走了？"

如果你也有过这种感觉，天天上班都抑郁了，不妨来看看"经营之圣"稻盛和夫的经历吧。

稻盛和夫的忠告：能逆袭成大事的人，往往都"不喜欢"工作

大学毕业后，稻盛和夫本想当个医生，结果没被录取。后来找工作也是四处碰壁，以至于都想去当黑社会了，那样至少没人敢欺负自己。

最终在老师的帮助下，他有了份正式工作，但入职后才发现，这家公司马上就要倒闭了！

他和同事们去附近的小卖铺买东西，老板看见他们都摇头："在这种单位上班，连媳妇都娶不起。"

一起来的人都跳槽走了，稻盛和夫也想走，却被家里人臭骂了一通："毕竟是老师引荐的，就这么走了，你怎么交代？！"

刚开始，稻盛和夫的工作动机完全是**外部调节**，此时他完全遵循外部规则，需要工作和收入，虽然不情愿，但是别无选择，又不能违逆老师和家人的意愿等这些外在要求，但经营不善的公司会直接影响工作积极性和愿意付出努力的程度。

个人对外部调节类型动机支配行为的体验是冷漠或是受控制的。它的自主程度最低，没有内化发生。个体行为完全受到行为结果的影响，这种形式的外部动机会削弱内部动机。

原本想当大夫，却干了份“连工资都发不出”的工作，稻盛和夫能有兴趣吗？能有激情吗？他是怎么做的呢？

虽然看不到希望，但行动起来总比停在原地强。

所以，他把锅碗瓢盆都搬到了公司，就住在了公司实验室里，没日没夜地做实验、搞研究。

别说加班费了，连正常工资都拿不到，再加上器材不够精密，实验条件恶劣……但这些困难都没能阻止他。

稻盛和夫说：“如果你老是想着‘这份工作能给我带来什么’，在工作的时候，也会更关注那些不好的因素，就会长期处于一种不幸福的状态。”

这个阶段是动机内化的第二个层次——**内摄调节**，年轻气盛的稻盛和夫不信邪、不服输，想通过自己的努力尝试一下能否摆脱工厂倒闭的耻辱，伴随着自己强烈的自尊心，不讲条件、不计代价全力以赴，拼尽全力，即使失败了，也不焦虑不后悔了。

在内摄调节类型动机的支配下，个体吸收了外在规则，但没有完全接纳为自我的一部分，是相对受到控制的动机类型。

人们去做某件事是为了展示自己的能力（或避免失败），以维持价值感，还没有体会到是自我的真正部分。

终于有一天，稻盛和夫研制出了一直被美国垄断着的镁橄榄石和U字形绝缘体材料，一举挽救了公司，还在业内有了名气，为以后的创业发展奠定了基础。

在不喜欢的工作中，人很容易感到迷茫和无助。稻盛和夫认为，要摆脱这种状态，关键在于找到工作的意义。每个人都可以从自己所做的工作中发掘出价值和意义。

稻盛和夫说：“极度认真地工作，能够扭转人生。”

带稻盛和夫走出困境的，正是他一直坚信的——有付出，必有回报。

这个阶段是动机内化的第三个层次——**认同调节**，稻盛和夫经过主动探索、艰苦努力，终于成功地研制出了新型材料，在极度认真的工作过程中，感受到工作的意义、价值并为公司带来转机，也为自己以后创业奠定了基础。

认同调节类型动机含有更多的自主成分，个体对一个行为目标或规则进行有意识的评价，如果发现这个行为是重要的，就接纳其为自我的一部分。

个体更多地体验到自己是行为的主人，感觉到更少的冲突，但这种行为依然是工具性的，不存在自发性的愉悦与满足。

好工作是什么样？

稻盛和夫说：“天职需由自己创造。”

坐等好工作来找自己，是绝对不可能成功的。

所以，不要再想你“喜不喜欢现在的工作”了，而是要把注意力放在三个问题上：

你能在这份工作中发挥怎样的创造力？

你能积累怎样的影响力？

以及你能获得怎样的自主力？

答案找到了，你自然就能干好工作，走出困境了。

要知道，稻盛和夫的两次创业，一次临危受命，横跨了材料、通信和航空三个领域，谁也不爱谁。如果说有他热爱的工作，也最多只有一个。

这个阶段是动机内化的第四个层次——**整合调节**。稻盛和夫认为，要想在职场上成功，不仅需要才华和创意，更重要的是善于行动。只有不断走出舒适区，勇于面对失败和挑战，才能取得更大的胜利。同时，成功者还需要善于重塑自己。职场变化无常，只有时刻更新自己的知识和技能，保持与职场同步，才能不被时代淘汰。

从外在动机到内在动机的因果连续体上，当认同性调节与自我充分同化时，个体产生与其价值观和需要相一致行为的动机类型，就出现了整合调节。

整合调节类型动机是由对任务结果的关注所推动的，而不是由活动的内在兴趣所推动的，所以还是外在动机，而不是内在动机。整合的外在动机与内在动机常常结合成为自主动机。

虽然整合调节的行为仍然被看作是外在的动机行为，因为它是为了获得某种可分离的结果而不是为了行为本身内在的快乐，但它与受内在动机支配的行为有许多共同的特征。这是最具有自主性的外在动机形式。

四种外部动机处于内化程度不同的连续体上，整合动机内化程度最高，因为具有更多的自我决定而被称为自主性动机，其作用效果相当于内部动机。

能从事自己喜欢的工作，是非常幸运、可遇不可求的。

大部分人，都是先做了工作，才逐渐喜欢上它，最终做出成绩，走向人生巅峰，就像当初走投无路的稻盛和夫一样。

让学习毅力伴随最优体验

孟子说：“天将降大任于是人也，必先苦其心志，劳其筋骨，饿其体肤，空乏其身，行拂乱其所为，所以动心忍性，曾益其所不能……”，这生动地说明了意志品质的重要性。想要实现自己的理想，达到自己的目标，必须要有坚强的毅力。

目标设定

管理学大师彼得·德鲁克认为，并不是有了工作后才有目标，而是相反，有了目标后才能确定每个人的工作。在你决定你的行动路线之前，需要知道你的目标是什么。

如何设定目标?

目标具有激励作用

美国马里兰大学管理学兼心理学教授爱德温·A·洛克和休斯在研究中发现，外来的刺激（如奖励、工作反馈、监督的压力）都是通过目标来影响动机的。

洛克认为目标本身就具有激励作用，目标能把人的需要转变为动机，使人们的行为朝着一定的方向努力，并将自己的行为结果与既定的目标相对照，及时进行调整和修正，从而实现目标。

这种使需要转化为动机，再由动机支配行动以达成目标的过程就是目标激励。目标激励的效果受目标本身的性质和周围变量的影响。

决定一个人命运的，是不是出身?

哈佛大学有一个关于目标对人生影响的跟踪调查。对象是一群智力、学历、环境等条件都差不多的**哈佛准毕业生**，调查结果发现：

27%的人没有目标，60%的人目标模糊，10%的人有清晰但比较短期的目标，3%的人有清晰而长远的目标。

25年后，哈佛大学再次对这群学生进行了跟踪调查。结果是这样的：

3%的人，25年间他们朝着一个方向不懈努力，几乎都成为社会各界的成功人士，其中不乏行业领袖、社会精英；

10%的人，他们的短期目标不断地实现，成为各个领域中的专业人士，大都生活在社会的中上层；

60%的人，他们安稳地生活与工作，但都没有什么特别成绩，几乎都生活在社会的中下层；

剩下27%的人，他们的生活没有目标，过得很不如意，并且常常在抱怨他人、抱怨社会、抱怨这个“不肯给他们机会”的世界。

其实，他们之间的差别仅仅在于：25年前，他们中的一些人知道自己的目标，而另一些人则不清楚或不十分清楚自己的目标。

研究发现，造成这些人事业成就差异的关键，并不在于他们的出身背景，而在于他们最初设定的人生目标。

目标设定的基本模式

目标有两个最基本的属性：明确度和难度。

从明确度来看，明确的目标可使人们更清楚要怎么做，付出多大的努力才能达到目标。目标设定得明确，也便于评价个体的能力。

很明显，模糊的目标不利于引导个体的行为和评价他的成绩。因此，目标设定得越明确越好。

1952 年 7 月 4 日清晨，一个 43 岁的妇女准备从太平洋游向加州海岸，全程 21 公里。这名妇女叫费罗伦丝。

那天早晨，雾很大，海水冻得她身体发麻，她几乎看不到护送她的船。时间一个小时一个小时地过去，千千万万的人在电视上看着。有几次，鲨鱼靠近她了，但被人开枪吓跑了。

15 个小时之后，她又累，又冻得发麻。她知道自己不能再游了，就叫人拉她上船。她的母亲和教练在另一条船上都告诉她海岸很近了，叫她不要放弃。但她朝加州海岸望去，除了浓雾，什么都看不到。

人们拉她上船的地点，离加州海岸只有半英里！后来她说，令她半途而废的不是疲劳，也不是寒冷，而是因为在浓雾中看不到目标。她这一生中就只有这一次没有坚持到底。

从难度来看，设置合理的目标是行动的第一步。难度太大的远期目标让人失望，容易降低自我效能感；而太容易的目标没有挑战性，难以激发斗志。

难度依赖于人和目标之间的关系，目标的绝对难度越高，人们就越难达到它。

日本运动员山田本一多次获得马拉松比赛冠军，他曾在自传中分享获胜的秘诀：比赛前熟悉线路，并记下不同的标记物，比如广告牌、大厦等，正式比赛时分成好几个阶段奔向标志物，全力以赴，直到到达马拉松比赛的终点。

他用智慧战胜对手，分解任务难度的方法是设立大目标，指引方向；再将其分解为难度适中的小目标，激发动力。

不打无准备之仗，一个清晰、明确的计划，可以帮助我们一步一步地接近目标，顺利完成人生马拉松。

如何确立自己的目标？

爱默生说：“一个朝着自己目标前进的人，整个世界都会给他让路。”那么，怎么确立前进的目标呢？

目标一定要远大且清晰

远大而清晰的目标让我们产生恒久的动力和行动；目标太小，或者是太偏，则让我们失去完成它的动力和行动。

目标一定要可衡量且可量化

一个大目标要分解成一个一个的小目标，然后分步去完成。否则，我们的梦想就变成了空想。

目标一定要具有挑战性且可实现

目标有一定的难度，只有这样，才能激发我们的动机，提升我们的动力。目标一定要有可能性，否则便是空想、幻想、妄想。只有通过努力可以实现的目标，才会激发我们的动力去实现它。

美国科学家曾经做过这样的一组实验：将 30 个人分为 A、B、C 三组，让他们分别走路到 50 公里外的村子里去。

A 组人员：没有小目标，也不知路程有多远，不知道村庄的名字，只管跟着向导不停地走就行了。结果，走到五分之一的距离时，大家都开始叫苦；走到不到一半的路程时，大家又开始抱怨；走完四分之三的路程时，大家都愤怒了；走完全程时，大家情绪都很低落，花费的时间是最长的，而且大家也很痛苦。

B 组人员：有大目标，也知道路线和终点，但是路上没有里程碑，没有时间和速度概念，只根据经验估计、猜测。结果，走到一半的距离时，有人开始询问；走完四分之三的路程时，大家普遍情绪低落；最后走完全程时，大家都疲惫不堪，同时路上花费的时间也比较长。

C 组人员：不仅知道方向，也知道终点位置，而且路程上还有路碑，向导有手表还知道大家行进的速度，明确剩下的距离。一路上，大家有说有笑，还有人在唱歌，在快乐的氛围中大家走完全程。结果，花费的时间是最短的，也是最快乐的一组。

这个故事说明了什么？

第一，目标设计得越具体、越细化，就越容易实现。

第二，如果清晰地知道行动目标和进展速度，人们就能自觉克服困难，努力达到目标。

第三，看不到目标容易让人心生恐惧和愤怒。

第四，将目标简单化、轻松化，更容易实现。

第五，目标需要不断地被细化（如阶段性标志、小目标）。

第六，明确方向的努力更有意义，快乐也是生产力。

如何落实目标：心理对照与执行意向

一些励志类书籍经常会给读者灌输一种观念：如果经常想象美好的未来，那么这些美好的未来就会变为现实。

然而，事实并非如此。一系列科学研究发现，对未来的积极幻想不但对目标达成没有积极效果，反而会降低目标达成的可能性。

因此，光有美好的梦想是不行的，还需要将梦想变为具体的目标。仅有目标意向也不能保障目标实现，具有目标意向但没有付诸行动的个体比例高达 47%（希兰，2002）。因此，有目标后，还要制订计划，为实现目标而付诸行动。

纽约大学心理学系的加布里埃尔・厄廷根教授和彼得・戈尔维策教授提出的心理对照与执行意向相结合（简称 MCII）的策略，能帮助个体将梦想变为目标，再将目标变为行动，最终促进梦想实现。

厄廷根教授以自己的研究为基础，总结出一套自我调节策略——MCII 模型中的 WOOP 思维，是关于如何把目标落实为行动，帮助人们更有效地行动起来，实现梦想。

WOOP 思维具体由两种心理学思维组成：心理对照与执行意向

心理对照

在想象未来梦想的同时，考虑现实中的障碍。通过将梦想和障碍联系在一起，人们会客观地思考梦想的合理性，并改变对障碍的看法。

心理对照的作用在于：当梦想有实现可能时，心理对照会提升人们的干劲，脚踏实地行动起来；当梦想不切实际时，它让人们尽早放弃，寻找可以实现的新梦想，帮助人们更好地面对批评。

执行意向

用一种特定的形式来制订计划，最能产生长期效果。这种形式就是：如果遇到情况 A，我就采取行动 B。按这种形式制订的计划，就叫作执行意向。执行意向有效的原因是，它让人们在情况和行动之间建立了快速的条件反射，这避免了意识层面的纠结拖延，提高了克服障碍的行动效率。

心理对照和执行意向彼此互补

心理对照帮我们选择靠谱的梦想，并行动起来克服障碍，这正是执行意向发挥作用的前提；而执行意向能帮我们更高效地克服障碍，并且坚持下去，避免三天打鱼两天晒网。两者搭配能发挥更加显著的效果。

WOOP 思维方式四步法

WOOP 思维方式，即“心理比对与执行意向”，具体如下：

第一步：W（Wish，愿望）：我们的愿望是什么？

第二步：O（Outcome，结果）：如果实现了愿望，最好的结果是什么？

第三步：O（Obstacle，障碍）：现实的障碍是什么？

第四步：P（Plan，计划）：我们该怎么做？

为了验证这个有趣的心理思维，厄廷根教授进行了大量的实验，将被试分成四组，分别采用如下不同的想象模式，最后分析它们对最终实际效果产生的影响。

第一组：只想象美好的未来；第二组：先想象美好的未来，紧接着想象现实的障碍；第三组：只想象现实的障碍；第四组：先想象现实的障碍，再想象美好的未来。

通过不同领域的验证，最后的结论是：从统计学的结果看，第二组的结果最好。

生活中的很多场景，我们都可以运用 WOOP 思维：设立一个目标，设想会遇到的障碍，再设计前进的路线，这样一环扣一环，就能让你拥有持续的行动力。

自控力

历史的车轮滚滚向前，社会越来越复杂，人们越来越需要自控力。只有思想紧跟时代的脚步，我们才能拥有自控力。自控力是一种抑制冲动的能力，它使我们成为真正的人。

20世纪六七十年代，斯坦福大学沃尔特·米歇尔博士著名的棉花糖实验证明了自控力的重要性。如今，斯坦福大学的心理学教授凯利·麦格尼格尔所开设的自控力心理学课程广受欢迎。

自控力的三种力量

所谓自控力，简单来讲就是控制自己的注意力、情绪和欲望的能力。

换句话说，自控力是一个人掌控与驾驭“我要做”、“我不要”和“我想要”这三种力量的能力。如果能够游刃有余地驾驭这三种力量，那么我们就能更好地实现人生目标与愿景。

其实，我们每个人都拥有自控力，因为人脑里有一个前额皮质。前额皮质分管“我要做”、“我不要”和“我想要”这三种力量。

“我要做”是指在生活与工作中，一个人想要逃避之事；“我不要”是一个人想要努力改掉的坏习惯；而“我想要”是一个人愿意花更多的精力与时间去关注与实现人生中重要的梦想与目标。

比如，早上我们被闹铃吵醒后，还很困，想继续睡，可是因为上学或工作等原因，我们又必须起床。这时，大脑里似乎有个声音在说，我不能赖床了，不然就要迟到了。面对诱惑说“不”，这个“我不要”就属于自控力的一部分。

再比如，我们遇见难做的工作时，总想拖延，想着明天再做，但此时心里有个声音响起：“今日事今日必须完成。”这会让我们产生一种“我要做”的力量。于是我们就会振作精神认真去工作。

面对“拖延”或“诱惑”时，如果我们记得自己的目标，比如取得更好的成绩或升职加薪等，那么我们就会以此来激励自己。这时，大脑里就会产生“我想要”的力量，而这种力量会让我们克服困难，更好地前行。

侵蚀自控力的心理陷阱

钱锺书先生说："天下只有两种人。第一种人认为延迟满足会更幸福，而第二种人则认为应该及时享乐。比如面对一串好吃的葡萄时，第一种人会把最好的留到最后吃，而第二种人会挑最好的先吃。"

造成自控力薄弱的三种心理因素：

及时行乐心理

放纵源于我们人类的本能，就像对美食、性、懒惰的渴望都已刻在我们的DNA中，它们的出现能够刺激多巴胺的分泌。

人们的本能是非常短视的，再加上厌恶损失心理，就会促使人们更倾向于眼前的利益，而看轻未来长期的收益，宁可享受此刻的吃喝玩乐，而不愿意为未来的美好而奋斗。

自我放纵心理

当人们认为自己做了正确的事情后，就会自然而然地放松自我约束，同时产生想要主动靠近欲望的奖励心理，觉得放纵一下自己就是最好的奖励。

人们会倾向于说服自己，那些欲望和诱惑并没有那么坏，说白了就是自我安慰，降低负罪感。

自暴自弃心理

我们容易受到意志力薄弱的人的影响。比如你周围的人都爱抽烟，那么你也容易抽上烟；周围的人爱打麻将，那么你也容易爱打麻将。

当人陷入放纵—后悔—更严重的放纵这个恶性循环中时，屈服会让你对自己失望，会想通过继续屈服来获得改善心情的廉价快乐。

更可怕的是，放纵还会像疾病一样在人群中传染，他人的行为举止会在潜移默化中影响你的选择，特别是在从众心理下，就很容易引导你做出类似的事情。

心理学家罗伊·鲍迈斯特说，人的自控力就像肌肉一样有极限，它被使用之后会渐渐疲惫，它和我们身上的各种能量一样，会被慢慢消耗，不过自控力能够恢复。我们可以通过放松和休息来让它恢复到原来的状态。

其实，无论面对哪种因素，只要我们及时做出正确的改变，相信我们就不会让自控力这艘船偏离航向，相信我们就能更好地掌控自己的生活与人生。

“自控力肌肉”锻炼模式

①“增强‘我不要’的力量”：不随便发誓（或者不说某些口头禅），坐下的时候不跷腿，不用常用的手进行日常活动，比如吃饭和开门。

②“增强‘我要做’的力量”：每天都做一些事（但不是你已经在做的事），用来养成习惯。比如每天给家里打电话，每天冥想五分钟，每天找出一件需要扔掉或再利用的东西。

③“自我监控”：认真记录一件你平常不关注的事，可以是你的支出、饮食或者是玩手机的时间。

只要通过训练，你身上所有的肌肉都能变得更强健。如果自控力是肌肉的话，我们也应该训练它。

提高自控力的关键

认识自己、延迟满足感、静心冥想、充足睡眠、坚持锻炼、意志训练等方法都是提高自控力的有效策略。

为了成功地做到自控，你必须知道自己为何失败。提高自控力的最有效途径在于弄清自己如何失控、为何失控。自知之明是自控的基础。认识到自己的意志力存在问题则是自控的关键。

挖掘“我想要”的力量

当你面对意志力挑战时，你可以考虑以下动机：

①如果挑战成功，你会收获什么？你个人会有什么回报？你会更健康、更幸福、更自由、更有钱，还是会更成功？

②如果挑战成功，还有谁会获益？肯定有人依赖于你，你的选择会影响到他们。你的行为会如何影响你的家人、朋友、同事、雇主或雇员、街坊邻居？你的成功会怎样帮到他们？

③如果你现在愿意做困难的事，那么一段时间后，这个挑战将会变得容易。你能想象出，如果你在这个挑战中取得进步，你的生活会是什么样子，

你自己会变成什么样子吗？如果你知道你还有更大的进步空间，那么现在的不适是不是变得值得了呢？

神经科学家发现，每次使用自控力之后，大脑自控力系统的活跃程度就会降低。如同人们在运动后感到疲惫不堪，特别想要休息一样，大脑也会因为频繁的自控而想要“罢工”。因此，我们要懂得给自己松绑，懂得适当地休息。

比如爬山，当我们累得气喘吁吁，腿像灌了铅似的，再也爬不动的时候，我们就需要好好放松一下自己。这时，我们不要自责自己的自控力差。

适度降低“即时满足感”。当你受到诱惑，要做与长期利益相悖的事时，请想象一下，这个选择就意味着你为了即时满足感，放弃了更好的长期奖励。

适度享受“延迟满足感”。想象你已经得到了长期的奖励，想一下未来的自己正在享受自控的成果。

10 分钟等待策略

神经科学家发现，10 分钟能在很大程度上改变大脑处理奖励的方式。如果获得即时的满足感之前必须等待10分钟，大脑就会把它看成是未来的奖励。

当我们面对诱惑时，不妨试试等待 10 分钟。如果 10 分钟后你仍旧想要，你就可以拥有它。但在 10 分钟之内，你一定要时刻想着自己真正的目标，以此来抵抗诱惑。

想获得一个冷静明智的头脑，我们就需要在所有诱惑面前安排 10 分钟的等待时间。

【热点解读】

成功到底来自什么？

1921—1972 年这 52 年间，美国斯坦福大学心理学教授刘易斯·特尔曼对智商在 130 以上的 1528 名超常儿童进行了追踪观察与系统研究。

他的结论是，早年的智力测验并不能正确地预测晚年的工作成就。这些“神童”长大后，其中一部分人成就很大，而另一部分人成绩平平。

分析这两部分人的心理特征，结果发现：他们在智力因素方面无多大差别，但在完成任务时的坚毅精神，自信而有进取心，在保持谨慎、一丝不苟、好胜心等方面，成就很大的那部分人就远远超过成绩平平者。

杰出人才的良好心理素质是关键 现代美国教育家和心理学家本杰明·布鲁姆教授也曾作过这样一项研究。布鲁姆对六个不同领域在35岁以前获得一流成就的120名杰出人才（钢琴演奏家、雕塑家、数学家、神经学家、奥运会游泳和网球冠军等）作过一次调查。

结果发现，他们之中没有一位是智力超常的天才儿童，但又无一不是经历了长期而强烈的鼓励性的培养、教育和训练。由此可见，良好的心理素质，尤其是良好的性格，才是成才之路上的关键一步。

自然科学诺贝尔奖获得者的共同特征 美国著名心理学家特尔曼曾对800名男性成人进行过绩效考评与心理测验，发现在成就最大的20%与成就最小的20%两组之间，成就最大组在兴趣、谨慎、自信、开拓进取、坚持性等意志品质方面明显高于成就最小组。

在过去100年中获得自然科学诺贝尔奖的400多位科学家中，有近80%的科学家智力一般，而且他们共同的特征是：保持兴趣、信心、毅力、努力。

高考状元胜在心理因素 2011年中国科学院作过一次关于高考状元的调查，最终结果显示“大部分高考状元智商处于中等水平，少部分的人智商处于中等偏上”。高考状元取得高分，智商并不是全部，在大部分人的智商没有明确高下之分时，更胜一筹的是心理因素。

澎湃新闻对高考状元心理因素的调查数据显示，他们之中77.5%在高三的时候只会偶尔出现焦虑紧张的负面情绪，并且他们可以自我调节，而他们之中有超过一半的人认为，在这场高考战场上，心态好是他们能取得好成绩的最主要原因。

非智力因素的关键作用 非智力因素是除了智力以外，对学习活动起着导向、维持和强化作用的个性心理特征。

在心理学上，非智力因素主要包括兴趣爱好、愉快的情绪、对事业或学习较热情、对挫折的忍耐性与意志力、活泼的性格、宽阔的胸怀、自信心与好强心、理想与目标、报复、焦虑等。

国外教学研究统计资料表明，绝大多数学生学习成绩的好坏，20% 与智力因素相关，80% 与非智力因素相关，非智力因素在学习中起着十分关键的作用。

教师平常对学生所说的那句话：态度决定一切。这里的态度即属于非智力因素。

成功＝智力因素＋非智力因素

通过对成功的反思，我们知道学习是智力因素与非智力因素共同作用的结果。智力因素与非智力因素相互影响，同时作用于学习活动中，任何一个方面的缺陷与不足都会影响学习活动的成功。

只有用智力因素促进非智力因素的提高，用非智力因素增强智力的发展，学习才能取得最终成功。

非智力因素的三个不同层次

第一层次是指学生的自制力、荣誉感、学习热情、求知欲望、成就动机等，属于低层次。

第二层次主要是指个性心理的品质，比如需要、兴趣、动机、抑制、情绪、情感、性格与气质等，属于中间层次，对学习活动具有直接的影响。

第三层次是指学生的理想、信念、世界观，属于高水平的层次，对学习具有广泛制约作用，对于学习活动具有持久的影响。

刻苦勤奋是进步的阶梯

从古至今，一个个经久流传的励志故事，对后世影响深远，激励着青年人珍惜良好的读书环境，专心治学。

古有囊萤映雪（晋代车胤和孙康的学习故事）、悬梁刺股（战国苏秦的学习故事，也叫“头悬梁，锥刺股”）、凿壁偷光（西汉匡衡的学习故事）、韦编三绝（孔子晚年读《易经》的故事）、画荻教子（欧阳修的学习故事）、《送东阳马生序》（一代大儒宋濂讲述了他艰苦求学的亲身经历）；

今有毛泽东主席“一生最大的爱好是读书”、周恩来总理“为中华之崛起而读书”、《资本论》最早的中文翻译者经济学家王亚南绑在船柱子上读书、寒门学子通过刻苦努力用知识改变命运……

米哈里·契克森米哈赖的心流体验

你有没有过这样的经历：全神贯注地投入一项工作时，听不到周围的声音，甚至顾不上吃饭、睡觉；研究一个项目难题时入了神，明明已经过去了几个小时，却感觉才过了几分钟。

心理学家米哈里·契克森米哈赖将其称为心流（Flow）。

心流：最优心理体验

心流，就是**个体对某一活动表现出浓厚的兴趣并由此推动个体完全投入某项活动的一种情绪体验或心理状态**。如自媒体人在写稿时、程序员在敲代码时、设计师在画图时等都可以产生心流，而人们处于这种情境时，往往不愿被打扰，即抗拒中断。

当我们全神贯注、忘我地投入做某些事情时，甚至感觉不到时间的存在。在这件事情完成之后，我们会有一种充满能量并且非常满足的感受。

其实很多时候我们在做自己非常喜欢、有挑战并且擅长的事情的时候，就很容易体验到心流，比如爬山、游泳、打球、玩游戏、阅读、演奏乐器以及工作的时候。

当我们从事需要毅力的艰苦学习任务时，有时会沉浸在当下着手的某件事情或某个目标中，会全神贯注、全情投入并享受其中体验到的一种充实幸福的愉悦状态，也称为**最优心理体验**。

这种心流状态意味着最佳的表现、产出和幸福感。心流带来的充实感，既是人类纯粹的喜悦，也能带来更深的满足感和快乐的幸福体验。心流状态意味着高效益、满足、满意、积极的反馈。

米哈里做过一项实验：

他的实验小组访问了多位职业、学历各异的男女老少。让每个对象佩戴一个电子呼叫器，为期一周。呼叫器每天不定时呼叫 8 次。

每当呼叫器响起时，受测者就要按照满意度的等级，记录下自己当时所做的事情以及感受，并记录当下从事的活动。这些分析记录超过十万份。

最优体验发生于何种活动中，是大规模调查的结果。甚至“心流”一词也非作者自创，而是多数被调查者描述他们的最优体验时所用的词汇：“一股洪流带领着我。”

一位攀岩选手这样描述自己的感受：“越来越完美的自我控制，产生一种痛快的感觉。你不断逼迫身体发挥所有的潜能，直到全身隐隐作痛；然后你会满怀敬畏地回顾自我，回顾你所做的一切，那种佩服的感觉简直无法形容。它带给你一种狂喜，一种自我满足。只要在这种战役中战胜过自己，人生其他战场的挑战，也就变得容易多了。”

芝加哥公牛队的篮球运动员本·高登曾描述了他在打篮球时的感觉：“你感觉不到时间，不知道现在打到了哪一节。你听不到观众的呼声，也不知道自己得了多少分。你不会去思考，你只是在打球。所有的进攻都是源自本能的。当这种感觉开始消失，就会变得很恐怖。我对自己说，加油，你可以打得更好。这个时候你知道它真的不存在了，不再是直觉和本能的了。”

米哈里分析了《庄子》中的庖丁解牛。庖丁回答文惠君：“臣以神遇而不以目视，官知止而神欲行。”庖丁无疑在劳作中进入了心流的状态。

最后，米哈里发现，经常感受到心流的人，往往更加坚强、活跃、专注和进取。

强大的心流，可以为每个艰难前行的普通人注入无穷无尽的驱动力。

米哈里这样概括心流的成因和特征：

第一，注意力。体验过心流的人都知道，那份深沉的快乐是严格的自律、集中注意力换来的。

第二，有一个他愿意为之付出的目标。那目标是什么不要紧，只要那目标能将他的注意力集中于此。体验活动本身为个体的内部动机。

第三，有即时的反馈。

第四，个体感觉技能水平与活动挑战性相匹配。控制感较强，因此全神贯注于此，恼人的日常琐事被忘却和屏蔽。

第五，达到了忘我的状态。行动意识融合，丧失自我意识，时间体验失真，完全沉浸其中。

引发心流的三大基本条件

目标清晰、即时反馈、挑战与技能匹配。

只要满足引发条件，几乎在大多数活动中都能体验到心流。

其中最重要的一点是挑战与技能的匹配，也就是说心流的产生是依赖于个人能力与事件挑战难度的匹配。

当自身技巧水平较高时：

当挑战水平也较高时，我们就比较容易在做这件事的过程中进入心流；当挑战水平中等时，我们则会感觉到对此事有“掌控感”；而当挑战水平较低时，我们做起事来会感到放松，显得毫无压力。

当自身技巧水平中等时：

面对挑战水平较高的事情时，我们则会“被唤醒”，有兴奋感、紧张感，会被激励，向心流状态迈进；可面对挑战水平较低的事情时，我们就会觉得太无聊。

当自身技巧水平较低时：

面对挑战水平偏高的事情时，我们就会对这件事感到不同程度的担忧和焦虑；面对挑战水平较低的事情时，我们就会对这件事感到无聊，同时又做不好这件事，很容易陷入一种“彻底的无感”里。

心流理论初创时的观点认为：当一个人的能力明显低于完成任务所需时，他会感觉到焦虑；而当一个人的能力远高于任务所需时，他会感觉到无聊；只有当能力与任务难度刚好匹配时，他才不会感觉到焦虑或者无聊，才可能产生心流，也就是所谓的心流通道。

意识复杂程度随心流体验逐渐增加

“心流渠道”模型展示了意识复杂程度随心流体验逐渐增加的过程，如下图所示。

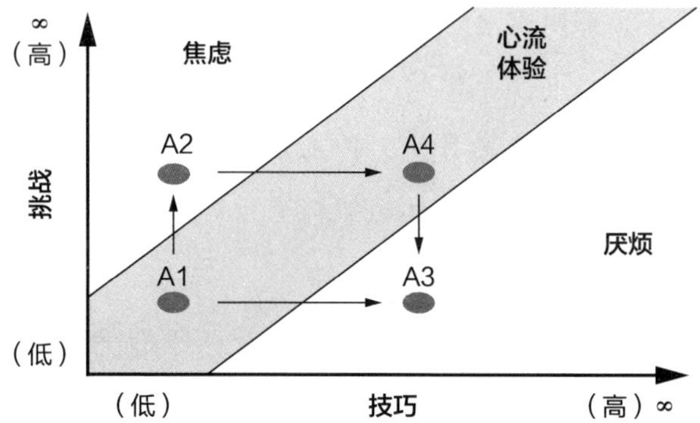

“心流渠道”模型：意识复杂程度随心流体验渐增

假设上图代表一种特殊的活动，比如打乒乓球。

理论上，体验最重要的两个维度——挑战与技巧，用纵轴与横轴表示。

字母 A 代表一个打乒乓球水平普通的人，图形显示四个阶段。

A1 位置，就是我们熟悉的“舒适区”（低挑战低能力，跟相似水平的人对打，偶尔感受到初级的心流）。

A2 位置，便是“困难区”（高挑战低能力，跟一个奥运冠军对打，会感到焦虑）。

A3 位置，是无趣的“厌烦区”（低挑战低能力，跟一个新手对打，会很厌烦，因为对方几乎接不到球）。

A4 位置，便是无与伦比的“心流区”（高能力＋挑战，跟比自己水平稍微高一点的人对打，便能进入快感状态）。

【热点解读】

如何追求最优心理体验？

米哈里指出，选定一个目标，投入全部注意力，不论做什么事情都会觉得其乐无穷。

第一是去尝试更多的事情。正如米哈里所说：“在为喜欢的事情努力时、当内在动机存在时，人们会更容易进入心流的状态。而只有通过实践去尝试做一件事，你才会真正知道自己对它的感受，靠想象、分析和测试都不能真正帮你做到这一点。”

第二是设立明确而具体的目标，并主动寻找反馈。当目标越明确时，人们对于自己能否胜任就越清晰，也越能够专注地努力，而不会左顾右盼、犹豫拖延。

而寻找反馈，能够帮助人们根据反馈做出及时的调整，避免因反复碰壁而消耗热情与精力。

第三是在完成某一项具体的任务时，学会更好地集中注意力的技巧。拆分任务，清除杂念。将一个任务分解成若干个具体的子任务，并为子任务分配时间，形成进度清单。

在每次开始一项任务时，对照清单，明确自己目前的进展。这样也能帮助我们排除杂念——因为我们只需按照进度走即可，无须多想，只要把事情做了就好。

减少外界的干扰。处于心流状态的人是不愿被人打扰的，容易造成干扰的环境也很难让自己进入心流状态，所以需要了解哪些东西容易对自己造成干扰，并提前阻止，例如将手机调至静音模式，找一个相对封闭安静的空间等。

最后，我们需要注意的是“心流”更多时候是一种在回溯中才能被意识到的状态，而正因为如此，处于心流中的人，是投入而忘我的，甚至丧失了自我意识、感官，乃至对周围时空的觉察力。当然，这也因人而异。

正如米哈里所说：“凡是能无视痛苦和失败，坚持下去的人，他的人生就有可能成为一股涓涓不断的心流：一系列有焦点、全神贯注、表里如一、秩序井然的体验，从内在秩序中创造出无穷的意义与乐趣。”

社会支持系统提供心理能量

俗话说，“一个好汉三个帮，一个篱笆三个桩”。为什么不说是“一个好汉一个帮，一个篱笆一个桩”呢？独木不成林。好汉都要三个帮，普通人就需要更多的帮助了。

生命中的重要他人

孩子的成长，首先是从父母的眼中确认自己的存在。他们稚弱，还没有独立认识世界的能力。养育者和教育者说过的话、做过的事，他们的喜怒哀乐和行为方式，会以一种近乎魔法的力量种植在孩子心灵最隐秘的地方，生根发芽。

人格的心灵烙印

重要他人是指一个人在心理人格形成以及融入社会的过程中对自己具有重要影响的人。

人类是天生的社会性动物。人类的社会性决定了个体不能脱离群体而单独存活。

个体时刻处在群体中他人的影响过程当中，其中在我们生活中那些对自己有着重要影响的作用尤为显著，可能也就存在更多的重叠。

“重要他人”可能是我们的父母长辈，或者是兄弟姐妹，也可能是我们的老师，抑或萍水相逢的路人。

记忆遵循着非常玄妙神秘的规律，你着意要记住的事情和人物，很可能湮没在岁月的灰烬中，但某些特定的人和事，却挥之不去，影响我们的一生。

历史记忆无法改写，但对一个成年人来说，却可以循着“重要他人”这条线索，重新梳理我们和“重要他人”的关系，重新审视我们的规则和模式。

可能“重要他人”对我们的影响是正面的、温暖而有力量的，正因为心中有了他们的身影和鞭策，我们才取得了今天的成绩。

他们的期望和教诲已化成了我们的血脉，我们永远不会丢弃对他们的信任和仁爱。对我们有正面激励作用的“重要他人”，已经成为我们精神结构的一部分。

也可能“重要他人”对我们的影响是负面的，它是晦暗的荆棘，需要借助专业人士的帮助，解开心结，拨开云雾，勇敢前行。

重要他人的来源

每个人的生命中一定会遇到几个重要他人，回想起你人生每一个关键的转角，都少不了重要他人的存在。

他们在你的成长过程中，或许扮演着导师的角色，或许是一个领路人，总而言之，他们对你的人生产生了深远的影响。

互动性重要他人

互动性重要他人，是学生在日常交往过程中认同的重要他人。

可能是家庭中的父母，可能是学校里的老师，也可能是同辈群体中的知心朋友。

学生的互动性重要他人的出现往往受学生年龄阶段的影响。

父母在早期占优势，然后是老师，后期同辈群体的影响增大。

偶像性重要他人

偶像性重要他人，可能是伟人、体育明星、影视明星，甚至可能是卡通人物。

影响学生认同偶像性重要他人的主要因素是社会中具有某种代表性或典型意义的价值取向。

不同时期的重要他人

一般来说，人的一生会受到几个重要他人的影响，他们分别是幼年时期的父母、童年时期的老师、青少年时期的同伴以及成年时期的恋人。

幼年时期家庭教育中的重要他人：父母

在人生这一多幕剧的初始阶段，父母是重要他人。父母以自己的一言一行潜移默化地影响着孩子。在孩子看来，父母是他们心中的偶像。

童年时期的重要他人：老师

到了该上学的年龄了，孩子有了一个新的身份——学生。学校生活成了新的重点，家人从多幕剧的舞台上暂时退到了幕后，老师登场了。

青少年时期的重要他人：同伴

年龄再大一点儿的学生，想要摆脱家长和老师的管理，渴望独立自主，这时同伴对他的影响越来越大。

成年时期的重要他人：恋人

到了恋爱年龄，心目中的重要他人变成恋人，因为“问世间情为何物，直教人生死相许”……

重要他人可能是你职场中的贵人

每一个初入职场的小白，都有机会遇到点醒、提拔自己的贵人。

他可能是对你严格要求的上司，也或许是身旁对工作充满热情的同事，或者是拥有丰富经验和阅历的前辈。

如果你没有意识到“重要他人”的存在，那么你就会错过他们，也会失去让自己成为更好的自己的机会。

当然，每个人都有保留自己观点和立场的权利，但当职场中的“重要他人”出现时，一味地固执己见，其实会让身边的贵人溜走，而自己也失去了从更优秀的人身上学习的机会。

而聪明的人，懂得把握住职场中的“重要他人”，从对方身上汲取经验和力量，变成自己的营养。

低层次的社交，是从别人身上得到什么，而单方面索取的关系往往很难持久；高层次的社交，是互相给予，成为彼此的“重要他人”。

要记住，生命中每个人的出现都不是没有理由的，能否把握住重要他人，取决于你自己。

维护健康的社会关系网络

内无自主的人格支持，外无良好的沟通方式，这是很多现代人的生存困境。正因为我们平凡，才要有更多的精神储备去迎接可能的变故。

良好的社会关系网络

一个完备的支持系统包括亲人、朋友、同学、同事、邻里、老师、上下级、合作伙伴，等等，当然，还应当包括由陌生人组成的各种社会服务机构。

每一种系统都承担着不同功能：亲人给我们物质和精神上的帮助，朋友较多地承担着情感支持，而同事及合作伙伴则与我们进行业务交流。

心理学上的“社会支持系统”，即个人在自己的社会关系网络中所能获得的、来自他人的物质和精神上的帮助和支持，其中来自精神方面的支持最重要。

人与人之间的亲密互动、相互支持是社会支持的本质，它们在帮助他人的过程中产生。帮助行为包括物质、体力、信息以及情感支持等方面。

从表面上看，每个人的社会关系网都差不多，但深入观察，每个人从中获得的支持却有很大的差异。

有人在个人支持系统中与他人共享生活，充满幸福感，遇到困难时总能获得及时而又有力的帮助。

而有些人则不然，他们虽然和别人一样也拥有客观存在的关系网络，但却与其中的人相处得很糟糕，在陷入困境的同时，也迅速陷入孤立无援的状态。

而通常情况下，一个乐于向别人释放善意的人，更容易建立起稳定而坚固的社会支持系统。

科学研究表明，良好的社会支持系统可以帮助我们缓解不良情绪，从而提高身心健康指数。

一个好的社会支持系统有三要素：人数适宜、多元化、彼此滋养。支持系统不是单向输入，而是双向滋养和关爱，你也是别人的支持系统。

社会支持系统，是为你提高心理社会适应能力带来支持作用的关系网络，是能够在关键时刻给你带来支持和影响的重要他人。

社会支持系统能够补充你的心理能量，是我们每个人健康发展所必需的。

建立你的社会支持系统

你选择怎样的社会支持系统，在某种程度上，也就表明了你是怎样的一个人，你选择了怎样的生活方式。

你很难设想，一个纸醉金迷的纨绔子弟，会有一个固若金汤、明智清醒的支持系统。

你也很难设想一个运筹帷幄、举重若轻的先哲，会有一个鸡飞狗跳、朝三暮四的支持系统。

怎么建立你的社会支持系统呢?

首先，要有足够的耐心和细心呵护关系，真诚地关心和帮助他人，同时也要懂得寻求他人的帮助，让人际关系在互助中稳固成长。

其次，要主动分享和倾听，与他人分享自己的生活和感受，也在需要时认真倾听朋友的感受和故事，让支持关系在沟通交流中不断茁壮发展。

最后，建立和发展社会支持系统需要漫长的时间来培育，也需要及时更新、补充和清理。

总之，让我们用心建立自己的社会支持系统，让我们的人生更加充满阳光和心理力量。

【热点解读】

你是五个人的平均值

美国商业哲学家吉米·罗恩曾说过:“你是与你最常接触的五个人的平均值。”也就是说，你接触什么样的人，就会变成什么样的人。你和什么样的人一起生活，你的生活就会变成什么样。

你的性格、爱好、兴趣、价值观等都会跟和你相处时间最多的这五个朋友很像，甚至你拥有的财富、你的智慧也都会与这五个朋友很相似。

“近朱者赤，近墨者黑”就是这样的道理。有的人也许会问，这五个人可能会是谁呢?

这就需要我们大家来给自己总结分析，这五个人可能是和你一起生活的伴侣，可能是每天与你一起工作的同事，或者是经常联系相聚的朋友，甚至是从未谋面的精神导师（比如阅读一本好书，或参加一些网络课程，这些读和听的内容，犹如老师循循善诱）!

他们的能量（不论是消极的还是积极的）、思想、价值观都会对你的人性和观念产生重大的影响。

任何人都会有困惑、迷茫、无助的时候。当你遇到一些自己解决不了的问题时，是求助于那些和你非常熟悉、关系非常密切的人，还是求助于那些平时不怎么联系的人？

应该都会去征求一下那些联系比较多，而且关系也比较密切的人的意见。因此，从这个角度来说，我们经常联系的这五个人会影响我们的决定。

在心理学上有个有趣的“变色龙效应”，又被称为“无意识模仿”。

美国心理学家查尔斯·肯尼斯认为，人类是一种群居动物，个体之间需要通过交流和互动来建立关系和联系，而变色龙效应正是一种通过模仿他人动作、语言和行为来达到共情和建立联系的方式。

随着研究的深入，变色龙效应也被证明是一种普遍存在于人类社会中的心理现象。

这里所说的变色龙效应是指人们在社会交流时会相互无意识地模仿对方的一些动作、表情和行为方式。

这在个体的社会认知、角色扮演、人际交往等方面都发挥着重要的作用。这也就解释了为什么大家都在鼓励“与优秀的人同行”。

当你身边都是优秀的人时，你的言谈举止也会在不知不觉中被对方影响，自身也会出现无意识的模仿行为。

一个优秀的朋友，不仅可以让你知道什么叫作优秀，还能在很大程度上激发你的潜能，促使你自身也变得更加优秀。

在这个世界上，成长是生命的必然，而持续的成长则是生命最好看的姿态。

没有横空出世的运气，只有不为人知的努力。

让我们通过坚持和努力不断挖掘自己的潜能和动力，在一个充满无限可能性的世界里终身成长。

【拓展阅读】

[1] [美]本尼迪克特·凯里. 如何学习[M]. 杭州：浙江人民出版社，2017.

[2] [英]伊恩·莱斯利. 好奇心：保持对未知世界永不停息的热情[M]. 北京：中

国人民大学出版社，2017.
[3] [美] 爱德华 · 德西 . 内在动机：自主掌控人生的力量 [M]. 北京：机械工业出版社，2020.
[4] 暴占光 . 外在学习动机内化的实验研究 [D]. 长春：东北师范大学，2006.
[5] [美] 加布里埃尔 · 厄廷根 .WOOP 思维心理学 [M]. 北京：中国友谊出版公司，2016.
[6] 王国霞 . 心理对照与执行意向 [M]. 北京：科学出版社，2022.
[7] [美] 凯利 · 麦格尼格尔 . 自控力 [M]. 北京：北京联合出版有限责任公司，2021.
[8] [美]米哈里·契克森米哈赖 . 心流：最优体验心理学 [M]. 北京：中信出版集团，2017.
[9] 毕淑敏 . 心灵七游戏 [M]. 北京：北京十月文艺出版社，2014.

第五讲　认知本质

【关注话题】

看穿事物本质的能力

经典电影《教父》里有这样一句话:“花半秒钟看透事物本质的人，和花一辈子都看不清事物本质的人，注定是截然不同的命运。”我深以为然！真正的高手，都有一眼看透事物本质的能力。对事物本质的认知能力，决定了一个人的未来。

只有看到本质和规律的人，才能彻底掌控全局。在这个世界上，决定成就上限的，其实从来不是出身或者运气，而是洞悉事物本质的能力，也就是认知。人与人之间之所以会产生差距，其本质和深层原因往往是认知能力的不同。

以刘邦和项羽为例，当初彼此约定“先入关中者王之”，但先入关中的刘邦，在实力上远逊于项羽。刘邦很清楚，得天下才是目的，称王只是手段而已，为了得天下这个目的，不需要拘泥于手段，所以他奔赴鸿门宴，朝项羽低头。

而项羽却始终看不透这些，盯着称王这件事不放，见到刘邦服软，就认为他没有能力而忘乎所以。此后，刘邦养精蓄锐，一路攻城略地，最终导致项羽兵败垓下，霸王自刎乌江岸，刘邦建立了大汉王朝，成了汉高帝。

看不清事物本质的人，可能连自己为何失败都不清楚。

看穿事物的本质，比较容易理解的说法就是看穿整件事背后的逻辑。考虑问题和解决问题时逻辑很重要，有逻辑思维就能够更容易、更客观、更全面地认识事物。

现实生活中，有很多人是这样：看不透自己工作的本质，把握不住做事的规律，像只无头苍蝇一样乱撞，用每天的勤奋来掩饰思维的混乱和思想的贫瘠。

真正的思考要思考什么呢？思考事物的本质，思考做事的规律。大家都说要提升认知，那么提升认知是提升什么呢？是提升对本质和规律的认知。谁的认知更接近本质，谁的认知就会更上一个层次，谁就能在竞争中占得先机。

认知结构是什么？认知结构是怎样得到改变和提升的呢？在这个不断变化的世界中，有什么样的基本规律可以引领我们更好地认知事物的本来面目呢？

现在，去真正思考吧，去看透本质吧。

【心理探索】

从现象到本质的认知洞察

柯南·道尔创作的福尔摩斯系列推理小说之《血字的研究》开头就写道：“第一次见到华生，福尔摩斯很快就说华生刚刚到过阿富汗，这一准确的论断令华生十分惊讶。”

可是，福尔摩斯到底是如何看出来的呢？福尔摩斯是这样说的：

“这位先生有医务工作者的风度，还有一副军人气概，那么显然他是个军医；他脸色黑，但从他手腕的皮肤黑白分明来看，这并不是他原来的肤色，说明他刚从热带回来；他的左臂动起来有些僵硬，可见他的左臂受过伤。试问，一个英国的军医在热带地区历尽艰辛，且臂部受过伤，这能是在什么地方呢？自然只有在阿富汗了。”

仅仅根据一个人的外貌特征，比如军人气概、脸色黑、手腕皮肤黑白分明、左臂受过伤，福尔摩斯就能推理出这个人的身份与来历。这是多么神奇的本事啊！

现象和本质有明显的差别。现象是事物的外在方面，是表面的、多变的、丰富多彩的；本质是事物的内在方面，是深藏的、相对稳定的、比较深刻的、单纯的。因而，现象是可以直接认识的，本质则只能间接地被认识。

“透过现象看本质”，就是在看待问题时，能够抓住这个事件背后的“根本性”运作逻辑，能够理解它真正的前因后果，而不是被这个事件的表象、无关要素、感性偏见等影响了判断。

透过现象看本质

认知就像是一扇通向未知世界的门。然而，这扇门的背后隐藏着许多层次，每一层都似乎在揭示着我们所了解事物的不同深度。我们将认知分为三个层次：表象、规律和本质。这三个层次，宛如一幅幅绘画，将我们引向认知的深邃世界。

“透过现象看本质”的意思就是透过事物外在表现出来的“现象”，去领悟它的内在本质。

表象：事物的外在面纱

表象，如同事物的外在面纱，是我们最直接、最容易观察到的部分。然而，如果仅仅停留在表象层次，我们就像是停留在事物的外壳，无法深入了解其内在的奥秘。表象都是别人想让你看到和知道的，表象背后的规律和本质才是事物的真相。

“象”到底是什么？其实很简单，“象”就是“想象”，是“像什么”。

《乾卦》的象就是我们非常熟悉的“天行健，君子以自强不息”，其实就是把乾卦比喻为天，也就是说“乾卦像天一样”，天是自强不息的，所以乾卦也是“自强不息”的。

《颐卦》的象说：“山下有雷，颐。君子以慎言语，节饮食”，就是把颐卦比喻成山下有雷（就像山下有雷一样），暗藏风险，所以要谨慎。

中医讲的象，是指事物的外在形态、特征、状态、现象等，是事物的表象和映像。

中医用象来描述人体的各个方面，如舌象、脉象、脏象、证象、药象等，以及自然界的各种现象，如天象、地象、气象、物象等。

象是中医认识事物的基础，通过观察、分析、比较、类比等方法，中医可以从象中发现事物的本质和规律，从而指导诊断和治疗。

规律：事物的内在秩序

当我们开始探究事物的内在时，就会进入到规律的层次。规律是事物内在秩序的体现，是事物发展、变化的必然趋势。在这个层次，我们不仅看到了事物的表面现象，而且能够理解事物背后的原因和关系。

规律具有必然性。规律是事物的必然联系，而不是偶然联系。只有事物变化发展中的确定不变的、必然如此的联系，才能成为规律。

规律具有普遍性。“规律是现象中同一的东西。”规律对于同一本质的事物和现象具有普遍的支配作用，如新陈代谢、四季更替，它适用于所有的阶段、社会、领域、层次等。

规律具有客观性。“规律是现象中持久的东西。”万事万物都要遵循自然规律，这是自然界和宇宙的基本法则。万物都要遵循自然规律是一个不可忽视的真理。无论是自然界中的生灵，还是人类社会，抑或个人生活，都应遵循自然规律，以实现和谐与平衡。

本质：认知的最高层次

规律背后还隐藏着更加深刻的层次——本质，本质是认知的最高层次。

很多人在说本质，那你知道本质到底是什么吗?

“本质”这个词到底指什么？有网友作了一个生动的比喻：树干生出树枝，树枝生出树叶，它们之间的关系类似于现象、规律与本质三者的关系。

现象，就像树叶，成千上万，各不相同；规律，就像树枝，就那么固定的几条；本质，就像树干，只有一根（唯一）。然后，本质（树干）决定规律（树枝），规律（树枝）决定现象（树叶）。

如果从“现象”层面去看事物，就会觉得事物各不相同，很是复杂；如果从“规律”层面去看事物，就会觉得清晰明了，不再神秘；如果从“本质”层面去看事物，就会觉得极其简单，一眼看透。

本质决定事物的内在规律，是事物存在和发展的根本原因和内在动力。只有了解事物的本质，才能够帮助我们更好地理解事物的存在和发展，发现事物的真相，并且能够更好地预测和控制它们的行为和变化。《直击本质》的作者艾菲老师总结了本质思考力的内涵。

本质的第一层含义：事物的根本属性。事物的根本属性是决定该事物之所以成为该事物而不是其他事物的特有属性。

本质的第二层含义：问题的根本原因。事物之间的因果关系是复杂多样的，一个现象的产生可能是一种原因所致，也可能是多种原因所致。

本质的第三层含义：现象背后的底层逻辑。思考问题的根源是为了找到某一特定问题发生的根本原因，而思考现象背后的底层逻辑就是寻找某一类现象或问题之所以会出现的普遍根源。

底层逻辑是万事万物背后隐藏的不变的规律，是各种现象出现的动因，一旦理解了底层逻辑，对许多现象的理解也会变得容易，在看问题时会更加通透、准确。

本质思考力

所谓本质，就是事物的根本属性、问题的根源和现象背后的底层逻辑。看透本质，就是探究问题背后的问题、关系背后的关系、原因背后的原因、目的背后的目的。

本质思考力，就是透过纷繁复杂的现象，看清事物的根本属性，看透问题的根源，看懂现象背后的底层逻辑的思考能力。

所谓进行本质思考，就是要思考以下三件事。

事物的根本属性：一个事物之所以成为它的根本原因

“我是谁？”“我从哪里来？”“我要到哪里去？”这三个问题是 2500 多年前

古希腊哲学家苏格拉底提出来的，被称为苏格拉底的人生终极三问。

追问“我”的属性，启发人们探索自我认知、生命的起源和终点的哲学命题，是哲学界最著名的人生终极三问。

对于人生终极三问，如同“有一千个读者就有一千个哈姆雷特”一样，仁者见仁，智者见智，其实没有统一的标准答案。不过，对于不同个体虽然有不确定性的一面，但是对于人类的共性仍然有确定性的一面，这就成了几千年来，人们不断探索这三个问题并寻找答案的理由。

“我是谁？”

我们应该怎样认识自己？是自然属性还是社会属性？是家庭角色还是职业身份？是外在形象还是内在品质？

“我从哪里来？”

每个人的生命都源于父母，但真正的根源在哪里？是遗传基因，还是家族传统？是成长环境，还是人生经历？探索自己的起源，认清生命的价值，让我们更加珍惜生命的宝贵。

“我要到哪里去？”

面对未来，我们有无限的憧憬与期待，渴望成功，追求幸福，但真正的归宿又是什么？是金钱地位，还是名利权势？是亲情，还是友情、爱情？可能都是，又都不是，也许真正的归宿在于内心的平静与满足。

问题的根源：导致问题发生的根本原因

维生素 C 曾与人类错过 300 年

从 15 世纪至 19 世纪，坏血病夺去了百万余人的生命，它是数百年来所有远洋航行水手们不可逃脱的噩梦。

直到 18 世纪末，欧洲人才找到防治坏血病的食物——橙子、柠檬汁或泡菜。之前，他们甚至不知道坏血病是由于吃不到新鲜蔬果引起的，而认为是由于船上肮脏的环境导致的流行病。

事实上，坏血病的治疗非常简单，只要适当补充维生素 C，多吃蔬菜和水果就能治愈。但由于蔬菜和水果腐烂得非常快，因此，当时欧洲船队配载的食物主要是面包和腌肉。

从第一例坏血病的出现到彻底遏制住它，人们用了将近300年的时间，才明白坏血病发生的根源和解决问题的方法。

海水倒退的异常状况

2004年12月26日，印度洋发生9.3级地震。地震引发的海啸席卷多处海滩，15个国家遭到重创，20多万人死亡或失踪。当时，很多人都看到了海水倒退，但预测到海啸的只有极少数人。

在泰国普吉岛卡马拉湾，来自英国的生物学老师柯洛斯顿与家人幸运地逃过一劫。当时，柯洛斯顿正在海里游泳，忽然发现海水有异常，于是赶紧上岸，把妻女叫过来，并说服了饭店巴士司机把大家都带到高地，把沿途看到的妇幼也叫上车来。最后，他们都获救了。

来自英国的10岁小学生蒂莉也幸免于难。当时，蒂莉跟家人正在麦考海滩度假，她也发现了海水的异状，于是立刻告诉了自己的父母，她父母又提醒了其他人。因为蒂莉的警觉，在海啸来临前，人们已从海滩撤离。麦考海滩也成为少数没有伤亡的海滩。

两个地点，两群人，他们发现了什么异常情况？答案是：他们看到了海水倒退。

海啸发生之前，岸边的海水会突然倒退，蒂莉几周前在地理课上刚好学到这个知识。东南亚许多地方的小孩见到海水倒退，都觉得机会难得，于是都跑去捡贝壳。没人阻止他们，因为没人知道事态的严重性。

远方海底地壳构造发生变动，引发地震，悄无声息地卷起了海浪，却没有人觉察到。因为海洋很深，海浪很小，但是地震引发的海啸以高达500英里每小时的速度前进，相当于波音747的航行速度。只有当海啸逼近海岸线时，人们才发现它的威力。

当时，所有人都看到了海水倒退，但“海水倒退”这个问题的根源却很少有人去想，而那些进行思考并找到问题根源的人，就能对事情的未来趋势做出精准的判断。

现象背后的底层逻辑：隐藏在各种现象背后不变的规律

看到网上流传的一段话：**一切火爆的生意都是拿捏人性的科技与狠活**

茅台、奢侈品：拿捏人性“好面子”的心理；

淘宝、拼多多：拿捏人性“占便宜”的心理；

抖音：拿捏人性“爱炫耀”的心理；

美团：拿捏人性“好吃懒做”的心理；

唯品会、奥特莱斯：拿捏人性追求“物美价廉”的心理；

微信朋友圈：拿捏人性“渴望认同”的心理；

微博：拿捏人性“爱八卦”的心理；

股票、彩票：拿捏人性“渴望暴富”的心理；

知识培训：拿捏人性“焦虑”的心理；

主播卖货：拿捏人性“从众”的心理；

排行竞争：拿捏人性“爱攀比”的心理；

整形美容：拿捏人性“爱美”的心理；

保健品：拿捏人性“怕老怕死”的心理；

游戏：拿捏人性“爱玩”的心理……

这里面写着游戏是一件火爆的生意，因为它是拿捏了人性的科技与狠活，指的是游戏拿捏了人性“爱玩”的心理。

但游戏可不仅仅是拿捏“爱玩”这个人性，游戏可是放大了所有人性的种类。应该说，这里面所有的人性种类全都在游戏里面。

游戏背后拿捏的人性到底是什么？某网络集团董事长讲过的玩家需求八字方针：荣耀、目标、互动、惊喜，就是玩家在玩游戏中最需要的。应该说，这是本质，是精髓，多久都不会变。

游戏上瘾的底层逻辑

成瘾，其实是对事物本身形成了“上瘾模型”的使用习惯。其实，不只游戏容易让人成瘾，日常我们刷的抖音、爱逛的小红书，甚至常偷的支付宝蚂蚁森林能量也已经让我们成瘾了。

美国著名心理学家德西和瑞安的自我决定认知动机理论在游戏领域被应用发挥得淋漓尽致。游戏竞技极大地满足了人们对于能力表现和控制感的需求，同时，多人游戏还能满足人们对“关系”的需求。也可以简单地说，电子游戏的设计满足了人性的基本心理需要。

游戏的任务制造了“成功在即的紧迫感”，使玩家体会到自己有强烈的“立即采取行动去解决障碍”的愿望，并且相信自己能获得成功。

游戏设计师通过将游戏的难度调整到与玩家的竞技水平相匹配的程度，来创造一个让他们专注并努力参与其中的完美环境。所以，游戏能够带给玩家一种“完全沉浸感”。

从人的天性来说，人其实是需要一定程度的竞争和努力的。人的本性更乐于通过努力来获得胜利，而不是单纯地毫无压力地待着或闲逛。

很多游戏都利用了“人们喜欢依附于那些令人敬畏的宏大任务”的心理，驱使玩家不断闯关，实现自己“史诗般的意义感”。

由此可以看出，“胜任感”和“目标感”是游戏吸引人沉迷的重要原因，游戏让人产生的“意义感”和“价值感”也是符合人性需要的，多人游戏满足了人们对于“关系”的需要，能够极大地建立信任感。

由此可见，让我们成瘾的游戏，实际上满足了人们内心当中的基本心理需求。游戏设计师正是利用了人性，才收到了玩家对游戏上瘾的效果。

本质思考的必要条件

在工作中，我们常见到这样的对比：多数人面对复杂问题像走进迷宫似的，而高手却能像开导航一样直击要害。这种差距其实源于思考深度的不同。要练就“秒抓重点”的能力，需要打好以下五个基础：

保持好奇心：多问为什么

就像孩子总爱追问“天空为什么是蓝色的”，思考高手也保持这种追问精神。比如，看到同事突然辞职，不要止步于“工资太低”的猜测，而要追问：行业趋势是否发生变化？团队氛围是否出现问题？每个追问都是往真相多挖一尺的铁锹。

知识储备：搭好思维积木

就像拼乐高需要足够多的零件一样，深度思考需要知识积累。外卖小哥知道每个小区门禁特点，医生熟悉各种病症关联，这些都是他们的“思考积木”。平时可以这样积累：每天用 15 分钟学习新知识，把工作中遇到的问题记下来，然后去查资料，逐步搭建自己的知识库。

跨界联想：从不同中找出相同

试试这样的练习：刷短视频时思考背后的推荐算法，逛超市时观察货架摆放的销售心理。就像把奶茶配方和项目管理联系起来——原料配比就像资源分配，口味调试如同方案优化。这种“脑力连连看”能让思维活起来。

持续琢磨：思考是一场马拉松

重要问题需要“长期浸泡”。比如，想弄清楚客户流失的真正原因，可能需要：周一分析数据，周三访谈用户，周末读书时突然获得启发，再准备一个“思考笔记本”，把零散的想法记下来，就像存钱罐一样，时间久了自然就“凑出”了完整答案。

稳住心态：先冷静再思考

情绪激动时很难想清楚事情。教你两种实用方法：遇事先深呼吸 10 秒，就像手机死机后强制重启一样；或者把问题写在纸上，像整理乱绳一样慢慢梳理；也可以试试“隔夜法”，棘手问题睡一觉再想，往往思路更清晰。

培养这种能力就像学骑自行车一样，开始可能摇摇晃晃，但找到平衡点后就会越来越稳。每天进步一点点，你会发现，对于原来复杂的问题，渐渐都能看到藏在深处的“开关按钮”。

【热点解读】

警惕幸存者偏差

“幸存者偏差”是一种常见的逻辑谬误，指的是只能看到经过某种筛选而产生的结果，而没有意识到筛选的过程，因此忽略了被筛选掉的关键信息。

这个概念最早来自第二次世界大战时期的“飞机防护”案例。

第二次世界大战期间，由于战场中飞机和飞行员是非常珍贵的战斗力资源，美军轰炸机在战争中又发挥着重要作用，他们对飞机的安全性非常重视，因此，哥伦比亚大学沃德教授应军方要求开始研究“如何才能降低飞机被击落的频率”的课题，以提高飞机的生存率。

军方统计研究大量战场幸存下来的飞机，发现机翼被击中的频率是最高的，而机尾被击中的频率是最低的。

他们发现，飞机的机翼部分中弹较为密集，而机身和机尾部分则中弹较为稀疏，当时的盟军高层的建议是加强机翼部分的防护。

而沃德教授却建议“加强飞机机尾的保护”。听到这个建议，军方人士感觉非常疑惑，为什么机翼被击中的频率最高，不去加强机翼的保护，反而加强机尾的保护呢?

沃德教授给出了两个依据:

第一，飞机的机翼即使被击中那么多次，还是能够安全返回，可见机翼的安全性能更高。

第二，飞机机尾看似很少被击中，但实际上是一种假象，因为很多被击中机尾的飞机，根本没有机会安全返回，而是直接坠毁了。

很显然，军方人士就陷入了一种“幸存者偏差”的谬误当中，他们只关注到了幸存下来的飞机的信息，而没有关注到那些已经被击落的飞机的信息，而这恰恰是提升飞机防护力度的关键信息!

统计学上对“幸存者偏差”的定义是:我们在进行统计的时候忽略了样本的随机性和全面性，用局部样本代替了总体随机样本，从而对总体的描述出现偏差。

归根到底,“幸存者偏差”就是一个由于获取信息不全而导致的认知错误。

有时，你观察得越仔细，体验得越多，得到的结果偏差反而越大。

以北京地铁为例，很多人在早高峰和晚高峰的时候都会在前胸贴后背的沙丁鱼罐头型地铁车厢里，感受着城市的海量人口。每天挤这样的地铁，很多人肯定会认为车票让地铁公司赚大发了。

他们殊不知，地铁每条线路光是开发的投入就需要上百亿，再算上其他的人工费、日常运营与维护费、银行贷款的费用，远不是通过客流量的票价就可以回本的，而且地铁是国家民生工程，相当于公益项目，票价不能过高。所以，地铁公司入不敷出就成了常态。

上班族之所以认为地铁总是人满为患，是因为每次他们都在客流量最大的时候，比如早、晚高峰期乘坐地铁。但地铁客流并不是稳定的，很多时候“空车”现象也并不少，只是那时候大多数人都在上班，因此并不知情罢了。

我不炒股，也不太懂股票。在网上看到过一个新闻故事：一位大妈5万元炒股而忘记，13年后变成500万元。

大连有一位大妈2008年买入5万元的长春高新股票，然后忘了。她于2021年4月到国信证券大连金马路营业部办理业务，因常年在国外已经忘记密码，如今前来销户，竟发现自己在2008年花5万多元购买的一只股票如今账户市值已经高达500多万元。

于是，又有很多证券公司的从业人员吹嘘股票如何让人一夜暴富，又有很多人把大妈的例子当作素材拿去大肆宣传，还有很多人说：“按她这样做，你也可以暴富……”大妈的故事在各大微信群和朋友圈被刷屏，一些人摩拳擦掌，跃跃欲试，而大妈也凭一己之力上了热搜。

然而，这件事情背后的真实情况是什么样呢？按我们上面的那个案例来说，她只是一个幸存者罢了。

李月亮老师对此进行了深度分析。这只股票背后的企业经历了很多变化和重组，如果大妈13年前买的不是这只股票，而是随便买一只其他股票的话，有99%的概率是股票退市、亏钱，或者盈利很低。

我们再回归到大妈本身，大妈说自己在2008年的时候买入5万元的股票，然后忘记了，而且她长居国外。2008年的时候5万块钱是非常值钱的，而大妈一下子就说忘了，我们由此可以推断出，大妈基本上是一个根本不缺钱的人。所以，我们综合来看，要做到大妈这样，必须符合以下这三个条件。

第一，基于对这只股票历史信息的分析得出，一定要在2008年中的两天时间内买入长春高新；第二，一定要在A股一千多只股票中，独独选中长春高新这一只股票；第三，一定要有钱，忘记自己买了股票，稳稳持仓13年。

能做到上面这几点的，已经不能用“人才”来形容了，这简直是“神人”。这一切的一切，都只能说明大妈是一个幸存者，只是运气好罢了。可是，我们有太多太多的人，都只关注大妈这个5万元变500万元的神奇故事，而忘记了那些看不见的炒股者，他们的股票市值从500万元变成5万元……如果我们不仔细分析这一切，盲目按照大妈的套路和路径去炒股，那么就有可能会得到一个悲剧的结果。

因此，这个大妈的例子其实不具备任何借鉴意义。

这个浮躁世界最悲剧的一面就是：我们只盯着第一名，把光环放到第一名身上，从而忘记第二名、第三名乃至最后一名才是我们大多数人普通而真实的人生。这就是幸存者偏差现象的坏处，我们以为那是我们大部分人的人生，我们以为自己和第一名是一样的。

如何应对幸存者偏差？

幸存者偏差是我们经常忽视的一种心理倾向，它使我们选择性地看待世界，只关注成功者的故事而忽视失败者的故事。幸存者偏差所带来的错觉和误导会影响我们的期望、判断和规划，因此，我们应该客观观察，扩大数据样本，深入挖掘案例背后的故事，以更全面的视角认识生活中的成功与失败。只有这样，我们才能真正洞察现象背后的真相，才能指引我们做出明智的选择。

一是保持客观的观察力。面对各种成功人士的故事，我们需要保持客观的观察力。在欣赏他们成功的同时，也要意识到幸存者偏差的存在。我们应该问自己：他们背后是否有其他失败的案例？我们是否可以从中汲取更多的经验和教训？

二是扩大数据样本。要避免幸存者偏差的影响，我们应该尽可能扩大数据样本，关注更多的案例和故事。不仅要关注成功者，还要了解那些失败者的经历。这样可以使我们对于成功和失败具有更全面的认知，从而作出更明智的决策。

三是深入挖掘背后的故事。除了关注表面的成功和失败，我们还需要深入挖掘其背后的故事。了解成功者所经历的困境、挑战和付出，也理解失败者所面临的障碍和失败的原因。只有这样，才能够增强我们对于幸存者偏差的认识，并获得更深刻的洞察力。

看透本质：做事的逻辑与关键

为什么要看透事物的本质？因为只有看透事物的本质，才能真正理解事物的本质意义，做出正确的判断和决策。在当今这个信息爆炸的时代，人们只有具备看透事物本质的能力，才能更好地应对复杂的现实和未来。

洞察力：洞悉事物本质的力量

洞察力源自英语“insight”，意为“内视”，洞察力是一种宝贵的认知能力，它使个人能够超越表面现象，深入理解事物的本质、原因和内在机制。

拥有洞察力的人能够深刻理解问题的根本，洞悉人们的动机和情感，识别模式和关联，以及预见可能的结果。运用逆向思维开展洞察力研究，认为洞察力通常表现为对复杂问题的简洁理解，并总结发现隐藏在问题背后的重要因素和趋势。

深入观察

超越表面：不满足于事物的表面现象，通过观察、调查和了解，探寻事物的本质和内在的关联。

细节观察：关注事物的细节和特征，注意观察变化、模式以及背后的原因和影响因素。

多角度观察：从不同的视角观察同一个事物，寻找不同的视觉、感知和逻辑层面的联系和关系。

灵活思考

分析归纳：通过将复杂问题分解为更小的组成部分，分析各个部分的功能、关系和作用，进而理解整体的本质。

模式识别：寻找和识别事物之间的模式、趋势和规律，从中洞察事物的本质和发展趋势。

系统思维：将事物置于更广泛的环境和系统中考虑，理解事物与其周边环境的相互关系和相互影响。

开放思维

超越局限：摒弃预设和固有观念，展开更加开放的思考方式。关注事物的多样性和可能性，寻找创新的视角和解决方案。

持续学习：增加知识储备，探索不同领域和学科的知识和思维方式。融合不同的思维模式和概念，拓宽思维的边界。

逆向思维：以非传统的方式思考问题，从反向、反转的角度出发，寻找隐藏的机会和潜在的问题。

整体认知

多领域理解：了解不同领域和行业的知识和趋势，建立跨领域的知识网络，用于发现新的关联和机会。

辨识关键因素：找出对事物发展和结果产生重要影响的关键因素，重点强调其对于整体认知的重要性。

综合思考：将不同领域和因素进行综合考虑，形成综合思维，从整体的角度分析问题，得出更全面、更准确的结论。

实践与反思

实际应用：将洞察力运用到实际情境中，通过实践的方式培养和发展洞察力。尝试观察和理解事物的本质，找出根本问题和机会，做出适当的决策和行动。

反思总结：在实践的过程中反思，总结洞察力的应用和有效性。对于成功的洞察和失误的洞察进行反思，寻找提升的方向和方法。

洞察力是一项重要的能力，它能帮助我们看到事物背后的本质和关键因素，从而作出更明智、合理的决策并创造更好的成果。

通过深入观察、灵活思考、开放思维、整体认知以及实践与反思，我们能够训练和提升洞察力。

这需要我们不满足于表面的观察和思考，而且要深入了解事物的内在本质和相互关系，关注事物的细节和模式，超越固有的思维模式和预设，拓宽思维的边界和知识的范围，并将洞察力应用于实际情境中。

七个维度认识事物的本质——doctors 模型

所谓看透本质，就是指要探究问题背后的问题、关系背后的关系、目的背后的目的、原因背后的原因。

看透本质，其目的不在于看透本质本身，更在于通过看透本质，总结出本质的底层规律，进而更好地指导人们的行为，更高效地做事、成事。

要想看透事物的本质，首先必须认识事物本身。《看透本质》的作者陈中总结了一个 doctors 模型（见下图），指出可以从 7 个维度去分析，从而完整认识一个事物：①定义；②性状；③起源与历史；④目的与作用；⑤结构与关系；⑥原因与关键驱动因素；⑦对应事物。

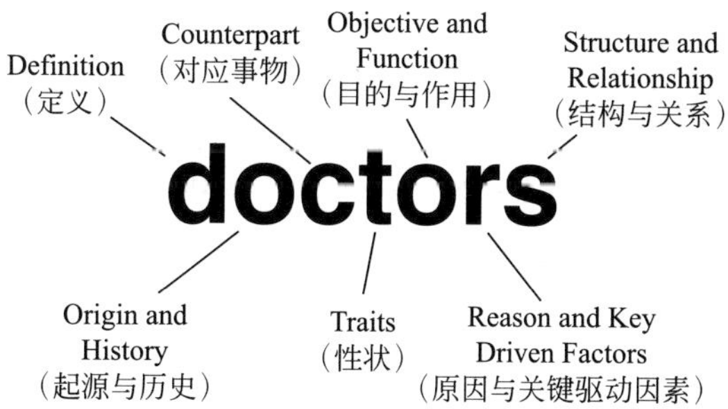

定 义

定义（Definition）是认识事物最直接、最精准的维度。这是因为，定义往往涉及事物最根本的方面，从而让你能够将该事物与其他事物明显地区分开来。

我们在认识事物前，可以先做个界定，看看它到底属于什么范畴，它的边界在哪里。比如假小子，就是指关于那些性格或形象像男孩一样的女孩。虽然假小子给人以外在迷惑，但只要明确定义，就可以看透她本质属性上还是女孩。

性 状

性状（Traits）是生物学中的概念，本意指生命体所能观察到的外在特征的总和，包括形态特征、生理特征和行为特征等。

比如盐的性状包括白色、颗粒状、晶体、味咸等；而一本书的性状有装帧、用纸、厚度、定价、上架分类、体裁划分等。

性状也可以讨论抽象的概念。比如幸福：当感到幸福时，一个人都有什么表现呢？有的人可能会红光满面、心满意足、放声高歌、手舞足蹈、身心放松等；而有的人会觉得没有意外，平平淡淡才是真，岁月静好就是幸福。

起源与历史

起源与历史（Origin and History）是从时间线来认识事物的。通过对事物过去发展变化历程的梳理，可以帮助我们认识事物现在的状态，也能为预测事物的未来提供指引。历史可以让我们找到事物由来的依据，从而确立根基。

天时、地利、人和，机缘巧合，每一个事物的出现，都有它的“缘”，关注事物的起源，就是要去看它的“缘”。

就像悟空（原本是只花果山的猴子）之所以成为悟空，是机缘巧合下遇到当年要去西天取经的唐僧的度化。

关注历史，主要是看事物起源的条件是否变化，在发展过程中是否又有了新的变化。在整个历史过程中主要看关键节点，而关键节点一般以里程碑事件为标志。

目的与作用

目的与作用（Objective and Function）是从价值线来认识事物的。

要探究目的背后的目的，一个方法就是连续追问“为了什么？（for what？）”。

比如砌墙这个当下的具体动作，如果与老百姓未来的美好生活这个愿景建立了连接，那么工人砌墙的时候，就可能因为对工作的认知不同，产生超出砌墙本身的眼界，从而贡献出不同的智慧。

在从目的与作用角度认识事物的时候，要考虑到事物作用的范围，考虑不同人的不同角度，明白事物可能扮演不同的角色。

结构与关系

结构与关系（Structure and Relationship）是从关系线来认识事物的。结构与关系有内部和外部之分。

认识事物组成部分的时候，可以采用 MECE 方法。MECE 意为“相互独立，完全穷尽”，是麦肯锡在分析问题的时候使用的一种方法。这种方法是将大的复杂问题分解成小的容易解决的问题。采用 MECE 方法可以确保问题之间没有重叠，没有遗漏，我们在认识事物组成部分的时候就可以借用这种方法。

认识事物的时候，不但要认识它的组成部分，还要认识各个组成部分之间的关系，两者结合才是完整的结构。

很多时候，结构与关系决定了事物的本质：因为事物处于系统之中，是固定的、不容易变动的，想要改变结构与关系，就需要巨大的外力作用。

俗话说：婚姻不是两个人的事，而是两个家庭的事，是两种文化的融合。这句话指出了婚姻的内、外部关系：从内部看，婚姻确实是两个人的事；从外部看，婚姻又不仅仅是两个人的事，特别是在有了下一代后，更是牵连到两个家庭的事，甚至两个家族的事。

原因与关键驱动因素

原因与关键驱动因素（Reason and Key Driven Factors）是从逻辑线来认识事物的。

从原因与关键驱动因素来认识事物，就是要知道事物的前因后果，知道影响事物的各种因素，这样才能更好地理解和把握事物。

想要找到原因与关键驱动因素，就要去梳理事物的运行机制。

所谓运行机制，就是事物运行的动作、流程以及逻辑，也就是事情是如何做的，如何运转的，以及事物因为什么因素的影响而发展变化，如何发展变化等。

梳理运行机制时，要去发现原因背后的原因，要找到流程最初始的起点，即动作和思维开始的地方。丰田公司的“5 why”分析法就是很好的梳理运行机制的方法。

“5 why”分析法，又称“5 问法”，就是当出现问题的时候，连续追问 5 个为什么，以探究问题背后真正的原因，找出真正的解决办法。

当然，“5 问法”并不是必须问 5 次为什么，也不是只能问 5 次为什么，只要有助于找到真正的原因，可以问 3 次，也可以问 10 次。5 只是一个代表性数字，并不是确定性要求。

对应事物

对应事物（Counterpart）是从事物的“朋友”和“敌人”来认识事物的。

前文讲过，你是你最亲密的 5 个朋友的平均值，不管是财富还是智慧。这是一种结果描述，你一生可能不只有 5 个亲密朋友，但是那些不能达到这个平均值的朋友，慢慢地就会被你的圈子排斥出去，这是因为你们之间的层次不同，关注的事情不同，讨论的问题不同，想法也不同，缺少了共同语言，又如何能够始终保持亲密呢？同样地，更高层次的圈子，你即使挤进去了，也很难待得住。

事物的“朋友”是指同类事物，事物的“敌人”是指对立事物或者异类事物。

“物以类聚，人以群分”，既然是在同一个“类”和“群”中，那就必然具备“类”或者“群”的某些共同特质，否则便不能被划入同一个“类”或者“群”中。

对应事物能够在认识事物的时候给我们以参考和启发。从对应事物来理解事物时，要尽可能地选择其中的标杆作参照。

医生要进行检测或检查后才能诊断病症，给出患者的治疗方案；同样地，我们要先观察分析才能认识事物，找到其本质和规律。

认识事物，就要先给事物做“体检”，doctors 模型的 7 个维度，就是认识事物的 7 个“体检”指标。

通过这 7 个维度，可以对事物有一个比较完整准确的认识。不过，有时候，7 个维度并不一定都会用上。不同的事物，其在 7 个维度上会有所侧重，有的维度甚至会用不上。

对于具体的事物，“性状”是一个必须关注的维度。比如你要去买桌子，首先要考虑是选择圆桌还是条形桌，是选择木质桌面、大理石桌面还是钢化玻璃桌面，此外，还要考虑要多大的桌子，配几把椅子，桌子的高度如何等。

对于抽象的事物，“原因与关键驱动因素”是常见的认识维度之一，要更多去考虑其运行机制、初始起点、触发机制等。

有了 doctors 模型，我们就可以更好地认识事物。从理论上说，可以用它来认识任何我们想认识的事物。

比如你想认识自己的工作，就可以按照模型的 7 个维度，看看自己工作的目的、工作中的关键因素、自己的工作与其他工作的关系等，经过梳理，你对自己工作的理解，一定会比原来更深刻。

比如你想调查某个行业，你可以思考它为什么能成为独立的行业（这是定义或者界定）；行业中的主要玩家是谁（这是行业的内部结构），行业的价值链、产业链如何（这是行业的外部结构）；行业主要解决什么问题，满足了用户的哪些需求（这是目的与作用）；要在这个行业成功，关键的能力或者资源是什么（这是原因与关键驱动因素）；行业的发展历程（这是起源与历史）；行业的替代品或者互补品是什么（这是对应事物）；行业特质是什么，是充分竞争还是寡头垄断（这是性状）。

看透“本质”的六个步骤

想要看透本质，可以从 doctors 模型的 7 个维度去思考，而思考的过程，则可以分为六个步骤：一是思维浸泡；二是信息梳理；三是资料分析；四是提炼关键词；五是初始假设；六是优化假设。这六个步骤，可以帮助我们一步步深入，找到深藏在“背后”甚至是“最底层”的本质。

思维浸泡

在看透本质的时候可以进行思维浸泡，形象地说就是“泡脑子”，要将自己“泡”在与事物有关的各种信息中，阅读各种资料，熟悉各种信息，多与专家交流。正如古语所言：“读万卷书不如行万里路，行万里路不如阅人无数。”

“泡脑子”要集中时间泡，而且要连续地泡，同时要保证“泡脑子”所用的资料是准确可信的。“泡脑子”是看透本质的获取信息阶段。

信息梳理

获取信息之后，就要对信息进行梳理，以便后续分析。

做梳理，是使获取的信息有序化，而不是杂乱无章地呈现。按照 doctors 模型的 7 个维度，对信息进行分类，可以更好地使信息有序化。

信息梳理可以与“泡脑子”获取信息同步进行，从而更高效地利用时间。

信息梳理时，要注意辨别区分客观事实与主观观点，以保证分析时有一个准确的事实前提，保证逻辑起点的准确性。

资料分析

对资料做完梳理后，就要进行资料分析，将信息所代表的意义清晰地呈现出来。

做资料分析时，也可以按照 doctors 模型的 7 个维度进行：

①分析事物的定义，界定其边界；

②分析事物的性状，找出其特质；

③分析起源与历史，找出里程碑事件，划分事物的发展阶段；

④分析目的与作用，探究目的背后的目的；

⑤分析结构与关系，了解内外部影响因素与各种限制；

⑥分析原因与关键驱动因素，找出事物的运行机制，探究原因背后的原因；

⑦分析对应事物，通过对此与同类的相同点与差异点，更全面地认识事物。

提炼关键词

关键词是思考的路标。关键词往往是某一类信息的极致压缩，是从大量信息中提炼出代表这些信息的词语。一个关键词就像是插在那一片信息地块的旗帜。

能否提炼出关键词，是能否透彻认识事物的标志。对关键词的提炼主要从性状、起源与历史、目的与作用、结构与关系、原因与关键驱动因素等维度进行。

关键词是我们形成的对事物本质认识的核心，找不到关键词，就无法精炼表达出我们对于事物本质的认识。

初始假设

当对事物有了一定认识之后，就可以提出对于事物本质的认识。这个认识，可以称为初始假设。

有了初始假设，就可以在此基础上去证实或证伪。也就是说，你就可以确定它是不是关于本质的认识，若不是，你可以提出其他的假设。

麦肯锡就主张在分析问题的时候，先提出初始假设，这样随后收集资料或者考虑问题就都有方向了，有助于高效地解决问题。

优化假设

如果初始假设很容易被证伪，就说明初始假设不够好，应该优化假设。

优化假设有三种方法：

①逻辑递进：就是要找到目的背后的目的、原因背后的原因、问题背后的问题，一直深入到事物的最底层；

②找反例：只要能找到一个反例，就说明初始假设还需要再优化，直至找不出反例；

③融合更多现象：更严谨的做法，是提出一个新的假设，如果它可以包容原来的假设，则这个新的假设就是对问题更本质的认识。

优化假设的目的，就是寻找更有解释力和指导力的本质认识。

【热点解读】

茅台酒为什么如此稀缺？

经常喝酒的人都知道，茅台酒是非常稀缺的。那么茅台酒的生产工艺有何独特之处？

贵州茅台酒的生产工艺具有多个独特之处，主要包括：高温制曲、高温堆积、高温馏酒、两次投料、七次蒸馏、八次发酵、九次蒸煮、长期陈酿和精心勾兑等步骤。

这些工艺特点体现了茅台酒酿造的独特性和复杂性，其中“三高”（高温制曲、高温堆积、高温馏酒）和“三长”（生产周期长、贮存期长、陈酿期长）是其显著特点。

在茅台酒的酿造过程中，还有一个神秘的“窖藏”环节：新酿出的茅台酒，需要经过长时间的窖藏，才能在时间的沉淀中慢慢酝酿出那独特的酱香味。这个过程，就像是一位匠人精心雕琢一件艺术品，需要耐心、细心和匠心。

为什么茅台酒不能扩产？增大产能不就能解决供不应求的问题了吗？

茅台酒的生产受到严格的地理、原料和工艺限制，产能有限，虽然近些年随着技术的进步，产能有所提升，但产能提升仍较为有限。此外，茅台酒的生产时间需要5年左右，这从时间上造就了其稀缺性。

早在多年前，茅台就曾寻找过新的生产基地，当时周总理很支持茅台酒异地实验的设想。最初的试验基地选在贵州省遵义市十字铺，从技术人员到工艺流程，再到原材料、辅料、生产设备等均从茅台酒厂搬运，严格按照茅台酒的酿造流程、遵循自然变化进行严苛试验。

当时的遵义没有任何工业污染，有大量的山泉，而且距茅台镇只有100多公里，气候也相同。那个时候，遵义的条件比茅台镇好太多了，留下来的酒厂员工非常羡慕迁往遵义的同事，他们最为盼望的就是去遵义的同事能够成功，这样的话整个酒厂就能从山沟里搬走了。

茅台酒异地实验陆续进行了11年，历经9个周期、63轮次，30000多次分析试验。1985年，全国评酒委员会考评小组考察了这种严格按照茅台酒工艺制造的酒，最后得出结论：茅台酒异地实验做出来的不是茅台酒，而是酱香酒，酱香酒和茅台酒还是有区别的。

这就意味着，搬迁扩大茅台酒厂的努力失败了。从那以后，再没有人提茅台酒异地生产的事情了。

为什么拥有同样优秀的技术人员、同样的设备、同样的工艺流程，茅台酒却只能在茅台镇酿造出来呢？

世间大凡珍贵之物、非凡之人，均出自山川形胜、钟灵毓秀之地。茅台镇独特自然地理环境中的几大要素是关键，如土壤、水质、气候以及空气中的微生物群等，这些要素对茅台酒独特风味的形成起到了决定性作用，造就了茅台酒卓尔不凡的典型风格。

其实在20世纪60年代，中国科学院南京土壤所的专家来茅台镇调查时，就发现“茅台镇周围区域的紫色钙质土壤全国稀少，这种土壤是茅台酒最重要的基础”。

这种紫色土壤酸碱度合适，尤其是土中沙质高，含有很好的渗水性，由这种紫色土壤构成的土层称为红土层。下雨天，地面水和地下水都通过红土层进入赤水河，而由于红土层中蕴含大量的微量元素，因此经过红土层过滤的水纯净无毒。

为保障茅台酒厂的水源，国家规定茅台酒厂上游100公里内，不允许因工矿建设影响酿酒用水，更不能建化工厂。所以，赤水河的生态环境非常好，别看水是红色的，可是却非常清甜。

茅台镇的气候是另一个因素。这里夏天温度高，周围3座1000多米的高山围着海拔只有400米的小镇，导致茅台镇无风，就如自然的“蒸锅”一样。这种气候有利于酿酒微生物的生成和繁衍。20世纪70年代的时候，有一些日本人想知道茅台酒的技术，他们从茅台酒里化验出多种营养成分，可是无法辨别酒中微生物的种类。

所以，即便茅台酒的工艺被人偷学去了，也酿不出茅台酒。不仅因为这里的环境无法移植，微生物无法移植，更因为生产原料别具一格。首先，茅台酒用的原料是赤水河岸边特产的红高粱，这种红高粱粒小皮薄，淀粉含量高，是纯天然的绿色食品，这种不使用化肥的红高粱比东北地区的大粒红高粱价格高了近一倍。其次，茅台酒的酿造还涉及复杂的制作工艺等，所以酿造一瓶茅台酒是非常不容易的事情。

特别声明：这里只是以茅台酒为例对相关热点话题进行解读，目的在于分析事物的本质，不进行品牌宣传，也并不鼓励饮酒。此外，读者还需注意高度白酒可能有害健康。

【心中有道】

洞察事物的底层逻辑

“花半秒钟就看透事物本质的人，和花一辈子都看不清事物本质的人，注定拥有截然不同的命运。”两者的差别在于：具有高阶认知能力的人，能洞察事物的底层逻辑，看清这个世界的底牌。

底层逻辑蕴藏着因果法则

底层逻辑的内涵

底层逻辑是指产生事情结果的原因和条件，或者说核心决定性因素。《原则》一书的作者瑞·达利欧深入挖掘了事物的因果关系，他坚信世界万物都遵循着深藏不露的法则和因果关系，探明这些因果关系就如同握住了开启世界奥秘的钥匙。许多智者的观点均指向一个共同之处，即事物背后都存在一种基本运行规律，这个规律便是我们所说的底层逻辑。

底层逻辑来源于不同中的相同，变化背后的不变。只有掌握了底层逻辑，探寻到万变中的不变，才能动态地、持续地看清事物的本质。

这里以交通需求的例子来说明：交通需求的底层逻辑是什么？

答案是要用最短时间、最低成本从A点到B点，这就是交通的核心，也是亘古不变的逻辑。

不管从马车到汽车，从燃油车到新能源汽车，还是从火车到高铁的变化，都必须遵循这样的底层逻辑。

为什么新能源汽车成为燃油车的有力竞争对手？因为新能源汽车把我们从A点送到B点的费效比更高、更环保，否则，新能源汽车的市场就会受到限制。

高铁之所以成为人们出行的首选，是因为能以更快的速度，让人们从A点到B点。

正是因为技术的进步遵循着交通的底层逻辑，才使得火车、汽车取代了马车，从而带来了行业性的颠覆。

底层逻辑的四个特点

虽然世界纷繁复杂、变化万千，但其背后常常有着如同“看不见的手”一般的“道理”或“逻辑”在主导，这些隐藏在方法和现象背后的“看不见的手”就是底层逻辑。

作者艾菲在《直击本质》一书中总结了底层逻辑的四个特点：抽象，简洁，动力来源，通用性。

第一，抽象。越抽象的道理就越在底层。

第二，简洁。正所谓“大道至简”，事物的基本原理、方法和规律往往都是极其简洁的。

第三，动力来源。底层逻辑是各种现象出现的动力来源。

第四，通用性。底层逻辑针对的不是某个特定问题，而是某一类问题或现象，有时甚至能被运用在万事万物之上。

底层逻辑是藏在万事万物背后的那个不变的规律，假如你能找到它，就等于拥有了举一反三、融会贯通的本领。

逻辑闭环的五个层次

有时接触一个人，交谈片刻，就会觉得此人深不可测，十分厉害；而接触另一个人，会觉得这人不错，很优秀，内心也很尊敬他，但是总感觉好像还差那么一点说不清道不明的东西。

这种感觉来自什么地方呢？其实，来自一套判断标准，即这个人在谈论问题时，大概在哪个层次上形成了自己的逻辑闭环。作者刘润在《底层逻辑》一书中总结了逻辑闭环的五个层次。

第一层次：思维没有闭环，思考没有逻辑。你说A，他说B，两者之间的思维永远没有交集。

第二层次：思维没有闭环，思考有逻辑。有符合逻辑推理的一些观点，但时常左右徘徊，自相矛盾。

第三层次：思维有闭环，思考有逻辑，但闭环的层次比较低。虽然思维形成了闭环，但如果这个闭环的层次比较低，就是一件比较遗憾的事情。

一个人一旦在低层次形成了逻辑闭环，可能就无法前进了。因为所有的问题在他的逻辑闭环之中，都是可以解释的。具体的表现可能是：对不同的观点，喜欢先认同，进而快速转折并反驳。当他问你一件事对不对的时候，你是没法反驳他的，因为他当然是“对”的，但是他的观点往往很虚无、无法落地，就像是飘在云端，不知道操作细节。在这个层面上进行讨论，无法推动事情的发展。

如果一个人在低层次形成了逻辑闭环，且享受于自己逻辑的完整性，就意味着他的观点无法再落地了，与其对问题的讨论将终究是空谈。

一个人如果被过往的经验束缚了眼界和判断，而无法打破自己的逻辑闭环，就无法捅破那层看似很薄的窗户纸，无法上升至新境界。

第四层次：思维有闭环，思考有逻辑，层次还可以再提升，且能在更高层次形成逻辑闭环，逻辑闭环十分通透，直达本质。在这一层次的人举手投足间会流露出一股人格魅力，谈吐间有着逻辑的美，你会拜服于他们过去的经验和他们的知识结构，希望向他们学习。

但是，第四层次的逻辑闭环同样存在问题。这一层次的人对新事物总是抱有怀疑、排斥的心理，一旦旧时代的结构发生变化，他们的闭环可能就会出现漏洞，而他们不愿承认漏洞的存在，却又希冀用过往的认知体系来填补这个漏洞。

当你用新的逻辑去看他们的时候，你会发现曾经特别敬仰的一个人明明身处新时代，却还在用旧时代的逻辑来解释新世界，这让你觉得十分可惜。因为，沿着旧地图，是找不到新大陆的。

第五层次：思维有闭环，思考有逻辑，且能在高层次形成逻辑闭环，并始终保持不断打碎自己的开放心态。在这一层次的人的思维闭环永远开放，永远没有死循环。他们的思维是螺旋式的，可以无限地延伸。

这一层次的人往往会大量吸收新知识，从不间断。他们会不断地去学习别人的逻辑框架，然后不断地下沉并往外延伸，在吸纳海量的新知识之后，不断迭代逻辑层次，不断复盘并进行结构调整。

他们会在经历一次次打击后重新站起来，思维结构永远如同初生的婴儿一般，拥有澎湃的生命力和无限的希望。

打破固化的思维壁垒

多元思考是多个不同领域的结合，可以向多个不同的方向延伸，是实现认知升维的最好方法。多元思考是创造性思维产生的前提，多元思考的人永远都存在看待事物的另一种方式。一个人能否进行多元思考，是由联想壁垒所决定的。

有些心理学家认为：人的大脑是由联想链条组成的，当我们听到一个词或看到一个物品时，就会不由自主地联想到其他东西，而这些所联想到的其他东西，多数与我们自身的经验有关。

多元思考的关键在于，打破固化的思维壁垒，建立新的思维联系。三个切实可行的方法有助于降低联想壁垒：增加知识和信息的广度；持续主动思考，捕捉更多想法；大胆假设，小心求证。

前两种降低联想壁垒的方法都需要长期坚持，但如果我们需要在短时间内想出“新点子”，则需要逆转假设，也就是采用第三种方法“大胆假设，小心求证”。这种方法的关键在于把问题倒过来思考，这样就会迫使大脑从不同的角度看问题，进而解放思想，挣脱常见的联想链条。

心理学家N.R.梅尔早期做过一个实验，试图了解“洞察”过程的本质，这后来成为关于创造力的著名实验。

参与实验的人员被领进一间屋子，屋子的天花板很高，在天花板上悬挂着两条长长的绳索，屋内有一张桌子，上边摆放着各种工具，包括一对钳子。

实验者告诉被测试者，他们需要把两条绳索系在一起，而且他们可以借助桌子上的任何工具完成。

通常情况下，被测试者首先会尝试把两条绳索拽到一起。显而易见，这种做法根本不可行。

被测试者首先拽住一条绳子，在尝试走向另一条绳子的时候，很快会发现他们根本就够不着第二条绳子：两条绳索之间的距离实在太远了。

为了解决这个问题，被测试者需要采取一种独特的方法——把钳子当成钟摆。

一旦钳子被系在一条绳子的末端，被测试者就能让钳子带着这条绳子运动，使其来回摆动。此时，他们可以拽住第二条绳子，伴随着另一条绳子的摆动，轻松地将两条绳子系在一起。

通过以上描述，这种方法似乎不难操作，但实际上大多数人都无法轻易地想到这个办法。

梅尔的实验能说明问题的地方在于：怎样做才能让问题的答案看起来更明显。回答这一问题的关键在于实验中所提供的工具类型。

要想将两根绳子系在一起，被测试者必须从一种完全不同的方面考虑所提供工具的用处，并以一种不寻常的方式使用需要的工具（把钳子当成重物）。但是，假如实验者提供的工具中有一个能被当成砝码的铅锤，问题就会变得简单得多。

梅尔还发现，在这个实验中，被测试者会对各种暗示作出反应，例如有些人会“不小心”碰到一条绳子，使其摆动起来。这些小插曲往往能让被测试者更快地找到问题的解决方案。

有趣的是，被测试者常常察觉不到暗示的推动作用。当被问及是什么使得他们找到问题的解决方案时，他们总是一头雾水。

【热点解读】

对抗熵增的方法：让系统成为开放系统

美国心理学家米哈里·契克森米哈赖在《心流》一书中提出“精神熵”的概念，使人们开始关注精神上的“熵”和“熵增定律”。

熵增定律

熵的概念最早由德国物理学家克劳修斯在1865年提出。熵可以用于度量一个系统“内部的混乱程度”，也可以理解为“系统中的无效能量”。

熵增定律，又称热力学第二定律，指在一个孤立系统中，如果没有外力做功，其总混乱度（即熵）会不断增大，即系统总是从有序向无序发展，这就是熵增定律。

薛定谔在其作品《生命是什么》中说过：“人活着就是在对抗熵增定律，生命以负熵为生。”爱丁顿爵士也曾说：“我认为，熵增原则是自然界所有定律中至高无上的。”

清华大学科学史系主任吴国盛说过：“如果物理学只能留一条定律，我会保留熵增定律。”前腾讯副总裁也说过类似的话：“如果把人类文明写成3个公式，其中一个就是熵增定律。”

熵增定律本来是物理热力学的定律，但是后来也被人们用于统计学和哲学。这个定律可以用来解释比如房间混乱和健身者无法坚持锻炼的例子，它揭示了个人和企业发展的规律。比如：

一个新鲜的苹果，放着放着就烂掉了；

一杯滚烫的开水，放一段时间就会变成一杯凉水；

一间整洁的房子，不打扫的话会变得越来越混乱。

为什么制定目标后，人们容易在坚持的过程中或因变得懒散而放弃？

为什么保持专注非常困难，而分散注意力却特别容易？

这些变化产生的原因都源于熵增定律。

熵增定律被称为令人沮丧的定律，因为它揭示了生命终将消失，企业组织将会变得臃肿、效率低下以及缺乏创新。根据熵增定律，人们会逐渐变得安于现状，难以坚持并且容易放弃任何看起来有价值的改变计划。

那我们又该怎样对抗熵增呢？——让系统成为开放系统

熵增的三个特点是：孤立系统；无外力做功；混乱程度不断增加。

熵减思维是一种主动对抗熵增、追求有序和成长的思维方式。它要求我们在面对混乱和无序时，积极寻求改变和突破，以实现个人和系统的持续优化。

物理学家发现，当一个系统是开放系统时，就能形成负熵流，从而对抗熵增。比如，有机生命体不断进行的新陈代谢（如吃、喝、呼吸等活动）就是一个对抗熵增的过程。这也是薛定谔会说“生命以负熵为生”的原因。

薛定谔认为，生命之所以能存在，就是因为生命在不断地从环境中得到“负熵”，而获取“负熵”的过程就是新陈代谢的过程：低熵的物质吃进来，高熵的物质排泄出去，从而带走体内的熵，使身体保持低熵有序的状态。

地球是一个开放系统，它是通过吸收外部能量来实现反熵增的。太阳的热量使地球在不同区域间形成温度差、压力差，从而维持了差异化的有序性，避免了完全的无序和均衡。完全的均衡意味着没有风流动、没有水流动，而这样的地球将会毫无生气。

利用耗散结构打破平衡态

耗散结构可以看作一个远离平衡态的非线性的开放系统（可以是物理的、化学的、生物的甚至社会的、经济的系统），通过不断地与外界交换物质和能量，当系统内部某个参量的变化达到一定的阈值时，系统可能通过涨落发生突变（即非平衡相变），由原来的混沌无序状态转变为一种在时间上、空间上或功能上的有序状态。

熵增定律和耗散结构可以为我们带来启发：人生可以视为一个不断与外界交换能量和信息的开放系统。通过积极汲取正能量、不断更新知识和技能，我们可以减缓熵增的速度，使个人成长得以持续。

认知图式的心理建构与重组

提到认知升级，我们都会想到各种思维模型。似乎我们的大脑是一个工具箱或陈列柜，里面摆放着各种各样的模型或工具，遇到某个问题或情境时，就能掏出适用的模型或工具来有效应对。

在心理学上，也有一个类似的概念——图式，属于认知心理学中知觉部分和建构主义理论的核心概念。对图式一般的解释，是用来组织、描述和解释我们经验的概念网络、命题网络或心理结构框架。打个比方，它好像是我们头脑中对事物的认知拼图，能带领我们深入探索认知提升的奥秘。

图式是认知结构的起点和核心

瑞士心理学家皮亚杰认为，认知的本质是适应，即个体在已有的图式的基础上，通过同化、顺应和平衡的方式对外在环境进行适应，在这一过程中，认知也就不断地从低级向高级发展。

认知发展的过程就是图式变化

我们往往是戴着有色眼镜看世界的。这个有色眼镜，就是心理学上的图式。

图式是皮亚杰理论体系中的核心概念，是个体对世界的知觉、理解和思考的方式，是心理框架或组织结构。

图式是储存在头脑中的，是从以往经历中得来的，是对反复出现情况的概括认识，它省略了具体细节，而概括了一些相似情况的共同特点。

皮亚杰把图式看作认知结构的起点和核心，或者说人类认识事物的基础。因此，**认知的过程实际上就是图式的变化过程**，这一过程包括同化、顺应、平衡（见下图）。

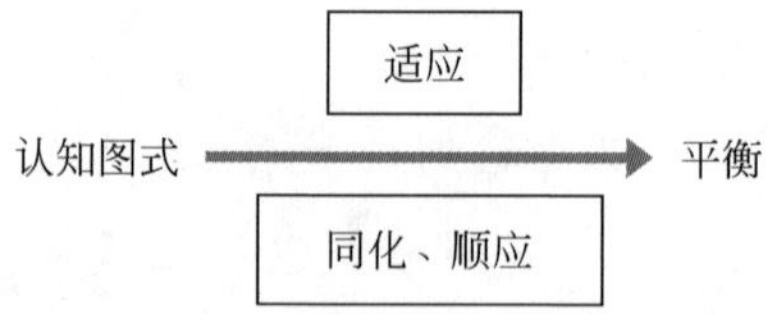

皮亚杰认为，**认知发展的本质是适应。**人的心理结构非常类似于其躯体结构。所以他用“图式”这个词来类比动物的胃。胃是一种生物学意义上的结构，动物利用它去适应环境；与此非常类似，图式也是人为了适应环境而产生并且随着智力的发展而变化的结构。

认知水平源于认知图式差异

皮亚杰认为：“任何图式都没有清晰的开端，它总是根据连续的分化，从较早的图式系列中分化出来，而较早的图式系列又可以从最初的反射或本能的运动中追溯它的渊源。”因此，人的认知图式不是一成不变的，它有发生和发展的过程。

在生理水平上，图式“绝大多数的程序是通过遗传获得的”。如初生儿仅具有几个简单的遗传图式，如吮吸：嘴唇接触到任何物体都会产生吮吸反射。遗传图式可以区别无数刺激和由之产生的感觉，然后应用到下一个学习情境中去。

个体能对刺激作出反应，在于其具有应对这种刺激的思维或图式。图式使个体能对客体的信息进行整理、归纳，使信息秩序化和条理化，从而达到对信息的理解。**个体的认知水平完全取决于认知图式。**

适应是内部图式与外部环境的博弈

皮亚杰认为，人的认识发展，不仅表现在知识的增长上，更表现在认知结构的完善和发展上。图式的发展水平是人的认知发展水平的重要标志，图式既是认知发展的产物，又是认知发展的基础和条件。

在认识水平上，图式可以代表一个分类系统，这一系统使它能够对客体信息进行整理、归类、创造、改造。此外，图式还具有概括性的特点，可应用于不同的刺激情境。

正是由于存在这样一个富有创造性的图式组织，认识主体才能有效地适应环境。在这一意义上，皮亚杰得出结论：**适应是内部图式与外部环境进行斗争的结果**。它既体现了环境的威力，又体现了图式的能动作用。

认知发展的三个基本过程——同化、顺应、平衡

同化：把外界刺激纳入原有图式

同化的概念

同化原本是一个生物学的概念，指有机体把外部要素整合进自己结构中去的过程。

在认知发展理论中，同化是指个体对输入刺激的过滤或改变的过程。也就是说，个体在感受到刺激时，可以把它们纳入头脑中原有的图式之内，使其成为自身的一部分，就像消化系统吸收营养物一样。

在皮亚杰看来，心理同生理一样，也有吸收外界刺激并使之成为自身一部分的过程，所不同的只是涉及的变化并不是生理性的，而是机能性的。

同化的三种形式

同化是不断进行的。人类必须持续不断地加工增长着的大量的刺激。从理论上说，**同化不会导致图式的改变，但它会影响图式的内蕴**。

随着个体认识的发展，同化经历下列三种形式：

再现性同化，即个体对出现的某一刺激作相同的反应；

再认性同化，即个体辨别物体之间的差异并作出不同反应，它在再现性同化的基础上出现，并逐渐向更复杂的同化形式发展；

概括性同化，即个体知觉物体之间的相似性并把它们归于不同类别。

同化的三种水平

皮亚杰借用同化来说明个体把新鲜刺激纳入原有图式的心理过程，就整个有机体来说，有三种水平的同化：生理水平上，是物质的同化；动作水平上，是行为的同化；智慧水平上，是思想的同化。

从心理学的角度来说，同化就是把外界元素整合于一个正在形成或已经形成的结构中。

因此，同化过程受到个人已有图式的限制。个人拥有的图式越多，同化事物的范围也就越广泛；反之，同化事物的范围也就越狭窄。

顺应：对原有图式进行修改或重建

顺应的概念

顺应是指有机体调节自身内部结构以适应特定刺激情境的过程。顺应是与同化伴随进行的。

当个体遇到不能用原有图式来同化的新的刺激时，这种刺激便不能被同化到某个图式之中，此时便要对原有图式加以改造或者重建一个新图式以同化新的刺激，这就是顺应的过程。

顺应将迫使个体改变现有的认知图式，形成某些适合新经验的新图式，导致认知结构的不断发展变化。可见就本质而言，同化主要是指个体对环境的适应；顺应主要是指环境对个体的改造。

皮亚杰认为，刺激输入的过滤或改变叫作同化；内部图式适应现实的改变叫作顺应。图式的发展和丰富是通过同化和顺应两种机制来实现的。

同化是量变的过程，而顺应是质变的过程。“吃一堑，长一智”是指个体在吸取了教训后，原有认知结构发生了改变，体现了顺应的过程。

同化与顺应的对立统一

当个体所处的环境或情境发生变化时，原有的认知结构可能无法适应新的情境，这时个体需要对自己的认知结构进行改变或重组，使之能够适应新的情境要求。

皮亚杰认为，顺应包括同化和顺应两个阶段。其中，同化是指个体将新的信息纳入到已有的认知结构中，以适应新的情境。

如果同化成功，个体将能够更好地适应新的情境，保持认知的连续性和稳定性；然而，如果同化失败，个体就需要进行顺应，即调整自己的认知结构，使之能够适应新的情境。

顺应的过程通常涉及认知结构的重组和重新建构，以适应新的情境的要求。

同化导致增长（量的变化），顺应导致发展（质的变化）。也就是说，同化导致个体对某个图式的特点了解得更深入，顺应则导致个体建立一个全新的图式。

就人的认识成长来说，如果只有同化没有顺应，认识就谈不上发展；但如果不存在同化，也就没有顺应可言。

皮亚杰认为：一切认知都离不开认知图式的同化与顺应。认知永远是外物同化于内部图式和内部图式顺应于外物这两个对立统一过程的产物。

顺应的三个基本环节

顺应过程包括三个基本环节：定向、探究和建构。

定向是指心理活动指向某一对象的倾向性，它对个体的思维活动起着控制方向的作用，为顺应提供了积极的心理准备。

探究是指个体与环境的相互作用，个体通过实验和操作来理解世界。

建构是指个体在探究的基础上，通过同化和顺应的过程，积极建构新的认知。

顺应过程是认知发展的一个重要方面，它涉及个体如何与环境互动，以及如何调整自己的认知结构以适应不断变化的环境要求。

顺应的重要价值

皮亚杰认为，顺应在认知发展过程中具有重要意义：

首先，顺应能够帮助个体适应环境的变化，从而更好地应对各种挑战和问题；

其次，顺应能够促进个体的认知发展和成长，使个体不断拓展自己的认知结构，提高自己的认知水平；

最后，顺应能够使个体保持认知的连续性和稳定性，避免认知结构的断裂和崩溃。

皮亚杰应用同化与顺应的过程，对行为主义的著名公式S→R（刺激→反应）进行了改造，提出了S（A）R公式（A表示同化）。他指出：“一个刺激想要引起一个特定的反应，主体及其机体就必须具有反映刺激的能力，因此，我们首先关心的是这种能力。……感受性自然是依存于做出反应的能力的。所以这个公式不应该写作S→R，而应该写作S（A）R。”

平衡：调节原有图式或重建新图式

平衡的概念

平衡是个体通过自我调节机制使认知发展从一个平衡状态向另外一个较高平衡状态过渡的过程。

皮亚杰认为，个体的认知图式是通过同化和顺应而不断发展以适应新环境的。一般而言，每当个体遇到新的刺激，总是试图用原有图式去进行同化，若同化成功，便可以得到暂时的平衡。

如果用原有图式无法同化环境刺激，个体便会进行顺应，即调节原有图式或重建新图式，直至达到认识上的新的平衡。认知的发展就是平衡—不平衡—平衡的过程。

同化与顺应之间的平衡就是适应

同化和顺应对于认知的增长和发展是必需的，同化与顺应的平衡也是同样重要的。否则将会出现以下两种情况：

如果总是同化而不顺应刺激物，会使人只拥有若干个大图式，且每个图式会变得越来越丰富，而不能发现事物之间的差别，大多数事物会被混同起来。

如果总是顺应而不同化刺激物，会使人们拥有许许多多琐碎的、没有什么概括性的图式，因而认为大多数事物都是完全不同的，无法发现事物的共性，只会建立越来越多的新图式。

这两种极端都会导致认知的畸形增长。因此，同化和顺应之间的某种均衡与这两个过程本身一样，都是必要的。

皮亚杰把同化和顺应之间的均衡叫作平衡，在保证个体与环境进行有成效的相互作用方面是必不可少的。

当同化大于顺应，主体将完全不考虑事物的客观特性，而只是为了满足自我的愿望与需要去改造现实。比如玩游戏，就是通过不断重复一些行为，从而从中得到快乐；再比如有些人骄傲自大，自以为了不起，不考虑外在事物的客观特性，这也是同化大于顺应的表现。

当顺应大于同化，个体会意识到自身的不足，而想要模仿他人或向外界求索学习。比如自卑是个体体验到自己的缺点而产生的心态，是顺应大于同化的表现；再比如有些人具有模仿的特征，经常忠实地重复典型动作，这也是顺应大于同化的表现。

同化与顺应之间的平衡过程，也就是认识上的适应，是人类智慧的实质所在。

皮亚杰认为："智慧行为依赖于同化与顺应这两种机能从最初不稳定的平衡过渡到逐渐稳定的平衡。"

需要重申的是：平衡状态不是绝对静止的，一种较低水平的平衡状态，通过与环境相互作用，就会过渡到一种较高水平的平衡状态。平衡的这种连续不断的发展，就是整个人认知发展的过程（皮亚杰，1981 年）。

平衡对个体认知过程的调节

平衡化是从不平衡向平衡转化的过程。这是个体以同化和顺应为手段的自我调节的过程。不平衡的发生，使个体产生寻求平衡（进一步去同化或顺应）的动机。显而易见，由于结构和图式经常经历着不平衡和变化，因而与任何特定的刺激相关的平衡也可能仅仅是一种非常短暂的状态，但由于它使认知前进了一步，因而同样是重要的。

皮亚杰认为，有三种平衡调节着个体的认知过程。

第一种平衡是同化和顺应之间的平衡。

在个体和外部刺激之间有一个平衡：个体的认知结构顺应新呈现出来的外部刺激，而外部刺激也会被同化到个体的认知结构中去。

第二种平衡是个体图式中子系统的平衡。

皮亚杰认为，每个个体都有若干个认知图式，而每一个图式都由许多分系统组成。例如，大小比较系统中，长度、数量等都是子系统，这些子系统经常以不同的速率展开。在建构过程中，如果子系统之间没有达到平衡，就不可能有新图式产生。

第三种平衡是个体部分知识与整体知识之间关系的平衡。

在皮亚杰看来，一个人的整体知识可以被分化成各个部分，然后各个部分又可以整合成一个新的整体知识。由此可见，平衡是个体在与环境连续不断地交互和变化过程中保持相对稳定性的一个重要因素。

每个人都需要平衡。水平低的人，心气通常很高，喜欢用上帝视角俯视所有人；水平高的人，心气反而很低，“已识乾坤大，犹怜草木青”。这就是平衡。

【热点解读】

雷军的主题演讲：只有认知的突破，才能带来真正的成长

皮亚杰认为，认知发展的实质是适应：“智慧即适应，是一种最高级的适应。”所有生命和有机体都以适应作为其生活和生存的条件和任务，即达尔文所说的“适者生存”。

图式即认知结构。虽然人类拥有高超的智慧和不同于一般动物的能力，但是，人类也必须尽力去适应复杂多变的客观环境，从纷繁复杂的现象中接受外界信息的刺激，不断走出舒适区，打破认知图式的平衡状态，从低水平的平衡走向高水平的平衡，提高认识事物本质的能力，才能更好地生存和发展。

2023 年雷军年度演讲主题是：只有认知的突破，才能带来真正的成长。在这场演讲中，雷军给大家讲述了小米的高端探索之路。

在一次讨论会上，小米爆发了史上最激烈的争论：做高端太难了，小米能做成高端品牌吗？

雷军说服所有人：“无论多难，我们一定要坚持使用小米品牌做高端。有华为等这样的强大对手，只有做高端，才能倒逼我们在技术上寻求突破，赢得未来生存和发展的空间，不能有任何动摇，必须死磕到底。高端是我们小米的必由之路，更是生死之战！”

雷军回顾小米 11 被用户吐槽，反思道：参数拉满不代表拍照好，更不代表用户满意。如何拍出用户满意的好照片？答案是跟理解最深的伙伴合作。

但雷军不知道的是，当时的小米拒绝了徕卡进行合作的提议，而且是小米的两个部门分别拒绝了两次。

此外还发生了一个故事，小米当时有一个产品的专业摄影套装非常火，首发价定在 799 元，后续更是被黄牛炒到 1400 多元。但这个产品在立项的时候曾被雷军否定了两次，而雷军在深入学习了解摄影爱好者的喜好后，才明白为什么这个产品的套装这么受欢迎。

所以，同一个产品创意，在你改变认知前后，决策完全不同。

10 余年的高端化探索，带给雷军最大的收获就是“只有认知的突破，才能带来真正的成长”。

企业家在成长的过程中，只有打破认知，走出“思维的舒适区”，深刻思考过、否定过、痛苦过，才能获得焕然新生的勇气和力量。

正如雷军在演讲中所说：“在时代变迁的洪流中，唯有脚踏实地地成长，才有足够的自信、勇气与决心，去迎接所有未知的挑战；也只有脚踏实地地成长，才能让内心充实，眼里有光，时时刻刻充满力量。”

人生是一场马拉松，一时的成败得失都不是那么重要。所有的人生难题，都将在成长中找到答案。

在年度演讲和发布会之前，雷军就曾在接受采访时表示，自己不提倡给年轻人太多的建议，相信他们就好，不要规定让年轻人只能干什么，或者只能怎么干，每个人的人生都有无限的可能。

不是所有人都是雷军，但每个人都应该有梦想，正如雷军所说的：“人因梦想而伟大，又因坚持梦想而成长。”

《易经》的动态智慧与适应之道

《易经》是中国古代的一部博大精深的哲学著作，其核心思想之一就是变化和适应。《易经》认为，变化是宇宙的基本法则，一切事物都处在不断变化之中。因此，学会变通与适应是人们应对生活中不断变化的环境和情况的关键。

皮亚杰关于图式的同化、顺应、平衡揭示了认知的发展过程，指出适应就是智慧。我们非常有必要对《易经》做些粗浅了解，《易经》的真谛就是中国人对环境变化的适应。

《易经》的三易原则

汉代郑玄总结了《易经》的“三易”原则，即变易、简易、不易，从而确立了他在易学史上的地位和影响。

变易原则

变易，指变化之道。宇宙间的万事万物时时刻刻都在变化，没有永恒不变的事物，只有变化是永远不变的。“生生之谓易，穷则变，变则通，通则久。”当事物发展到极点时，只有变通才能解决问题，使得事物发展更加长久。

地球绕太阳转一周为一年，月亮绕地球转一周为一月，地球公转的同时也在自转，它们的位置无时无刻不在发生变动。变化被视为一种自然规律，它不仅适用于自然界，也适用于人类社会。

人类的生活也是不断变化的，生老病死是变，喜怒哀乐是变，呼吸、流汗、大小便等都是变。物质在变，思想在变，环境在变，一切事物都处在永不停歇的运动变化之中。

古希腊哲学家赫拉克利特曾说过：“人不能两次踏入同一条河流。”因为当你第二次踏进这条河流时，它已经不是你第一次踏进时的那条河流，原来的那条河流早就变化了。赫拉克利特的观点非常形象地表明了《易经》的变易原则。

简易原则

简易，指大道至简。简易原则告诉我们，宇宙万物不论如何纷繁复杂，变化多端，其背后的道理和规律都是非常简单的，只要我们掌握了这些道理和规律，就可以准确把握和预测事物的运动趋势，了解其最终运动结果，那么万事万物就从神秘变得简单而又平凡了。

天地万物都有阴阳两个方面：有天就有地，有上就有下，有前就有后。阴阳相互对立，相互消长，正因为有了阴阳的变化，才生成了世间万物。世间一阴一阳的变化规律，就是“道”。

“易则易知，简则易从。”《易经》指出，所有生物的创造者是天和地，宇宙间任何事物有其事必有其理。同时，《易经》仅用阴爻和阳爻两个简单的代表符号，就将事物的规律以八卦图案的形式排列出来，将复杂的道理变得简化，这就叫作简易。

高明的医生总是一针见血，药到病除，绝对不会开乱七八糟的药物骗钱；精明的商人总是一招领先，步步领先，绝对不会做事后诸葛亮；武术高手搏击时总是一招制敌，击中要害，绝对不会大战三百回合才击倒对手……

不易原则

不易，指宇宙中存在的、永远不会发生变化和消亡的事物。

这个不易的物质，老子称之为“道”，佛教称之为“心”，基督教称之为“神”，儒家的王阳明先生称之为“良知”，也就是万物本源不易，或者说本源常道。

在《易经》看来，虽然万物本源的状态（现象）一直在发生着变化（变易），生生灭灭，但这个道、这个本源是如如不动的，不生不灭、不垢不净、不增不减。这个天道规律和法则永远不会变，这就是“万变不离其宗”。

“易与天地准。”《易经》与天地永远是一致的，如果《易经》离开了天地，或跟天地相矛盾，那就不是《易经》了。所以，不论做什么事都要保持初心不变。

太阳东升西落，四季更迭循环，这些都是宇宙间恒久不变的规律。无论科技如何进步，这些自然规律始终如一，指导着人类的生活作息。

《易经·系辞》之易道互通

宋代大儒张载曾指出：“观《易》必由《系辞》。”意思是学习《易经》应该从孔子所作的《系辞传》入手，这样才是解易经、求易理的正途和要津。从易学史的角度看，《系辞传》不仅是《易经》经文义理的通论，也是《易传》十翼的概论，它通过对《易经》卦象和文辞系统的创造性诠释，促成了《易经》由占筮之书向哲理之书的转变。

一阴一阳之谓道

孔子在《易经 · 系辞上传》中阐述了自然界中阴阳、动静、刚柔对立生成事物发展的普遍规律，包含了中国古人辩证哲学观以及朴素自然科学的内容："一阴一阳之谓道，继之者善也，成之者性也。"恰恰是这句话的总结和升华，成就了易道互通、阴阳之道与辩证法的对立统一。

《易经 · 系辞上传》第五章指出，阴阳之道存在于一切事物的发展过程中，古人借用蓍策之数认知事物奥秘。一阴一阳之谓道，可以通过调和阴阳使其达到均衡、和谐的最好状态。要想成功、成道得道，就要达到明心见性的境界。成长、变化，再成长、再变化，生生不息、运化不止，这就叫作易！易也就是变化。每一天都有新的变化、新的提高、新的进步，这才是大的德行。

顺天应人，吉无不利

《易经 · 系辞上传》第十三章指出，《易经》能充分反映人的思想、言论和社会活动，能反映天地万物之变化，所以若能得其道，就如同得到上天佑助一样，知识的最高境界就是"道德"。

《易经》曰："自天佑之，吉无不利。"这里的"自"不是来自，而是自己。这句话的意思是说，自己要努力、要自强，这样老天才会帮助我们。

孔子认为：上天所扶助的，是能顺大道规范的人；人们所扶助的，是笃守诚信的人。人们相信老天爷，就是因为老天爷铁面无私。笃守诚信，所思之处合顺于大道的规范，而又能崇尚贤能的人，上天才会佑助他，是完全吉利的。孔子认为，"信也""顺也""尚贤也"就是成功的三要素。

所谓顺天，就是按照天道去办事，顺应万物的规律而发展，就会越来越顺利；反之，如果违背万物的规律而发展，则会慢慢地衰败下去，甚至灭亡。尤其是自己能力还不够的时候，要知道顺从天道，响应大众，善于发现身边的大势并观察周边的风俗，然后迅速地融入进去，而不是在一旁指手画脚，格格不入。

在人世间，知道世故、洞察人伦就是顺天应人的一种表现。“世事洞明皆学问，人情练达即文章”，我们在日常生活中，要诚实守信，注重贤德，与人为善，擅长处理各种人际关系，但是不能丢掉做人的原则和底线，这样才是真正地理解了顺天应人的概念。

穷则变，变则通，通则久

《易经·系辞上传》第二章主要讲述了传说中伏羲氏观物立象作八卦的开创之功和上古人类进化的演义，又以《益》《噬嗑》诸卦为例，说明了圣人以象制器的变通之德，其中的一句话“穷则变，变则通，通则久”则揭示了事物发展的永恒真理。

一切事物都处在不断发展变化之中，我们应该随着天地规律的变化而变化，不能一条道走到黑，只有适时求变，顺应自然，才能长盛不衰。

做人做事，最忌讳的就是固执己见。固执，就会失去圆通，那么事情就行不通；事情行不通，就会有矛盾冲突；有矛盾冲突，那么就有吉凶福祸。

《易经》很多时候都在强调一个“变”字，而变的目的是不变，但不变又会出现很多弊端和毛病，所以变和不变总是相互转化的，正如同阴阳不断交融一样。

合理的变化就是去找寻阴阳平衡点。我们遇到困难的时候就会自发地去处理这些问题，这其实就是努力改变并试图寻找平衡点的一个过程。

变化不应只出现在问题发生的时候，而应该在问题还未来临的时候就已经开始，这就是未雨绸缪、高瞻远瞩。只有头脑时刻在变化，把各种可能发生的问题一一列举，那么当事情发生的时候，我们才不至于手忙脚乱。

《周易》之天道地道人道

祸福无门，唯人自召。善恶之报，如影随形。万物之理，古人谓之“道”。

“道”是中国传统哲学中最丰富的表达之一，老子讲天道，孔子讲人道，庄子也说盗亦有道……

那么，我们到底应该遵循什么样的道呢？几乎所有人都知道“天道酬勤”，那么地道酬什么？人道又酬什么？

天道酬勤

天道，简单地说就是天体运行变化之道。

天道酬勤，取典于《周易》乾卦卦辞：“天行健，君子以自强不息。”

天道酬勤的意思是：上天会按照每个人付出勤奋的程度，给予其相应的酬劳，多一分耕耘，就会多一分收获，只要你付出足够的努力，将来也一定会得到相应的收获。

【乾卦】（见下图）《象》曰：“天行健，君子以自强不息。”

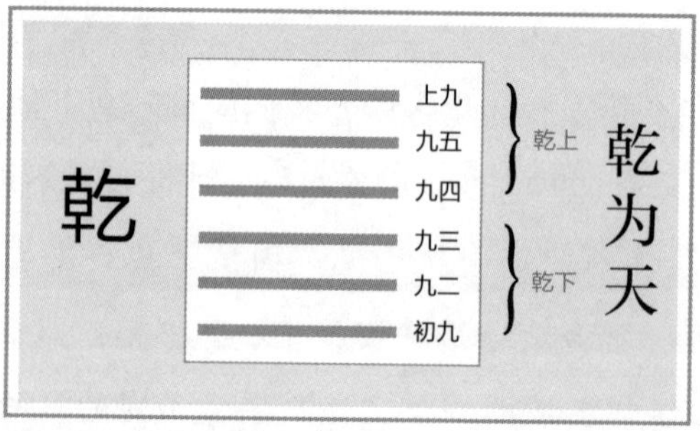

乾卦的整体卦意是象征天，刚健、充实、主动，具有刚、健、强、进的特性。宇宙观上，乾为天；家庭观上，乾为父；动物观上，乾为马；身体观上，乾为首；运动观上，乾为健；权力观上，乾为君。

任何事物都有一个潜藏酝酿、萌芽成长、茁壮全盛、由盛而衰、由盈而亏并最终归于原始的过程，人类的行为也遵循这一自然规律。

开始时要有耐心。在自强不息的同时，要学会把握时机；在力量薄弱的时候，要学会韬光养晦，等待最佳时机的出现，切不可“逆天而行”。

中间要懂得坚持。任何一个人，只要努力、坚持，那么一定会迎来好机会，如果抓住时机，就会取得阶段性的胜利。当你羽翼未丰的时候，应当以诚待人，积聚力量；当机会来临可以放手一搏的时候，应该把握住最有利的时机一举成功；在前进的过程中，困难必然会出现，这时候，我们更应该坚持住，遇到问题不逃避，坚决解决掉它。态度正确了，那么困难自然会迎刃而解。

最后要学会见好就收。在主持大局、施展抱负的时候，应该本着初衷，造福人民，使其上下一心，各得其所；在久居高位、力所不逮的时候，应该居安思危，适时而退。只要把握了进退原则，刚柔并济，消除争强好胜之心，则事无不成。同时，乾卦告诉我们，盛极而衰，物极必反是大自然的法则，是客观规律，这个时候要顺其自然，不冲动不妄动，善用刚柔相济的法则，掌握进退存亡的关键，方能确保祥和与安宁。

韦编三绝、卧薪尝胆、闻鸡起舞、悬梁刺股、凿壁偷光……都是激励一代代国人拼搏进取的力量源泉，一个人的成功，环境、天赋、学识等因素固然重要，但更要依赖自身的勤奋与努力。

从古至今，这种“天行健，君子以自强不息”的精神与内涵被无数的仁人志士、杰出人物甚至普通民众践行着，这使得我们这个饱经沧桑的伟大民族毅然屹立于世界民族之林，成为世界上唯一一个延续了五千年文明的、至今仍然生机勃勃的民族。

地道酬德

地道就是大地的特征和规律。

地道酬德，出自《周易》坤卦卦辞：“地势坤，君子以厚德载物。”

这句话是说一个人只要有道德，就会像大地一样，胸怀宽广任尔为，承载万物能负重。如果你道通德厚，无怨无恨，那大地万物也定会褒奖于你。

【坤卦】（见下图）《象》曰：“地势坤，君子以厚德载物。”

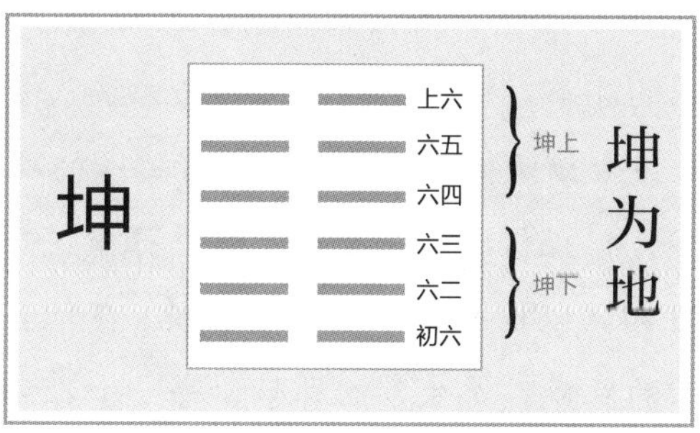

坤卦的整体卦意是象征地，阴柔、厚重、顺从，具有胸怀广阔，包容世间的特性。坤卦告诉我们，要学习大地负载万物的美德，以博大深厚的德智、宽敞广阔的胸怀，在沉静中显示出包容一切的母性力量。在现实生活中，不管面对如何棘手的事情，都要保持平静，不要贸然采取行动，要不断努力，静待时机，不急于求成。

与乾卦的阳刚、主动、刚健相对，坤卦强调的是阴柔、厚重、顺从的一面。这种阴柔的特性并不是消极的，而是强调在面对事物时要保持冷静、平和的态度，以柔克刚，达到和谐与平衡。

乾、坤两卦既相互对立，又相互依存，表明阴阳之间的配合才是万物生长的源头。

《中庸》源于坤卦，展现着坤卦柔中带刚的力量。“故至诚无息，不息则久，久则征，征则悠远，悠远则博厚，博厚则高明。博厚，所以载物也；高明，所以覆物也；悠久，所以成物也。博厚配地，高明配天，悠久无疆。”

极端的真诚是没有止息的，没有止息就会保持长久，保持长久就会显露出来，显露出来就会悠远，悠远就会广博深厚，广博深厚就会高大光明。广博深厚的作用是承载万物，高大光明的作用是覆盖万物，悠远长久的作用是生成万物。广博深厚可以与地相比，高大光明可以与天相比，悠远长久则是永无止境。

坤卦的智慧还在于内敛和含蓄。在现实生活中，我们可以运用坤卦的智慧：在个人修养上，坤卦强调厚德载物的品德，像大地一样包容万物，滋养万物，学会宽容、谦逊、忍让，不断提升自己的道德品质；在人际关系上，坤卦强调柔顺、顺应的品质，这对于处理人际关系具有重要指导意义，应该以和谐共处为目标，学会倾听他人的意见，尊重他人的观点；在事业发展上，坤卦启示要顺应时势，把握机遇，在事业发展过程中，应该灵活应变，善于调整自己的策略和方向，以适应不断变化的环境；在社会责任上，坤卦象征着地，地是万物生长的基础，是生命的源泉，每一个人都应该承担起社会责任，关注社会问题，为社会的和谐稳定作出贡献。

人道酬谦

人道，即人生之道，是每个人都应该遵循的准则、规范。

《易经·系辞下传》中言："有天道焉，有人道焉。"经过儒家的不断修饰，人道一词被赋予了更高的人文含义。

《易经》中有一卦叫作谦卦（见下图），其卦辞是"谦亨，君子有终"，意思是谦卑能够通达，君子能够有好的结局。

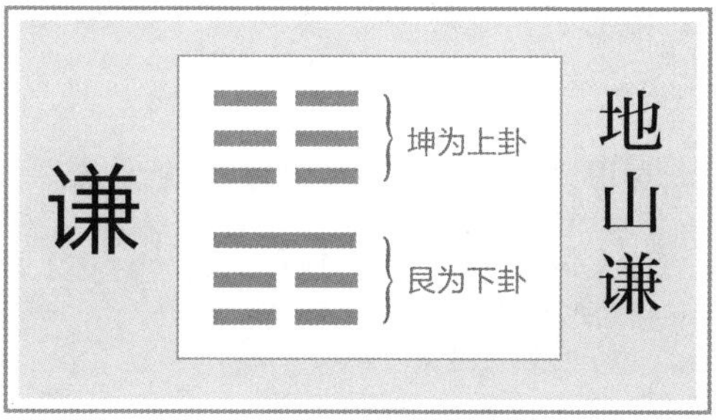

谦卦位于大有卦之后，《序卦》之中这样解释道："有大者不可以盈，故受之以谦。"在大有卦之后，君子为预防骄矜自满、满盈则亏，常需要用谦卦来化解，只有做到富而好礼才能维持昌盛局面。做到谦逊退让，何处不能通达？《象》曰："地中有山，谦；君子以裒（póu）多益寡，称物平施。"

"裒多益寡，称物平施"这八个字要牢牢记住，这是《周易》的公平原则，取多的去资助那些少的，把财富从富人那里减一些来资助穷人，这就是"称物平施"。这样才能和谐。

谦卦，象征谦虚、谦逊。艮象征山、止，坤象征地、顺，地中有山。山体高大，但在地下，高能下，下谦之象。卑下之中，蕴其崇高，屈躬下物，先人后己，所以谦象征谦虚。如此谦虚地待物、待事，必将诸事顺利。但是只有君子才能始终保持谦虚的美德。

周易的六十四卦中唯独谦卦的六爻的爻辞都是吉，其他的卦里，都有吉、有凶。此卦的意思是做人如果学谦、学敬，那么一切都是吉祥如意的。《说文解字》中对谦的解释是："谦，敬也。"也就是恭敬、谦虚、谦逊的意思。

从卦象上分析，地山谦卦上卦为坤为地，下卦为艮为山，山在地中便是谦卦的卦象。用现在的话来说便是“不显山，不露水”。山本来是高于大地的，但由于谦逊，它甘愿埋于地中。《易经》认为，谦卑是一种美德，是一种智慧，是一种力量，是一种境界。

谦卦的启示包含两层含义：一层是谦虚，指待人接物不狂傲，平易近人；另外一层是谦让，指不与别人针锋相对，谦让容人，居功而不自夸，先人后己。

具有谦让之德的君子，可畅行天下而无往不利。这正如天在上，其阳气下降，能普济万物带来光明；地在下，其阴气上行与阳气交合，相得益彰。自然界的万物都遵守谦之道，人类的道德标准更是厌恶骄傲自满而崇尚谦虚。地位高贵的人，如能运用谦让之德，他的道德会更显光辉；地位卑下之人，如能运用谦让之德，其行为必不会逾越礼制法度。具有谦德的君子一定会有好的结局。

谦卦的卦辞也简练，只有五个字——亨，君子有终。可是其内涵却极为丰富。谦虚使人受益，使人进步，所以会亨通。君子能够做到这一点，便会得到善终。谦受益，满招损。自满于已取得的成绩，将会招来损失和灾害；谦虚而时时改掉自己的不足，就能因此而得到益处。谦虚意味着你还能接受进步，骄傲则意味着你已经什么都容不下了。

《易经》告诉我们，要做到谦卑，就要修正自己的心态，克制自己的欲望，培养自己的品德，提高自己的能力，不断地学习和进步。谦卑能够让我们得到天道的眷顾、人心的敬重、自身的完善，进而达到高尚的境界。

底层逻辑就是事物运作的“基本规律”，换句话说，底层逻辑就是万千“术”后的那个“道”，也是万千现象背后的那个底层规律。对认知本质及底层逻辑的探寻，就是孔子说的那个“仁”、老子说的那个“道”、佛祖说的那个“般若”。儒 / 释 / 道三家讲的全是底层逻辑，这就是其伟大之处。

所以说，要想做成一件事情，就得深入去研究这件事情背后的底层逻辑。只有提升文化底蕴，“术”“道”双修，成为“半秒钟看透问题本质”的顶尖高手，才能拥有精彩通透的人生。

【拓展阅读】

[1] 陈中 . 看透本质 [M]. 北京：机械工业出版社，2020.

[2] 瑞・达里欧 . 原则 [M]. 崔平平，刘波，译 . 北京：中信出版集团，2022.

[3] 艾菲 . 直击本质 [M]. 成都：天地出版社，2020.

[4] 刘润 . 底层逻辑 [M]. 北京：机械工业出版社，2021.

[5] [美] 弗朗斯・约翰松 . 思维不设限 [M]. 刘昭远，译 . 上海：东方出版中心，2020.

[6] 暴占光 . 图式教学对阅读理解能力的影响研究 [D]. 长春：东北师范大学，1999.

[7] 南怀瑾 . 易经系传别讲 [M]. 上海：复旦大学出版社，2018.

[8] 南怀瑾 . 易经杂说 [M]. 上海：复旦大学出版社，2018.

[9] 傅佩荣 . 易经与人生 [M]. 北京：东方出版社，2012.

第六讲　文化底蕴

【关注话题】

孔子是“人”还是“神”？

孔子是儒家创始人，有3000多名弟子，许多人因此认为孔子一定威风凛凛，生活顺风顺水，但实际上孔子所经历的苦难是常人所想象不到的。

司马迁评价孔子为“至圣”，一个无人可以超越的圣人，这个高度无人能及。

司马迁为了写孔子传，亲自到山东曲阜瞻礼孔子庙堂车服礼器，读过孔子的《论语》和相关材料，最终完整地描述了孔子那坎坷多难的一生。

出身卑贱。据传，孔子的父亲叔梁纥结过三次婚，他在60多岁的时候，跟一个17岁的姑娘颜徵相识，按照《史记》的记载，“纥与颜氏女野合而生孔子”，因此，孔子极有可能是个私生子。虽然孔子智商很高，但按照当时的礼制，他的母亲并非明媒正娶，这种尴尬的身份给他的一生带来了不少麻烦。

长得有点丑。因为父亲的遗传，孔子长得很高大。《史记》对孔子的身高有所描述：“孔子长九尺六寸，人皆谓之长人而异之。”虽然孔子的身高确实高出普通人一大截，但孔子长得却不帅。有一种说法是：孔子之所以叫孔丘是因为他的头顶是陷进去的。

荀子曾经提到：“仲尼之状，面如蒙倛。”“蒙倛”是一种驱鬼的面具。可以想象，一种用来驱鬼的面具显然很恐怖。

当然，荀子是儒家的继承人，他的目的显然不是抹黑孔子，而是想说明“人不可貌相”。我们今天看到的孔子像也许有一点丑，但并不难看，这可能与孔子后来的修养、精神气质有关。

做过很多卑贱的职业。孔子 3 岁的时候，他的父亲就去世了，此后，孔子便跟随母亲生活，受生活所迫，孔子也从事过很多卑贱的职业。

孔子在《论语·子罕》中写道：“吾少也贱，故多能鄙事。”鄙事就是下人干的事。因此，孔子学会了射箭、驾车，更是特别熟悉办丧事的礼仪。此外，鲁国很好地保留了周公的礼乐制度，为后来孔子学习礼乐文化提供了非常好的环境。

青年时期不得志。孔子 30 岁到 50 岁之间，一直都在找机会从政，但都没有成功。在此期间，齐景公拒绝过孔子，孔子也拒绝过阳虎等人。孔子说：“四十而不惑。”阳虎等人请他去做官，他经过复杂的思想斗争后拒绝了，表明他不会被外物迷惑。

政绩突出的四年。孔子 50 岁到 54 岁之间，在鲁国做了大约 4 年的官，在此期间，孔子展示出他卓越的从政能力。孔子 50 岁的时候开始做中都宰，即中都这个地方的行政长官。因为政绩突出，孔子由中都调到中央，升为司空。司空是个什么官职呢？用现在的话来说，司空就相当于工程部兼建设部部长。

不久，孔子又由司空升为大司寇。这个官位的权力比较大，相当于司法部长兼政法委书记。后来，孔子又被提升为“摄相”，相当于代理宰相。短短几年间，连升三级。这也说明孔子的行政能力是很出众的。

孔子最终还是离开了鲁国。除了齐国从中挑拨以外，最重要的原因还是鲁国内部的矛盾。孔子说：“五十而知天命。”天命难违，人算不如天算。如果孔子没有痛彻的感受，他是不会这样说的。

颠沛流离四处碰壁。孔子从 54 岁到 68 岁一直颠沛流离周游列国，14 年游历在外，陈述自己的主张，希望能得到国君的重用。卫国、曹国、宋国、齐国、郑国、陈国、蔡国、楚国都留下了他的脚步，除了卫国、宋国、陈国对他施以礼遇外，其他的国家都有臣子讨厌他，因此他饱尝了人间冷暖，看遍了世间百态。

孔子是个改革家，他主张通过办私学打破当时的政治生态。他的学术团队也是一个“准政治组织”，拥有几千名潜在的政治骨干。这也是当时各国不敢轻易用孔子的一个重要原因。

回到鲁国整理古籍。在离开鲁国 14 年之后，孔子也总算想开了，不再折腾，依靠弟子冉求的疏通，重新回到了鲁国，归隐治学。

鲍鹏山老师描述了孔子晚年的贡献：“宝剑折断，铩羽而归，他还能做些什么呢？他打开了竹简。这是一个有世界意义的举动。孔子现实政治活动的失败使中国少了一位晏婴、子产或管仲式的人物，但却使世界从此有了一个伟大文化的源头。这活力绵绵不绝的文化之源，浩浩荡荡，渐远渐无穷，使整个东方世界都浸润其中。是的，当孔子的现实政治活动失败后，他埋头于古代典籍的整理；在被自己的时代拒绝之后，他成功地通过文化符号进入了未来的世纪；在被几个诸侯国的诸侯和政客拒绝后，他的影响力却遍及全世界，名声响彻天下。”

被“神圣化”的人。从《论语》中我们可以看到，孔子生气时会说出“乡愿，德之贼”“老而不死是为贼”“朽木不可雕也，粪土之墙不可污也”“八佾舞于庭，是可忍也，孰不可忍也！”

在弟子颜渊去世时，孔子表现出深深的悲伤，他说出“噫！天丧予！天丧予！”这样的话语，这显示出孔子并非总是一副平和的模样，他也有着自己鲜明的个性和强烈的情绪表达。

这种耿直和真实，让我们看到了一个更加立体的孔子形象，他不再是高高在上、完美无缺的圣人，而是一个有着七情六欲，会愤怒、会失望的普通人。

鲍鹏山老师说：“作为历史学者，不仅仅需要科学精神，还需要有敬畏，需要对人类伟大人物的敬畏，对人类文化创造——包括神圣化孔子、耶稣这类文化行为的敬畏。而这种敬畏，其实也是历史科学的一部分。因为，对孔子这样的人神圣化，也是历史事实的一部分，是我们需要了解并理解的一部分。文化的功能以及它发挥功能的方式，决定了人类必须把一些杰出人物‘神圣化’，东西方文化莫不如此，且西方文化尤其为甚——中国的孔子，虽被尊为‘圣人’，他还是人，且他还是另外一个人——叔梁纥的儿子；而西方的耶稣，已经是神，并且是上帝的独子了。”

在历史的长河中，中华民族以其深厚的文化底蕴，承载着无数优秀的传统与智慧。文化底蕴塑造了当代中国人的魅力，“腹有诗书气自华”不仅仅是个体内涵的体现，更多的是一种对文化素养的尊重与追求。

【心理探索】

德国思想家卡尔·雅斯贝尔斯在《历史的起源与目标》一书中，第一次把公元前 500 年前后，同时出现在中国、西方和印度等地区的人类文化突破的时代称为轴心时代。

在那个时代，古希腊、以色列、中国和印度的古代文化都发生了“终极关怀的觉醒”。换句话说，这几个地方的人们开始用理智的方法、道德的方式来面对这个世界，同时也产生了宗教，这是对原始文化的超越和突破。而超越和突破的不同类型决定了今天西方、印度、中国、伊斯兰不同的文化形态。

在轴心时代里，各个文明都出现了伟大的精神导师——古希腊有苏格拉底、柏拉图、亚里士多德；以色列有犹太教的先知们；古印度有释迦牟尼；中国有孔子、老子、墨子……他们提出的思想原则塑造了不同的文化传统，也对后世的人类社会产生了深刻影响。

中华优秀传统文化博大精深

中华优秀传统文化历经数千年积淀，形成了涵盖哲学思想、伦理道德、艺术审美、科技实践的完整体系，其深度和广度在世界文明中独树一帜。

从典籍文献到生活智慧，中华优秀传统文化不仅承载着中华民族的精神基因，更蕴含着解决现代社会发展问题的思想资源，需要以科学方法梳理提炼。

中华民族文化基因的核心理念

中华文化精神传承

中华文明历经商、周、秦、汉、隋、唐、宋、元、明、清等朝代，逐渐塑造出具有鲜明农业特色的辉煌文化。我们的先人遵循自然法则，日出而作，日落而息，播种希望，收获丰硕，与自然和谐共生，家族因此而聚。

人类应顺天时、接地气，与自然和谐共处，同时秉持“天地广阔，人亦非凡”的信念，在历代智慧的传承中，以诚挚之心修养自身、治理家庭，并以此为根本，追求治国安邦的最高理想，实现“平天下”的宏伟目标，构建家国一体的文明框架。这一传承始自尧舜、周孔，延续至程朱、陆王，形成了一种连贯的生命哲学、家国伦理和审美追求。

这些历经沧桑的智慧代代相传，涉及人的本质、生存的意义和处世之道，并延伸至家国情怀、普世伦理和日常道德，融合真理、道德、情感与法律等多重维度，激励着我国知识分子践行“修身、齐家、治国、平天下”的独特人生轨迹。

中国人的精神灯塔

“修身、齐家、治国、平天下”的哲学思想，源于个人修养的“修身”，它倡导通过提高个人的道德修养和知识水平，逐渐影响和整顿家庭，进而扩展至国家治理，构建了一种积极进取、不断自我提升的人生范式。

在当前社会快速变革的背景下，“修身、齐家、治国、平天下”的实践步骤，从个人延伸至家庭，最终触及社会，展现了一种由内而外、由微观至宏观的成长轨迹，蕴含了丰富的人生哲学和时代智慧。它不仅是古代先贤智慧的结晶，也是中华优秀传统文化在当代的生动体现。

经过数千年的沉淀，“修齐治平”的理念仍旧根植于人们心中，它不仅激励着历代知识分子为民族繁荣而奋斗，也在现代社会中扮演着关键角色。它警示我们在追求个人成长的同时，承担社会责任，助力社会和谐与稳定。

“修齐治平”的理念所包含的珍贵人生智慧和优良品质，已成为中华民族文化基因的关键要素，不仅在历史的长河中传承不息，也在现代社会中焕发出新的生机，指引我们在个人发展、家庭建设和社会进步中寻求平衡与和谐。

文化自信上升为国家意志

中华文化源远流长、灿烂辉煌。文化自信是更基本、更深层、更持久的力量。中华文化独一无二的理念、智慧、气度、神韵，增添了中国人民和中华民族内心深处的自信和自豪。

华夏心法

中国最古老的有文字记录的《书经》也叫《尚书》，其中记载着：**“人心惟危，道心惟微；惟精惟一，允执厥中。”这十六个字便是儒学乃至中国文化传统中著名的华夏心法或“十六字心传”。**

据传，这十六个字源于尧舜禹禅让的故事。当尧把帝位传给舜以及舜把帝位传给禹的时候，所托付的是天下与百姓的重任，是华夏文明的火种；而谆谆嘱咐、代代相传的便是以“心”为主题的这十六个汉字。可见其中寓意深刻，意义非凡。

王阳明先生说：“‘率性之谓道’，就是‘道心’。只要沾染了一些人的意念，就是‘人心’。‘道心’本来是无声无息的，所以称其为‘微’。按照‘人心’去行，便会有许多不稳妥之处，所以称其为‘惟危’。”

古老的东方智慧

当我们自己忽略优秀传统文化，向西学看齐的时候，西方的学者却早已把目光投向中国古老的文化智慧宝藏。

一个忘记传统的民族是可悲的，正如习近平总书记在纪念孔子诞辰 2565 周年国际学术研讨会上所强调的：“优秀传统文化是一个国家、一个民族传承和发展的根本，如果丢掉了，就割断了精神命脉。”

当心灵失去了安顿的家园，问题也随之而来：道德滑坡，诚信缺失，贪污腐败，等等。而这也是包括西方国家在内的人类世界所面临的共同难题。

被誉为“20 世纪最伟大的历史学家”的阿诺德·汤因比就认为“人类的希望在东方，中国文明将为未来世界转型和 21 世纪人类社会提供无尽的文化保障和思想资源”。

中华文明从未断流的密码

儒释道的发展

中国古代思想学派主要有三个：儒、道、佛。其中，儒家和道家是中国传统学派的两大支柱。儒家思想是入世的，主张“学而优则仕”“经世致用”，天下有道则现，无道则隐，通过修身齐家从而治国平天下；道家思想是出世的，主张通过顺遂天性，不以死生穷达为念，达到超凡脱俗、自由洒脱的精神境界。

当儒家的政治理想在现实中碰壁时，道家的自适与逍遥则打造出了另一片广阔的精神园地。尤以魏晋风尚为甚，文人墨客在“修齐治平”之外，有了全新的人生目标：对自身生命的保全以及心灵宁静安详的追求，从“事死如事生”的严肃与沉重中解脱出来，寻求“性命之情”，保有一片精神家园，提升生命的内涵和价值，在生命有限的长度中拓展生命的宽度。儒与道在对立中互补，构成了中国思想史发展的一条重要线索。

中国文化的独特优势

在世界文化发展史上，许多优秀的文化形态因为异族的入侵而中断。在四大文明古国中，古印度文化因雅利安人入侵而雅利安化；古希腊、古罗马文化因日耳曼人入侵而中断，沉睡了上千年；古埃及文化则因入侵者的变化而不断改变自己的面貌，曾一度希腊化，后又罗马化，再后又伊斯兰化。

从整个世界文明与文化发展的历史来考察和比较，我们可以发现，在世界文化之林中，中国传统文化具有独特的优势和生命力，唯有中华文化生生不息、绵延不绝、从未断流，表现出无与伦比的生命延续力。

中国传统文化具有顽强的生命力与深远的凝聚力

中国传统文化源远流长、博大精深、从未断流。中国传统文化之所以具有如此顽强的生命力，其原因是多方面的。

从外部原因上说，这是由于中国与外界相对隔绝的大陆性地域、自给自足的农业经济格局、宗法社会组织结构的相互影响和制约，使其形成了一个稳定的生存系统。

但主要则是源于内部，即中国传统文化本身所蕴含的多样性的生机力、统一性的同化力、包容性的融合力、伦理性的亲和力、变易性的创造力和民族历史意识的延续力等，它们构成了中华文化强大的生命力之源。中华文化在这强大生命力的延续中，又表现出极强的同化力和凝聚力。

中国传统文化是伦理类型的文化，伦理性是其基本特征

谈到伦理性，很多人首先一定会想到“仁义礼智信”。孔子不只是一个人，他更是一个文明的象征，这个文明就是中华文明。

我们每个中国人，你爱孔子也好，恨孔子也罢，你都离不开孔子，他已根植于每一个中国人的内心深处。

比如：中国人讲究谨言慎行，强调谨慎、自律。“慎独”一词最早出于《礼记·中庸》：“莫见乎隐，莫显乎微，故君子慎其独也。”意思是说不要在别人见不到、听不到的地方放松对自己的要求，也不要因为事情细小琐碎就不拘小节。

历史上，无论是东汉“四知太守”杨震，还是元代“梨虽无主，我心有主”的许衡，这些人都老老实实面对良知、清清白白面对自己、坦坦荡荡面对世界，用一颗光明坦荡之心，成就了高贵的人格。

最隐蔽的地方最能体现一个人的品质，最细微的东西也最能透射出一个人的灵魂。不要以为在私底下、无人时、细微处就可以随心所欲，更不要让私欲杂念侵扰内心。

独自一人时也应谨言慎行、自重自爱，常掸心灵灰尘、常清思想污垢，不断培养和强化自我约束、自我控制的意识和能力，始终保持纯真本性。

轴心时代的高度文明

公元前800年至公元前200年间，尤其是公元前600年至公元前300年间，是人类文明的“轴心时代”。“轴心时代”发生的地区大概是在北纬25度至35度的区间。

现在远远看去，“轴心时代”各个文明中的精神导师像是有一种默契的分工，这种互不相同的早期分工，决定了多个古文明的本性，也决定了其以后发展的不同特点。

例如，古希腊文明更多地考虑人与自然秩序的关系，古印度文明更多地考虑人与超验世界的关系，而古中华文明则更多地考虑人与人之间的关系。这种侧重，也影响了多个文明之后的路向。

正如雅斯贝尔斯所说：“至今人类依然靠着那时所产生、所创造以及所思考的东西生活。每值新的飞跃产生之时，人们都会带着记忆重新回归到那轴心时代，并被它重燃激情。”

“轴心时代”奠定了人类最重要的四个古文明的基础，人类社会之后的发展，都是在这个时代开创的格局中继续进行的。

儒、释、道的基本要义

儒、释、道三家思想构成了中国传统哲学的核心框架，唯有厘清其基本要义，才能准确把握中国传统文化的价值根基与思维特质，为跨时代文明对话提供认知坐标。

系统理解儒、释、道的基本精髓是激活传统文化当代价值的重要前提。

儒家思想主张积极进取与尚仁重义

儒家思想也称儒教或儒学，由孔子创立，最初强调的是司仪，后来逐步发展为注重尊卑等级的以“仁”为核心的思想体系，是中国影响最大的流派，也是中国古代的主流意识。儒家学派对中国、东亚乃至全世界都产生过深远的影响。

儒家的文化传承

儒家的开创者孔子、曾子、子思和孟子等人有着怎样的文化传承关系？

《论语》是记录孔子及其弟子言行的书，由孔子的弟子及其再传弟子整理编纂而成。

《大学》源自乾卦，由曾子所著。曾子姓曾名参，是孔子的学生，他的年龄要比孔子小四十六岁。孔子对曾子的评价是比较“鲁”，认为他是一个比较老实的人，不太说话。曾子后来成为承继孔门道统的嫡传之人。

《中庸》源自坤卦，作者子思是春秋时期著名的思想家。子思是孔子的孙子，受教于孔子的高足曾参，孔子的思想学说由曾参传子思，子思的门人再传孟子。子思在儒家学派的发展史上占有重要的地位，他上承孔子中庸之学，下开孟子心性之论，并由此对宋代理学产生了重要而积极的影响。中庸的境界，被儒家认为是最高道德与自然法则。“中庸”是儒家伦理道德思想的最高标准。

《孟子》由孟子所著。孟子是子思的再传弟子，是孔子的四传弟子，孟子所处的时期，也已经由孔子所在的春秋时期演变到了战国时期。

孟子的思想相比孔子的思想来说，还是有一些变化的。孔子是个温文儒雅、修养极高的夫子，孟子给人的感觉则要比孔子多一些侠气，有时候好像要“卷起袖子伸拳头”，更加快意率性一些。

孔子和孟子的这个区别，和他们分别所处的时代有着很大的关系。这也从另一个方面说明了时代和文化思想的演变之间的关系。

儒家“内圣外王”的核心思想

儒家思想曾是中国传统文化中的主流思想，它以心灵的自我修养与自我完善为主要目的。

儒家思想的精神内涵主要总结为四点：一是人本主义精神；二是内圣外王精神，这种精神，培养了中国人注重群体的价值取向和“位卑未敢忘忧国”的忧患意识；三是积极的入世精神；四是天人合一的思想。

“内圣外王”一词最早出自《庄子》：“内圣”指从事道德修养，以追求一种崇高的道德境界；“外王”指从事政治实践及其他社会事务，以建功立业。

道家的“内圣外王”之说，为何被称为儒家的核心思想呢？

儒家的思想核心为“修身、齐家、治国、平天下”，与庄子“内圣外王”的基本思想高度一致，儒家所谓的“修身”“修心”就是庄子所言之“内圣”，所谓“治国、平天下”就是“外王”。

因此，内圣外王不只是道家的人格理想，也是儒家追求的最高境界。由此可见，道儒两家在人格修养和治理天下方面，达到了高度一致。

在庄子看来，“内圣外王”是真正的“道”，而各家所言之道不尽相同：儒有儒之道，法有法之道，墨有墨之道，兵有兵之道。

各家之“道”均宣称自己是正道，语人曰“我可以，他是旁门左道”。

对古代中国人来说，“内圣外王”的人格结构从形式上代表了其实现人生价值的两个侧面，而实质上这两个侧面又是统一的。

“内圣”是“外王”的前提，而“外王”又是“内圣”的条件，缺少任何一面，人格形态都不会完美。

对于完美人格的追求，使人们形成了一种理想的人生模式，即“内圣外王”。

积极入世实现理想

儒家思想在处理人与自然的关系方面，更多关注人在社会中的位置，强调如何做人以及如何处理好人与人之间的关系，主张通过个人的道德自我完善实现人生的价值，从而形成了儒家思想注重人文、注重道德、注重感性的特点，并逐渐培养起一种道德的精神。

中国人很早就在对内在生命力量和外在环境变化的体验中，深刻领悟到了作为人的尊严、价值和意义。

因此，更注重追求现实世界的幸福生活的儒家思想，同古希腊伊壁鸠鲁学派的哲学思想有某种相似之处。儒家思想作为一种实践哲学、世俗哲学和人的哲学，主张积极入世，实现自己的理想和抱负。

【热点解读】

“得意时儒家、失意时道家、绝望时佛家”

中国古代的知识分子，或者向往道德人格，成就德业；或者向往逍遥人格，追求自由。这不仅是古人理想的人格观，而且是古人理想的处世哲学。

但这并不意味着一个知识分子一生只能追求一种人格形态，实际情况很有可能是这样的：当他得意之时便自觉不自觉地追求道德人格，而当他失意之时便自觉不自觉地追求逍遥人格。这就是常说的“得意时儒家、失意时道家、绝望时佛家”。

国学大师南怀瑾先生在《论语别裁》一书中说："儒家像粮店，道家像药店，佛家像百货店。"

儒家被比喻成粮店。儒家重点探讨人与人之间的伦常关系。人在社会中生活，哪一天不与人打交道？学会了做人，就解决了立身处世的根本问题。人是每天都要吃粮食的，不然就会饿死，在南怀瑾看来，儒家思想就像是粮食，是每天都需要补充的。所以，他将儒家比作粮店。

道家被比喻成药店。道家由表及里，可以解决人生的大问题。人活在世间，时时面临着各种困惑，其中之一就是欲望带来的压力。人活着需要物质资源，为了生活好一点，脚踏实地、努力工作的人着实令人欣赏。

但人们往往在追求更好生活的过程当中，混淆了需要与欲望之间的界限，错把欲望当作需要，拼命向外追逐，纵情享受感官刺激带来的短暂快乐，导致产生了各种身体、心理的疾病。人不生病的时候是可以不去药店的，毕竟不生病的时候也没有必要去药店，但是生病之后就必须要去药店了，道家就像是药店，可以在人产生精神疾病时予以医治。

中国自古以来有许多统治者都追求道家的思想，而国家和民族有时候会因为统治者的作为而"生病"，国家战乱、社会动荡之时，就是南怀瑾所说的"国家和民族生病了"的时候，道家思想就可以为社会疗伤。

佛家被比喻成杂货店。南怀瑾是佛学家，他说佛家就像是杂货店，是因为里面的东西很杂，可以说什么都有，样样俱全。佛教是由印度传入中国的。佛教在中国兴旺的时候正赶上乱世，佛教思想刚好契合了乱世中百姓的心态，尽管每个人对佛家思想的理解都不一样。

佛家就像杂货店，有空的时候就可以逛一逛，没时间的话也可以不用逛，即使是进去逛了，里面的东西也是可买可不买，但是不管有没有人去逛，这个社会始终需要有杂货店的存在。

南怀瑾先生一辈子钻研儒、释、道三家，因此可以轻轻松松地用生动形象的比方把这三家给讲明白了。

儒释道三家是中华文化的三大精神殿堂，前人阐发的伟大思想为我们搭建了精神的庇护所，可供我们为适应不同的需要而随时出入，用不同的精神思想调节自我，活得更从容。

道家思想主张大道至简与清静无为

中华优秀传统文化浩若烟海，灿若繁星，博大精深，源远流长。

道家讲究因势利导，讲究四两拨千斤，正如老子所言：“君子得其时则驾，不得其时，则蓬累而行。”

道家处世，讲求的是一个“时”，时机不至，道家是不会轻易出来蹚浑水的，他们宁愿隐居山林，当个世外闲人，等到时机成熟再出来救世。

尊崇黄老之术的道家人物都是厉害的人，如孙武、张良、管仲、范蠡等都是功成身退的代表。范蠡给文种写信时说“蜚鸟尽，良弓藏；狡兔死，走狗烹”，用以劝诫文种保护好自己，不要再恋栈权位，免得被越王给杀害了。

与道家不同，儒家认为，天下不管多糟糕，有些事总要有人来做：“邦有道则仕，邦无道则隐”，讲究君子有所为有所不为。

《中庸》里面讲道：“君子和而不流，强哉矫；中立而不倚，强哉矫；国有道，不变塞焉，强哉矫；国无道，至死不变，强哉矫！”

哪怕是“累累若丧家之狗”仍初心不改，便已经不能简单地用“伟大”来形容，而应该用“悲壮”才对。在了解子路的事迹后就更能体会到这种情怀。

2016年，西北大学教授张岂之荣获“国学终身成就奖”，他就曾指出“道”是中华传统文化中的核心理念。

《道德经》的核心思想

道家的核心思想是“道”，但要想把“道”说清楚，让人人都能够理解又很难，所以老子才写了一部《道德经》，其实就是在讲这个“道”。

“道”作为《道德经》中最抽象的概念范畴，是天地万物生成的动力之源。

哲学上，“道”是天地万物之始，阴阳对立与统一是万物的本质体现，物极必反是万物演化的规律。

伦理上，老子主张纯朴、无私、清静、谦让、贵柔、守弱、淡泊等因循自然的德行。

政治上，老子主张对内无为而治，不生事扰民；对外和平共处，反对战争与暴力。

《道德经》虽然只有寥寥五千言，但却是一本奇书，因为它视角独特，思想深邃，文约意远，令人充满了好奇心和阅读欲，让人爱不释手。

两千多年来，一代代人都在对它进行研读，没有穷尽。人们从各个方面各个角度对《道德经》进行解读，由此产生的文字卷帙浩繁，汗牛充栋。

自《道德经》问世以后，皇家对老子的祭祀也一直延绵不断，就像他们对待儒家学派的创始人孔子一样。历史上的魏武帝曹操、魏文帝曹丕、唐高宗李治、女皇武则天、唐玄宗李隆基、后梁太祖朱晃、宋真宗赵恒、宋徽宗赵佶八位皇帝都曾亲临老子的故里鹿邑祭拜老子。

老子设坛传道讲学的地方叫“老君台”，在今河南省鹿邑县，始建于汉代，盛于唐代，多次毁于兵乱，经过历代的修葺，距今已有2000多年历史。

1938年，侵华日军向老君台发射的13发炮弹均没有爆炸。1997年9月19日，侵华日军炮兵梅川太郎等人特意到老君台谢罪，并向鹿邑人民表示了忏悔。

道法自然，返璞归真

道家思想和儒家思想共同构成了中国传统文化的两大主流，两者各有侧重、互有短长，因而相互补充、相互渗透，绵延不绝，汇合成中国传统文化和民族精神的滔滔长河。

道家是中国思想史上一个极其重要的学派，道家的理论奠定于老子和庄子，道家哲学主张基本上也就是老庄哲学。

道家思想（特别是其哲学思想）以其博大精深、隽永多义的思辨内涵，超迈豁达、反对独断的开放胸怀以及古朴恢宏、神奇玄妙的独特魅力，经过几千年的传承繁衍，如今已辐射到中国传统文化的各个领域，对传统文化的形成和发展产生了重大的影响。

如何理解“人法地，地法天，天法道，道法自然”？

人法地：人因为有私情，利己之心严重，有吉凶祸福之邂逅，故应取法深厚、平坦、忠实、大公无私的大地的体性。《周易》曰："地势坤，君子以厚德载物"，故"人法地"。

地法天：大地虽然如此，但因势之高低，质之软硬，有沧桑之无常，因此，还须取法天道无所不覆、永不衰竭的运化之道，故"地法天"。

天法道：但天还有四时变更、寒暑交替之幻化，因此，还须取法生育天地、运行日月、生养万物、无有任何主观意气和感情私心的"道"，故"天法道"。

道法自然：道的最高属性就是自然法则，即顺应自然的法则，故"道法自然"。到此境界，才是人与万物、天、地、道合为一体；到此境界，正是人与道的自然法则合为一体；到此境界，天清地宁，河海静默，山岳稳固，阴阳和谐，风调雨顺，万物繁荣。那人间社会呢？天下太平，四海宁静，刀枪入库，马放南山。

朴素辩证法的智慧

老子是中国古代道家学派的创始人之一，他的辩证法思想主要体现在《道德经》中。虽然老子的思想以道和无为为核心，但其中也蕴含着独特的辩证法思想。

道的辩证性

老子主张"道生一，一生二，二生三，三生万物"，强调万事万物的发展演化是由"一""二""三"等相互对立、统一和转化的过程构成的。这体现了事物发展的辩证性，强调了事物内在的矛盾和变化。

老子指出，事物都有自身的对立面，都是以对立的方面为自己存在的前提，没有"有"也就没有"无"，没有"长"也就没有"短"，反之亦然。这就是中国古典哲学中所谓的"相反相成"。

无为而治的辩证思想

老子强调"无为而治"，主张以无为而无不治。这一思想中包含了老子对于行动和非行动的辩证观念。

老子认为通过非强制性的自然方式，而不是过度干预和人为干涉，可以达到事物的和谐与平衡。

由于道家具有深邃的辩证睿智，因此他们对所有事物往往有比较深刻的见解，能透过事物的表象而直探其底蕴，提出和一般常识完全不同的主张，成为一种典型的“中国智慧”。

譬如人们通常容易看到事物的正面，即其主动、显露的部分、前进的轨迹和刚强的威力，道家却要我们看重事物的负面，即其被动、深藏的部分、曲折的过程和柔弱的作用，并且认为后者在事物的发展中往往比前者更重要。此外，道家还主张因循自然，“无为”“无智”“无欲”“无私”“不争”，主张守弱居下，贵柔尚静，返璞归真。老子说：“弱者道之用”（《老子》第四十章），这一句话概括出了老子人生哲学的一个基本特征。

柔弱胜刚强的辩证观

老子提出“柔弱胜刚强”，强调柔软、温和、适应的品质能够胜过坚硬、强势、刚强的力量。这种观点体现了辩证的思考，即认为事物的变化和平衡往往在柔和与刚强之间转化。

道家认为，事物的强弱乃至人生的祸福穷达，在一定条件下都是可以相互转化的，表面上强的，实质未必强；此时强的，彼时未必强；强大繁盛之时，往往有可能开始走向衰败毁灭。

因此，道家教人“致虚极，守静笃”，处变不惊、虚静自守、厚积薄发，实现以静制动、后发制人、以虚应实、以退为进、以屈求伸。

可见道家的柔静之道并非消极的哲学，而是“正言若反”“进道若退”的辩证哲学，充满了历史和人生的智慧，具有境界高远、深沉超越的丰富内涵。它开掘了生命和历史的深度，能培养人的深沉持重的品格，加强人的韧性和灵活性，以便迎接和承受各种艰难险阻的挑战。

无为而知的辩证思想

老子认为真知来自内心的安静、超越与觉知。他提出“无为而知”的观念，强调通过内在的直觉和超越自我，可以达到更深的认识。

道家通过观察自然、思考人生，揭示了事物发展的内在规律，强调事物的矛盾统一、转化与和谐，为后世的哲学、文化和思维提供了独特的辩证视角。

道家认为：世界上的一切事物都遵循着某种运行规律，有的时候世界比较纷乱，我们可能一时看不出来规律到底是什么，但等纷乱过去后再回头看，就会发现这个规律一直在起作用。世间万物，顺应规律则昌盛，背离规律则危险。

历史上，道家思想的这种基本精神形成了超越世俗、淡泊名利、心怀广阔的道家风度，成为传统知识分子（特别是历代隐士）的主要精神慰藉，成为中华民族战胜各种艰难险阻、走出困境的重要精神信念和精神力量。

直到今天，道家思想仍能为我们现代人谋求身心的平衡和心灵的安宁，提供抚平各种挫折、创伤、痛苦、不幸的安慰剂，特别是为继承弘扬中华民族自我超越、深沉持重、胸怀博大的品格和百折不挠、自尊自信、爱好和平的民族精神，继续发挥着巨大的作用。

凡是读《逍遥游》《论语》读出消极感受的都是没读懂。只有读出阴阳相互依存的气度，读出无善无恶的心境，读出百毒不侵的气场，读出超然物外的境界，才算真正读懂了它们。

【热点解读】

天人合一的宇宙观

天人合一，是中国传统文化中处理天和人关系的基本立场，是中国人民在历史长河中形成的独特宇宙观。自古以来，人与自然的关系就是人类要处理的三大重要关系之一。

天人合一的宇宙观是中华优秀传统文化的精华。

中国古代社会是农耕文明，天时和地利对于农业生产乃至古人的生活都有着根本影响，因此，人与自然和谐共生，敬畏自然、顺应自然的观念，成为中国传统社会的主导观念，并且深刻地影响了中国人的文化心理。

在此基础上所产生的中国传统思想，就是以天人合一为基本价值立场和精神追求的，而其在儒家传统中表现得尤为明显。

传统儒家思想将人看作是“天地之心”，强调“仁民爱物”，主张由己及人、由人及物，把仁爱扩展至宇宙万物，从而实现“参天地、赞化育”，这就是对人与自然和谐相处的一种积极表达。而宋代以来，“民胞物与”“万物一体”的观念更是成为儒学的普遍价值立场。

天人合一的宇宙观涵盖两个层面。

首先，“合一”意味着自然并不是作为人的对立面而存在的，它与人的命运是休戚相关的，对于自然的过度掠夺和破坏是不被允许的。这是对自然的一种价值尊重和情感接纳。

其次，“合一”也意味着人类必须按照自然规律来生产和生活，从而实现人与自然协调发展，这是一种极为高明的可持续发展理念。正是在天人合一宇宙观的影响下，中国传统社会具有了更鲜明的特点，中国传统文化也具有了更强大的生命力。

最后，“天人合一”的观念对于当代中国发展（尤其是生态文明建设）具有积极意义。从道法自然、天人合一的中国传统智慧，到创新、协调、绿色、开放、共享的新发展理念，中国始终把生态文明建设放在突出地位，将其融入中国经济社会发展的各方面和全过程，努力建设人与自然和谐共生的现代化。

《黄帝内经》的核心思想是“天人合一”，主要是讲天、地、人。

《黄帝内经》的天地人系统中，人与天相通的总原则是：同气相求，同类相应，顺则为利，逆则为害。

人与自然的和谐是符合天道运行规律的，是充盈且生生不息的。“春生、夏长、秋收、冬藏，是气之常也。人亦应之。”（《黄帝内经灵枢·顺气一日分为四时》）

人的生理功能活动随春夏秋冬四季的变更而发生生长收藏的相应变化。天人合一表现为：人天同构、人天同律、人天同象、人天同数。

人天同构

人天同构是《黄帝内经》天人合一观的最粗浅的层面。人体的结构可以在自然界中找到相对应的东西，人体仿佛是天地的缩影。

“天圆地方，人头圆足方以应之。天有日月，人有两目。地有九州，人有九窍。……天有四时，人有四肢。天有五音，人有五藏。天有六律，人有六府。……天有阴阳，人有夫妻。……地有高山，人有肩膝。地有深谷，人有腋胭。”——《黄帝内经灵枢·邪客》节选。

人天同律

人生于天地间，必然遵循天地间的规律，人和天的规律是统一的，可以此互相探索和印证，以人律证天地之律，或以天地之律探人，应在两者间把握其统一性和规律性。

“天有风雨，人有喜怒。天有雷电，人有音声。……天有冬夏，人有寒热。……岁有三百六十五日，人有三百六十五节。”——《黄帝内经灵枢·邪客》节选。

人天同象

人天既然同律，便会同象；既然本质规律一致，表现形式便会一致。所以要把握二者规律与形式的一致性，以人感天，以天见人。

如果对“象数”无知，则意味着对华夏文明的无知。中医五行认为人是系统的，五行和五脏是对应的，并完全表现为一种天人合一的综合功能。

人天同数

《黄帝内经》认为人体与宇宙之间存在着某种数理上的一致性。

“人身小宇宙”在《黄帝内经》中绝非泛泛而谈，人体自然节律是与天文、气象密切相关的生理、病理节律，故有气运节律、昼夜节律、月节律和周年节律等。

其基本推论是以一周年（四季）为一个完整的周期，四季有时、有位，有五行生克，因此，以一年分四时，则肝主春、心主夏、肺主秋、肾主冬……

禅宗思想主张自性正念与宁静专注

佛教创始人释迦牟尼（约公元前563年至公元前485年之间），是世界上主要的宗教之一——佛教的创始人。根据佛教传说，释迦牟尼是释迦部落的王子，原名乔达摩·悉达多。

佛家的核心思想

佛家宣扬“众生平等”，反对婆罗门宣扬的种姓制度。它认为人的生老病死都是“苦”，苦的根源是人的欲望，只有消灭欲望，忍耐服从，刻苦修行，才能摆脱“苦”，到达“极乐世界”。

佛家的核心思想是“诸恶莫作，众善奉行，自净其意，是诸佛教”。佛教是教育，是教人要深信因果，要得正知正见，超脱轮回，度己度人，成就佛果。

按佛学界通行的说法，佛教产生于公元前 6 世纪的印度，从创立到现在已有两千多年的历史。

两汉之际，佛教传入我国，经与我国原有之儒、道思想数百年的排拒与融汇，至唐代，终于融入中国传统文化，由此奠定了中国传统文化儒、释、道三家鼎立的基本格局。

此后，佛教在中国社会上下继续深入发展，深植于中国人的社会文化和日常生活之中，成为中国人不可或缺的精神食粮。

中国禅宗思想的源起

达摩祖师传教

禅宗的创始人是达摩祖师，他是南印度人，通彻大乘佛法，以修习禅定而闻名。之后达摩来到中国，时值南北朝，达摩从广州北行至洛阳、嵩山等地。其教义强调“不立文字，教外别传”，主张通过直指人心、见性成佛的方法来修行。达摩被称为初祖，之后通过二祖慧可、三祖僧璨、四祖道信、五祖弘忍、六祖慧能等大师的努力，禅宗在中国大地上繁荣发展，成为佛教的重要流派。

六祖慧能彻悟

五祖令徒弟们根据所参学过的佛经各写一首偈语，神秀写了首：“身是菩提树，心如明镜台。时时勤拂拭，勿使惹尘埃。”

慧能听罢也写了首：“菩提本无树，明镜亦非台。本来无一物，何处惹尘埃。”五祖随即将衣钵传与慧能，因为五祖了解神秀仍处在“渐修”状态，并没有真真工正彻悟。

中国佛教著作《坛经》及其核心思想

六祖慧能是中国禅宗的杰出大师，他对中国佛教最大的贡献是创立了南禅宗，强调心性义理、修持功夫和成佛境界的本土化，实现了佛教与中国传统文化的深度融合。他的“顿悟”理论打破了传统佛教教条，强调个体主张和实践性，使佛教更加贴近中国民众。

《坛经》(敦煌本)由慧能所说，其弟子辑录，经文主要记载慧能的生平事迹和言教。根据“自性本清净”之说，宣扬“明心见性”“顿悟成佛”的基本思想。

《坛经》的思想对禅宗的发展起到了重要作用。中国佛教著作被尊称为“经”的，仅此一部。

一是“见性成佛”。“故知不悟，即佛是众生；一念若悟，即众生是佛。故知一切万法，尽在自身心中，何不从于自心顿现真如本性！”

迷即众生，悟即是佛，佛只在众生自己的身心中，求佛要向众生身心去求。这是《坛经》所提出的主题思想。

二是“无相为体，无住为本，无念为宗”。《坛经》的思想以“自性”为主，经中所说的般若，是指定慧等持，都是约“自性”而立的。

无相讲的是体，是性体清净；无住讲的是相，是本性无缚，是心无所住；而无念讲的则是用，是真如起用，是不染万境，无念是悟入的重要方法。

三是“自性”具足“顿悟成佛”。

据说，禅宗六祖慧能听五祖弘忍大师讲解《金刚经》，当听到“应无所住，而生其心”这一句的时候，慧能大师瞬间开悟。“应无所住，而生其心”，虽然只是短短八个字，却蕴含无尽玄机。

现实生活中，我们面对各种生活场景，难免心生执念，但不要被执念困住，心无所住，就是要你不要停留，不要投入其中无法自拔，心的本来状态是虚灵明觉，虚而不空，觉而不迷。

【热点解读】

“一切都不要执着！”

怎么消除执着？

围绕着“执着”这个词，我们可以分析出一个基本的结构：执着隐含了两个非常重要的要素，第一个是执着的主体——谁在执着；第二个是执着的客体——为谁执着。

为什么人会犯戒？因为他有所执着，如果没有任何喜欢或讨厌的执着，就不会犯戒。为什么人的心会散乱不定？因为他执着于某些事物。为什么人会没有智慧？因为他愚痴而执着于某些事物。

若把佛陀所有的教诲，乃至八万四千法门归结起来，就是这么一句话："一切都不要执着！"这句话提醒我们：执着只会带来痛苦。

如果一个人能修正到"一切都不执着"的地步，他当下便能悟道、证果，实现究竟涅槃。

有人问佛陀："可否将你的全部教导归纳成最简短的一句话？"佛陀回答："可以！"接着说："**一切都不要执着！**"

【心中有道】

理想人格与修身智慧

中华文明是人类历史上唯一没有中断的古老文明，几千年的风雨历程为中华民族的历史书写了浓墨重彩的一笔。

中华文化源远流长，曾子《大学》的宗旨是培养完善人格;《论语》"仁"是儒学道德规范的标杆，是孔子思想体系的核心理论;《孟子》"义""勇"是儒家行为的最高原则；老子《道德经》的核心思想是道和德；子思《中庸》的核心内容"诚"是至高无上的道德准则。

经典文化丰富深刻、各成系列又一脉相承的政教伦理原则，对中国文化、民族心态、人类文明都产生了无比巨大的影响。而其中古道圣贤所倡导的理想人格和修身智慧更是值得我们学习了解。

曾子"三纲八目"的完善人格

曾子所作的《大学》是一篇论述儒家修身治国平天下思想的散文，位列四书之首，讲的是儒家修身齐家、做人做事的心法，而《论语》更像是《大学》的案例集。

《大学》全文2000多字，文辞简约，内涵深刻，影响深远，主要概括总结了先秦儒家的道德修养理论，以及关于道德修养的基本原则和方法，对儒家政治哲学也有系统的论述，对做人、处事、治国等都有深刻的启迪性。

《大学》的总纲部分

“大学之道，在明明德，在亲民，在止于至善。知止而后有定；定而后能静；静而后能安；安而后能虑；虑而后能得。物有本末，事有终始。知所先后，则近道矣。

古之欲明明德于天下者，先治其国。欲治其国者，先齐其家。欲齐其家者，先修其身。欲修其身者，先正其心。欲正其心者，先诚其意。欲诚其意者，先致其知。

致知在格物。物格而后知至，知至而后意诚，意诚而后心正，心正而后身修，身修而后家齐，家齐而后国治，国治而后天下平。自天子以至于庶人，壹是皆以修身为本。

其本乱而末治者，否矣。其所厚者薄，而其所薄者厚，未之有也。此谓知本，此谓知之至也。”

上面的内容是《大学》全篇的总纲，开门见山，确立了儒学“三纲八目”的追求。

儒家的全部学说，实际上都是循着这“三纲八目”而展开的。“三纲”不是平列的，而是层层递进的。

儒学“三纲八目”的追求

《大学》提出的“三纲”（即“三纲领”：明明德、亲民、止于至善）和“八条目”（格物、致知、诚意、正心、修身、齐家、治国、平天下），强调修己是治人的前提，修己的目的是治国平天下，表明了治国平天下和个人道德修养的一致性。

所谓“三纲”，是指明明德、亲民、止于至善。这是《大学》提出的教育纲领和培养目标。

所谓“明明德”，就是发扬光大人所固有的天赋的光明道德。

所谓“亲民”，是使人弃旧图新、去恶从善。这里的“亲”同“新”，是革新、弃旧图新之意。

所谓“止于至善”，就是要求达到儒家封建伦理道德的至善境界。“为人君止于仁，为人臣止于敬，为人子止于孝，为人父止于慈，与国人交止于信。”

所谓“八目”，是指格物、致知、诚意、正心、修身、齐家、治国、平天下。它既是为达到“三纲”而设计的条目工夫，也是儒学为我们所展示的人生进修阶梯。

纵览四书五经，我们发现，儒家的全部学说实际上都是循着这“三纲八目”而展开的。所以，抓住这“三纲八目”你就等于抓住了一把打开儒学大门的钥匙。循着这进修阶梯一步一个脚印，你就会登堂入室，领略儒学经典的奥义。

孔子理想人格的五个要素

孔子《论语》中因材施教的内容很多，他和子路这段对话就反映出他对完美理想人格的观点。

【原文】子路问成人。子曰：“若臧武仲之知，公绰之不欲，卞庄子之勇，冉求之艺，文之以礼乐，亦可以为成人矣。”曰：“今之成人者何必然？见利思义，见危授命，久要不忘平生之言，亦可以为成人矣。”

【白话文】子路问孔子怎样才算是一个有完美人格的人。孔子说：“如果具有臧武仲的智慧、孟公绰的不贪欲、卞庄子的勇敢，像冉求那样多才多艺，用礼乐加以修饰，也就可以算是一个具备完美人格的人了。”孔子又说：“现在具备完美人格的人何必一定要这样呢？见到利益想到是否符合义的要求，遇到危险不怕牺牲，长久处于穷困还不忘平日的诺言，这样也可以算是一个具备完美人格的人。”

孔子认为一个具备完美人格的人必须具备五个要素，即有臧武仲那样的**智慧**，有孟公绰那样的**不贪欲**，有卞庄子那样的**勇敢**，有冉求那样的**多才多艺**，还有就是懂礼乐。

臧武仲展现的智慧是怎样的？

鲁国大夫臧武仲因与孟孙氏结怨而逃至齐国。在齐国，他得到重用，选址筑台、练兵屯田、实施“重农商，奖耕织”的政策，使“齐纨鲁缟”闻名遐迩。臧武仲的智慧非同小可，乃治国安邦之大智。

孟公绰的清心寡欲体现在何处？

孟公绰，孔子所敬重的鲁国大夫，其德行在于为官清廉，不贪图财富与名利。他执政时，即使对国家贡献有限，却不曾损害百姓利益。

卞庄子的勇敢体现在哪些方面？

卞庄子，鲁国著名勇士，曾独自与猛虎搏斗。母亲在世时，他因孝顺而三战三败；母亲去世后，他三战三胜，英勇无比。孔子赞赏的勇敢并非盲目冲动，而是懂得审时度势。

冉求的才艺有哪些？

冉求，孔门七十二贤人之一，擅长政事和理财，曾率军抵抗齐军并取得胜利，从而帮助孔子归国。他的才艺体现在政治、军事和经济领域。

完美人格之人应懂得何种礼乐？

孔子认为，完美人格之人应懂得周朝的礼乐制度，这是其文化修养的体现。

这五大要素对人格的要求极高，孔子因此提出了更为易行的第二种标准，并以此赞扬子路的直率勇敢、不畏牺牲和抵制名利诱惑的品质。孔子对子路是持肯定态度的，子路听到老师的这个标准一定高兴极了。

孟子理想人格的六层境界

儒家修身的重点，一定不在身，而在心。孟子在《尽心下》中曾提出修身的六个境界和六步功夫：“可欲之谓善，有诸己之谓信，充实之谓美，充实而有光辉之谓大，大而化之之谓圣，圣而不可知之之谓神。”

为了把理想人格说清楚，孟子将其从低到高分成六个层次，让人们按图索骥，树立学习的目标。

可欲之谓善

值得人们喜爱的就是善。它指人内在具有值得追求的善性本质。这里的“可欲”并非指外在物质，而是强调人性中自然向善的特质，即仁义等道德属性的先天存在性。这种善性是人区别于动物的根本特征。当我们解读人生意义的时候，每一个人所要达到的最精致的目标，就是那个本自具足的境界。

现代语境下的善，体现在我们对社会责任的承担，对他人的关爱，以及对环境的尊重。当我们认识到每个人都有其价值时，我们会更加乐于助人并顺应他人的需求，而不是盲目评判。

有诸己之谓信

强调道德实践的自我确证性。当个体通过修养使善性真正内化为自身品质，并通过行为自然流露时，即为“信”。孟子认为，善不是刻意表现出来的，而是真实存在于人的内心的，是按照内心的道德指令去做善事，是“仁义行”而不是刻意地“行仁义”，这种境界叫信。

在现代生活中，孟子的“信”可以理解为对自己的信念和自我认同。一个自信的人，相信自己的内在价值和能力，相信自己本自具足，不盲目追求外在的认可，而是按照自己的道德信念行事。

充实之谓美

这里说的美是指内心充满了善和信的光辉。用今天的话说，就是身上有一种美好的气质。在物质丰富的今天，人们越来越追求精神层面的充实。

孟子的“美”告诉我们，真正的充实来自内心的平和与知识的积累，而非简单的物质享受。现代人在追求物质的同时，更应注重精神生活的丰富。

充实而有光辉之谓大

不仅内心要有善、信的美，还要将这种美表现出来，有益于社会，让别人都能从大人的道德之美中得到教益。

孟子很推崇大人的境界。“充实而有光辉之谓大”，这个大是什么？就是境界越高，他所占有的空间格局就越大。在社交媒体和网络时代，个人的影响力被放大。孟子的“大”可以理解为个人品牌的力量，一个内心充实且能发光的人，能够在社会中产生积极的影响，成为他人的榜样。

我们现在说“国之大者”，其原文出自《荀子·王霸》：“国者，天下之大器也，重任也，不可不善为择所而后错之，错险则危。”

用白话文解释就是：治国是极为重大的事，一定要认真选择拥有立国之道的治国之人担当这样的重任，一旦在这方面出错，国家就危险了。

可以理解为：一个国家选择正确的国策和由杰出的人才掌管这个国家，便是“国之大者”。

大而化之之谓圣，圣而不可知之之谓神

在孟子心中，“圣”是把心中美好的道德和兼济天下的担当充分发挥出来，化育天下、造福苍生的人。比圣人还要伟大的是神人。

善、信、美的层次，相当于“士”和“君子”，大的层次相当于贤人，已经接近于圣人的境界了，而圣人和神人是孟子理想人格的最高典范，相当于尧舜禹那样伟大的君王。

孟子告诉我们，既然我们得到上天的恩赐，幸运地生而为人而没有成为禽兽，就应该追求道德的圆满，我们可以做个“士”或“君子”，做有为有守的“社会的良心”，而道德的追求是没有止境的，我们还要做大人、贤人，最后做像尧舜禹那样的圣人。

孟子的理想人格阶梯，为我们提供了个人成长和道德追求的路径。至于能否登堂入室、脱凡入圣，关键在于自己的努力，因为事在人为，因为“人皆可以为尧舜”。

老子憧憬的理想人格

老子的理想人格是老子人生理想的人格化，是老子将其人生理想寄寓于特定人格形态中的表现形式。纵观《老子》一书，其所论述的“圣人”“上士”“上德”“上善”表现的应该就是老子心目中的理想人格形象。

理想人格的最高境界——“无为”而“无不为”

老子的理想人格是以“无为”和“无不为”为最高境界的圣人，即“玄德”。老子说：“生而不有，为而不恃，长而不宰，是谓玄德。”这句话有两层意思，其一是无私地为万事万物提供生存与发展的条件；其二是在为万事万物的生存与发展创造必要的条件后，就任凭其自由地成长与发展，而不据为己有，不以自己的奉献为依仗而对事物生长与发展横加干预。

老子在《道德经》中多处讲到无为，如“为无为，则无不治”“为无为，事无事，味无味”“道常无为而无不为”。

“为”，就是有所想法、打算，想有改变、想有所作为，并付诸行动，老子称之为“人为”“有为”。

“无为”即老子所说的“自然无为”“顺其自然”，就是不要把人类的力量强加于自然事物，让其自由地存在与发展。

“无为而无不为”是老子治理世界、社会的理念；是他为了消除人世间不断的混乱纷争提出来的“救世良方”。

《庄子·至乐》有一则著名的寓言：鲁国的郊外飞来一只很大的海鸟，鲁国国君很喜欢，就毕恭毕敬地把这只海鸟迎进了太庙，并演奏《九韶》这样庄严的音乐取悦它，准备了美酒给它喝，宰了牛羊给它吃，每天用接待贵宾的礼仪供奉这只海鸟。

而这只海鸟呢？目光迷离，神色忧郁，不吃一口肉，不喝一口酒，就这样郁郁寡欢，三天就死了。

这种“以己养鸟”而非“以鸟养鸟”的“爱鸟”行为，从根本上说，是一种自以为是的行为，这是把人的欲望和意志强加给鸟儿而已，这种违背事物自身规律的做法是注定要失败的。

可见，老子所讲的“无为”，并不是说“什么事都不干”，而是强调不要凭着个人的意气去干，不要因某一个心血来潮的念头任性地干，也不要凭借一时的冲动去干。

总结成一句话就是，“无为”不是强干、蛮干、胡乱妄为，而是要按照“天道”——按照自然规律、自然法则去做事。

老子把“无为”看作是最高的人生理想，所以他说：“上德无为而无不为。”其中“无为”是国君、统治者、领导人最高的德行，而拥有“无为”德行的人，就是贤人、圣人。

理想人格的最佳状态——与道合一

“道”是一种恍惚不可确定的最原始的“无物”。老子说：“视之不见，名曰夷；听之不闻，名曰希；抟之不得，名曰微。”“其上不皦，其下不昧，绳绳不可名，复归于无物。”

这种恍惚“无物”具有虚无的特性，只有在虚静的状态下才能实现，如老子所说：“致虚极，守静笃，万物并作，吾以观复”，就是老子所谓认识“道”的基本途径。

在老子看来，人也是道化生的结果，所以人要获得一种理想的生存状态，就必须按照道的要求去做。从人格上说，人最理想的行为模式就是符合道的规律的模式，这种人格也就是老子追求的理想人格。

“水善利万物而不争”,“不争”就是“无为”的一个十分重要的方面。“无为”不是一无所为，而是不妄为、不乱为。在这里，“不争”并非单纯的“不争”，而是以“善利万物”为前提的，只有“善利万物”，才谈得上“不争”。

这便是老子思想主张中的两个方面：一方面是“不争”，另一方面是“善利万物”。

老子认为最完善的人格就应具有水的特性，通过对水的描绘来达到对“道”的歌颂，进一步地阐明“以柔克刚”“不争无尤”的哲学。这就是老子的“上善若水”“顺应自然”的理想人格。

子思“天下至圣”的五个美德

子思在《中庸》里谈到的至圣之人，实际上指的是孔子。“天下至圣”是儒家思想中的最高典范。

在中国历史上，能够堪称天下至圣的，也就只有寥寥几位：尧、舜、禹、汤、文、武、周公，还有就是孔子了。自孔子以后，再没有人敢称“至圣”了。

我们都知道，尧、舜、禹是传说中的上古三代圣王。商朝的开国国君商汤，开创了商朝六百年的天下，自然是位非常了不起的人物。

孔子崇敬周朝开国的三圣：一个是周文王，另外两个就是周文王的两个儿子，周武王和周公。这三位圣人奠定了周朝八百年的基业，并且开创了一直传承至今的中华文化的主流思想，所以孔子说：“郁郁乎文哉！吾从周。”

儒家五圣

在孔子之后的历朝历代，虽然也不乏圣贤人物，但是都不能称为“至圣”。

孟子是儒家思想的集大成者，在儒家的地位影响仅次于孔子，但也只能被称为“亚圣”；

《中庸》这本书的作者子思，虽然与孔子有血缘关系，儒家的中庸思想也是因为他的记述而传之后世的，但也只能被称为“述圣”；

曾子所作《大学》位列四书之首，讲的是儒家修身齐家、做人做事的心法，曾子被称为“宗圣”；

孔子最得意却早逝的弟子颜回被称为“复圣”。

由此可见，至圣之所以为至圣，是因为其具有超出一般圣人的特有之处。那么，到底至圣有哪些更加优秀的地方呢？

《中庸》对这个问题进行了回答：“唯天下至圣，为能聪明睿知，足以有临也；宽裕温柔，足以有容也；发强刚毅，足以有执也；斋庄中正，足以有敬也；文理密察，足以有别也。”

“天下至圣”的五个美德

“天下至圣”的“五个美德”分别是：聪明睿知、宽裕温柔、发强刚毅、斋庄中正、文理密察。

也就是说，只有具备以上五种美德的人，才能够称得上是“天下至圣”，才能够以他们的聪明睿智而影响天下。

“聪明睿知”是“天下至圣”首先必须拥有的品质。

聪就是耳聪，明就是目明，因为只有这样，他们才能够对外界的一切变化有很敏锐的感知。人世间稍微有一点风吹草动，至圣之人马上就能够捕捉得到。世间万事万物在至圣之人的眼里如同日月照临，无不显现其本质性的面目。

只有把耳聪与目明结合起来，才能够做到无比的“睿知”，才能够达到至圣的境界，也只有这样的人才能够做到“足以有临”。这里说的“足以有临”，就是指那些“天下至圣”能够赐福给平民百姓，开启他们的愚昧，教化他们礼仪制度。至圣之所以为最高层次的圣人，就在于他们从不索取，只是无私地给予，这就是至圣之人能够君临天下的真正含义。

“宽裕温柔，足以有容也”，是指至圣之人心胸宽广，精神丰沛，温和亲切，容易让人接近。他们不会固执己见，更不会刚愎自用。如果一个人能够做到“宽裕温柔”，自然可以做到“足以有容”，即有很强的包容性。前面所说的“万物并育而不相害，道并行而不相悖”其实也是这个意思。我们经常说“有容乃大，无欲则刚”，如果想要自己的心胸宽广起来，胸襟博大起来，就必须要在自己的包容心上多下功夫。

“发强刚毅，足以有执也”，是说至圣之人强健有力，刚正不阿。“发强刚毅”和前面的“宽裕温柔”是相对而言的，如果说“宽裕温柔”是“厚德载物”的柔顺精神的体现，那么“发强刚毅”则是“天行健，君子以自强不息”的阳刚精神的象征。

“齐庄中正，足以有敬也”告诉我们，至圣之人会使自己的一言一行“斋庄中正”，这样我们就会不由自主地对他们产生一种敬仰之意，从而培养出我们的一颗诚敬之心。只要我们的内心充满素净，没有那么多污浊的东西存在，我们就会生活得很坦然；我们的人生如果没有那么多的欲望，没有那么多的名利思想，没有那么多的世俗追求，就会达到“人到无求品自高”的境界。

最后是“文理密察，足以有别也”。这句话的意思是至圣之人具有严密的逻辑思维能力。他们的思维就像写文章时一样清晰有条理，他们善于思考，善于体察事物最细密、最微妙的变化，因此也就可以达到“足以有别”的境界。一切是非黑白在至圣之人那里都是一目了然的。对于世间的是非善恶、人心背向、得失利弊等，他们内心里都是清清楚楚、明明白白的。

上面我们梳理了解了中国文化传承下来的圣贤理想人格、最高道德规范和最完善的人格修养。

“取乎其上，得乎其中；取乎其中，得乎其下；取乎其下，则无所得矣。”这句话的意思是说：一个人如果一开始制定了高等目标，最后有可能只能达到中等目标；而如果一开始制定了一个中等目标，最后有可能只能达到低等目标；如果一开始制定的就是低等目标，那恐怕最后会一无所得。

在通向古往圣贤的修学路上，不是要求我们自己做圣贤，而是首先要了解人格修养可以达到的境界。眼界的高低、境界的大小可以改变一个人的命运。只有眼界高的人才能够有更广阔的视野和更高的目标，不会被眼前的得失所束缚，而是有更明晰的人生规划和高远的追求。

积极心理学与儒家经典文化

积极心理学关注的幸福感培育与儒家“修身以安人”的道德实践高度契合，两者都强调通过内在德性修养达成个人与社会的协同发展，为现代心理干预提供了跨文化理论支点。

儒家“仁者乐山”的情感教育、“慎独”的自我观照等思想，与积极心理学优势品格培养、正念训练等实证研究形成古今呼应，为构建具有中国特色的心理健康体系输送了原生文化基因。

品格优势与仁义礼智信异曲同工

1999 年底，积极心理学之父马丁·塞利格曼与克里斯托弗·彼得森等积极心理学家一起归纳出六个放之四海而皆准的美德，即智慧、勇气、仁爱、正义、节制和精神卓越。

此后，又在这六种美德的基础上提出了 24 种积极人格品质，包括创造力、好奇心、好学、洞察力、思维力、正直、坚韧、勇敢、活力、希望、欣赏、灵性、幽默、感恩、善良、爱、公平、领导力、审慎、谦逊、宽恕、自我规范、公民精神、人际智力（见下图）。

24项品格优势与美德

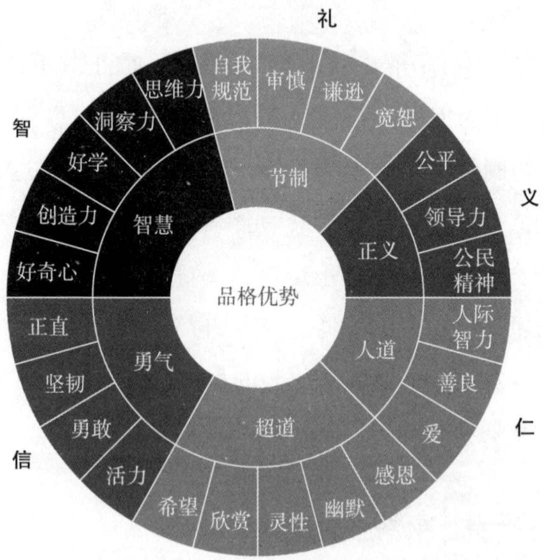

积极心理学以人的美德和优势为支柱理论，而培养这24种积极人格品质是达到六大美德的途径。

对照积极心理学的六大美德和24项积极人格品质，**我们发现：其与中国儒家文化的“仁、义、礼、智、信”的传统美德极其相似，有异曲同工之妙，**而中华民族五千多年的文明历史其实对此早已有过研究，我们不禁从心底里感叹：中华文明源远流长、博大精深，真是一座永不枯竭的宝藏。

而这更是验证了阿诺德·汤因比的观点：“人类的希望在东方，中国文明将为未来世界转型和21世纪人类社会提供无尽的文化保障和思想资源。”

哈佛大学有一位著名教授迈克尔·普鸣，他教授中国的政治与伦理课程。他认为，中国伦理给他留下最深印象的就是“修身”。

他认为，修身意味着生命是可以修炼的，可以通过不断地塑造而变得更完美。无论出身如何，我们每个人都可以不断塑造、提升自己，使自己更完美。这有一个隐含的人性前提，即人格本身是可塑造、可改善、可趋向完美的。迈克尔·普鸣认为，修身是中国文化精神中非常特别的东西，是一种非常积极的心理。

每个人都有与生俱来的优缺点，但可以通过打磨自己，释放优点、控制缺点，使自己变成更完美的人，这是孔子主张的观点。这种认为人格可以通过后天努力去完善和提升的思想，是中国文化精神的特征。

王阳明先生曾说过："抛却自家无尽藏，沿门持钵效贫儿。"这句话的意思是：把自己家里面无尽的宝藏统统抛开，然后沿门持钵效仿那个贫穷的孩子。我们不能到处跟别人要：给我一点佛教、基督教思想，给我一点西方文化……其实我们自己的内在非常丰富。一个人如果只知道外求，而不是内求，就会活得像贫穷的乞丐一样，迷失自己的本心。中华传统文化让我们对道有更深层的认识：反省内求让我们的自性更为清净，发现本心让我们的生命更为自在逍遥。

孔子的六个确信：积极人生的精神本根

哈佛大学教授泰勒·本–沙哈尔有一门很受欢迎的以积极心理学为基础的领导力学课，听课的学生不少，大家都希望从积极心理学的角度去了解和塑造一种积极的心理和人生。泰勒·本–沙哈尔教授在讲领导力学的第一课时，放了孔子的照片，并引用了儒家"修身齐家治国平天下"的话，他认为，通过改变自己来改变世界是积极心理学的代表性内容。

杨鹏老师在其著作《杨鹏解读论语》开篇，讲述了他参加哈佛大学泰勒·本–沙哈尔教授心理学课程的经历和感悟。

杨鹏老师认为《论语》这部著作就是中国风格的积极心理学。他认为，在中国的诸子百家中，最深入浅出的积极心理学著作就是《论语》，而孔子，正是一位积极心理学的伟大先行者。

孔子的一生，是积极的人生，是有信仰、有信念的人生，是积极推进仁爱、创立和坚守秩序的人生，是积极去改善世界、努力服务人与爱人的人生。这样的人就是这个世界上积极的力量，用今天的话说就是正能量。

孔子的“六个确信”是积极人生的精神本根：

第一，世界是可信靠的，这个世界之上有一个可信靠的至高力量；

第二，孔子确信上天指向仁、爱，所以人应该走向仁爱，要有志于仁，要爱人；

第三，孔子确信这个世界有一个善的秩序，这个善的秩序源于上天，孔子把这个善的秩序称为“礼”；

第四，孔子确信人格是可以通过敬天和修身来不断完善和提升的，人生就是永远努力、永远上升、永远完善的过程；

第五，孔子认为，这个世界是可以改善的，要积极努力改善这个世界；

第六，孔子认为，人生值得肯定和赞美，生命是美好的，应当享受生命，哪怕在困境中也应当不忘生命之乐。

按上述六条去读《论语》，有助于收获正向、入世、积极、完善、努力、提升的人生，形成虽历经磨难而心不溃乱的心理素质。这六个确信看起来很简单，但如果反过来，就会导向非常沮丧、衰败、负面的人生。由此，我们就不难理解孔子的思想能成为两千年中国思想主流的原因。

《论语》精神中，有一种非常积极上进的力量，有一种对世界、人生肯定的力量。如果能掌握《论语》背后的精神本根，培育出自己的根基，我们的心里会更踏实、精神会更安全，不会像飘动的浮萍、断线的风筝。

理解了孔子的六个确信，并将其与积极心理学的内容对应，我们就可以有把握地说，《论语》就是典型的中国式积极心理学著作。

思想格局与精神境界提升

中国哲学以儒家和道家为代表，两者都有完整的体系，虽然它们的表述方式不同，但是其终极追求都是相同的。孔子讲“仁”“恕”、孟子讲“义”“善”、曾子讲“知止”“至善”、子思讲“中庸”“中和”、老子讲“道”“智”、王阳明讲

“致良知”……儒家和道家都是圆满的系统，儒家的道是指人生的正路；道家的道是指不断地超越与提升境界，道家讲究道法自然，天人合一，主张回归自己的本性与本然状态。

这种每个人都具有的本然状态，究竟是什么样的状态呢？无论是儒家、道家还是佛家，都对此有具体的描述。例如儒家孔子所说的“从心所欲，不逾矩”与孟子所说的“浩然之气”，道家老子所说的“无为自然”与庄子所说的“逍遥自由”，佛家所说的“清净本性”与“通达无碍”，都是在描述这样一种本然的生存状态。

无论是儒家、道家，还是佛家，都认为只要能达到这种好的生存状态，便能达到一种完美幸福的生命境界，在儒家便能成为“圣人”，在道家便能成为“真人”，在佛家便能成为“佛”。

综合各家之说不难发现，这种本然状态所具有的一个特征就是“畅通”，佛家所谓“通达无碍”即此意。表现在身体上，畅通就是气血畅通，每一个器官都能够自然而然地运行而无任何阻碍；表现在情绪上，畅通就是情绪顺畅，每一种情绪都能随心所欲地传达而无任何阻塞；表现在认知上，畅通就是认识澄明，对每一个观念都能理解通透而无任何执着。

这种以畅通为特征的本然状态是有利于身心健康的。只要达到这种状态，很多心理困惑便能迎刃而解。因此，心理治疗的基本目标就是使个体重新回到这种本然状态。

想要达到这样畅通的本然状态，需要我们不断提升精神修养。古往今来，几位圣贤为我们做了境界引领：王阳明心学的智慧境界、曾国藩“内圣之四大境界”、冯友兰人生境界四层次品位，都值得我们向往和追求。

王阳明心学的智慧境界

说起王阳明心学，国人基本上无人不知。王阳明是当之无愧的思想家、哲学家、文学家、政治家和军事家，也是中国历史上没有争议的立德、立功、立言三不朽的圣人之一，其心学集儒、释、道三家之大成，是500年来中国人最精妙的神奇智慧。

王阳明心学主要包括三个层次：心即理、知行合一、致良知。

心即理：这一层次强调心是天地万物的主宰，心外无理，心外无物。王阳明认为，人心是产生善与恶的源头，任何外在的行动都是受思想支配的。王阳明告诉我们，所有的道理其实都存在于我们自己的内心。我们需要的不是向外求，而是向自己的内心求索，也就是向内求。

知行合一：这一层次认为知和行是不能分离的，有知必有行，知是行的主意，知是行之始，行是知之成。王阳明认为，每个人的心中都有天理存在，可以通过内省和实践达到心灵的至善至美，主张“事上练”“越是艰难处，越是修心时”“此心不动，随机而动”，提倡内心的自我觉醒与外在行动的统一。

致良知：这一层次是王阳明心学的核心部分，人人皆有良知，致良知就是让心回到无善无恶的本真状态。王阳明认为，天地间没有比良知更好的东西了。“见父自然知孝，见兄自然知悌，见孺子入井自然知恻隐，此便是良知。”所谓“致良知”，就是致自己内心的良知，这里所说的良知既是道德意识，也指最高本体，要达到良知，应时时刻刻接受良知的指引。

致良知既有审视自己的内心，找到内心深处最深刻的本我，与自己和谐相处、悦纳自己的意思，也有用自己最本质的良知对待社会和与世界相处的内涵，是需要我们每一个人用一辈子的时间和精力去努力的。

王阳明心学纲要“四句教”

“四句教”即四句为学宗旨，是王阳明心学的核心理论，其内容如下。

“无善无恶心之体，有善有恶意之动；知善知恶是良知，为善去恶是格物。”这四句话凝聚了王阳明心学的精华，也是指导我们修身养性的总纲。

第一句“无善无恶心之体”指的是心的本体是没有善恶之分的，只有当它与外物接触时，才会产生善恶的观念。这一思想强调了心的作用是超越善恶的，它不应该被有限的善恶观念所束缚。我们应该拓宽视野，从更高的层面去理解和接纳万物。

第二句“有善有恶意之动”是指当我们的心与外物接触时，会产生善恶的观念，这是由于我们的意念在活动。这句话告诉我们，善恶观念的产生是主观的，取决于我们的意念和态度。因此，我们应该审视自己的内心，保持良好的意念和心态。

第三句“知善知恶是良知”强调了我们内心的良知对于善恶的辨别能力。良知是内心的光明面，它可以指导我们区分善恶、判断是非。通过培养良知，我们可以提高自己的道德修养以及对于生活和世界的理解。

第四句“为善去恶是格物”意味着我们应该致力于行善、去除恶行。这是通过格物致知来实现的，即通过深入了解事物，从中获得知识和理解。在实践中，我们可以运用所学知识去解决实际问题，以此不断提升自己的能力和素质。

对于王阳明，“无善无恶心之体”是他的世界观，“有善有恶意之动”是他的人生观，“知善知恶是良知”是他的价值观，“为善去恶是格物”是他的方法论。

“四句教”是一个正循环：正确的世界观会让人拥有善的人生观与价值观，当人人都拥有善的人生观和价值观后，会自然而然地塑造善的世界观。如天地万物一样，生生不息，循环不止，一善百善，天下皆善；一和皆和，天下皆和！

曾国藩“内圣之四大境界”

曾国藩是中国近代史上一位重要的历史人物，被称为晚清“第一名臣”。他使大厦将倾的清王朝又苟延了50年，其功业整个清朝难有可以比肩者，而他的著作和思想同样影响深远。

“内圣”一词最早见于《庄子·天下》，指的是人格理想，其内涵通俗地讲，就是修身养德，要求个人做一个有德行的人。曾国藩总结了古人在修身方面的经验，提出了“内圣之四大境界”，他认为，人的修为达到这四种境界之一，都可以说是达到了一定的高度。

第一种境界：笃恭修己而生睿智

诚恳谦恭，注重自我修养，才能萌生出聪明睿智，这即是程颢和程颐所说的内圣之道。

人人都追求好名声，都希望自己美名远扬，但除了务实之外，没有什么东西能让名声免为虚名。务实就是讲究实际、实事求是。务实的人不会好高骛远，不会幻想不切实际的东西，不会去追逐虚名浮梦，不会去弄虚作假，更不会被一点成功或赞扬冲昏头脑，他们脚踏实地，一步一个脚印地向前进，也唯有务实之人可以成就大业，因为他们走向成功的每一步都是实实在在的。

第二种境界：至诚感神而致前知

一个人如果达到至诚的境界，连神仙都会感动。诚实守信，为人正直，胸中就会有刚正之气；态度诚恳，心态就会平稳，就会有海纳百川、有容乃大的气度。

第三种境界：安贫乐道而润身睟面

人的欲望无休无止，荣华富贵的诱惑往往使人们忘记了最初的目的。自古以来，安贫乐道就是很多文人墨客的人生准则、处世之道。现在也有很多这样的人，他们对物质生活基本上没有太大的追求，但是坚持某方面的爱好、追求或者信仰，如痴如醉。若内心富足，则可身处陋室而不知；若内心贫瘠，住在豪宅也仍觉凄凉。曾国藩追求的内圣，在于修炼这种安贫乐道的心态，并达到无欲则刚、无欲则强的境界。

第四种境界：观物闲吟而意适神恬

生活在红尘俗世中的人总是为俗世所累，在曾国藩看来，这样的人注定是凡夫俗子，不会有所作为，更无法达到内圣的境界。其实，即使身处尘世，也不必把自己逼得太紧，尽管生活压力有时会很大，但偶尔也应放松。拥有闲适恬淡的心情，精神放松，心态就会更加平和，自身的修为也就会更上一层楼。

在为人处世时本着一颗诚恳恭俭、守信正直的心；面对有起有落的人生际遇，懂得以安贫乐道的心态处之；在纷纷扰扰的生活中，偶尔放慢脚步，怡然自得地修养身心，那么人生就会无往不胜、逍遥自在。

冯友兰人生境界四层次

中国现代著名哲学家冯友兰先生把人生境界分为四个层次：自然境界、功利境界、道德境界、天地境界。不同境界的人，世界和人生对于他们的意义是不一样的。

自然境界和后三种境界的不同之处在于缺乏觉性，是人和动物的共通之处，而后三种则是具有觉性的、真正属于人的境界。

处在自然境界中的人，按照习惯做事，并不清楚做的事情的意义，他们也可能做出一些大的事业，但是在做这些大事业的时候，不知道自己所做事情的意义。

处在功利境界中的人，他们的一些行为都是为自己的利益，并对这一点是自觉的。他们的人生会有太多欲求，“我执”心理比较严重，把幸福定义为占有和高高在上，但是根植于功利性的价值观最终会导致很多苦恼。

比功利境界再高一层的是道德境界。处在这个境界的人的行为是为了行义，他们自觉地把善作为心灵愉悦和人生幸福的基本条件。道德境界的人了解人之性被蕴含于社会之性中，他们不会损人利己，而是利己利人，甚至甘心将自己的某些利益让渡给别人。

功利境界的人求的是个人的利益，道德境界的人求的是社会的利益；功利境界的人的行为以占有为目的，道德境界的人的行为以贡献为目的；功利境界的人的行为目的是“取”，即便有时“予”，但最终目的还是为了“取”，而道德境界的人的行为目的是“予”，即便有时“取”，但最终目的还是为了“予”。

最高的境界是天地境界。天地境界中的人，其行为是“事天”的。这是做人做事的最高境界。这个境界的人知天、乐天、同天。知天就是能认识到人不但应对社会有贡献，也应对宇宙有贡献；乐天就是所见所行对于他们总是有一种新的意义，所以总是有一种快乐，这是一种最高的精神愉悦；同天就是自同于宇宙大全，消解了我和非我的分别。

境界高的人，面对、享受的世界大；境界低的人，面对、享受的世界小。这里的大小，不仅是指现实的、物质的层面，更是指超越的、精神的层面。例如，一个境界很高的人，并不是说他已将世间所有美景看尽，已将世间所有美食尝遍，而是说他能在精神世界里如庄子所云，“乘云气，御飞龙，而游乎四海之外”。

所以，境界不同的人，人生格局也不同。钱钟书先生说得好：“成功不仅意味着事业上取得成就，还包括人生境界的提升。”

北宋著名思想家张载“为天地立心，为生民立命，为往圣继绝学，为万世开太平”，这四句话道出了天下所有读书人的至高追求，因此被当代哲学家冯友兰先生称作“横渠四句”。

冯友兰先生曾在《中国哲学史新编》最后的结语中表达过赞佩：“高山仰止，景行行止，虽不能至，心向往之。”

谨以此句作为本书结语。

【拓展阅读】

[1] 凯伦·阿姆斯特朗 . 轴心时代 [M]. 孙艳燕，白彦兵，译 . 海口：海南出版社，2010.
[2] 鲍鹏山 . 孔子传 [M]. 北京：中国青年出版社，2013.
[3] 鲍鹏山 . 风流去 [M]. 北京：中国青年出版社，2009.
[4] 南怀瑾 . 论语别裁 [M]. 上海：复旦大学出版社，2005.
[5] 南怀瑾 . 孟子旁通 [M]. 上海：复旦大学出版社，1996.
[6] 南怀瑾 . 原本大学微言 [M]. 上海：复旦大学出版社，2003.
[7] 南怀瑾 . 老子他说 [M]. 上海：复旦大学出版社，2019.
[8] 傅佩荣 . 哲学与人生 [M]. 北京：东方出版社，2012.
[9] 傅佩荣 .《庄子》的智慧 [M]. 合肥：时代出版传媒股份有限公司，2009.
[10] 傅佩荣 . 孟子的智慧 [M]. 北京：中华书局，2009.
[11] 杨鹏 . 杨鹏解读论语 [M]. 上海：上海社会科学院出版社，2020.
[12] 熊韦锐 . 重回本来面目——中国传统心性学说中心理治疗思想的溯源与重构 [M]. 北京：北京师范大学出版社，2021.
[13] 冯友兰 . 中国哲学简史 [M]. 北京：世界图书出版公司，2013.